Mário Jorge Pereira

Engenharia de Manutenção

Teoria e Prática

3ª Edição Revisada e Ampliada

EDITORA CIÊNCIA MODERNA

Editor: Paulo André P. Marques
Produção Editorial: Dilene Sandes Pessanha
Capa: Cristina Hodge
Diagramação: Daniel Jara
Copidesque: Equipe Ciência Moderna

FICHA CATALOGRÁFICA

PEREIRA, Mário Jorge.

Engenharia de Manutenção – Teoria e Prática – 3ª Edição Revisada e Ampliada

Rio de Janeiro: Editora Ciência Moderna Ltda., 2022.

1. Engenharia Mecânica 2. Engenharia de Segurança
I — Título

ISBN: 978-65-5842-198-6 CDD 620.8
621.86

Editora Ciência Moderna Ltda.
R. Alice Figueiredo, 46 – Riachuelo
Rio de Janeiro, RJ – Brasil CEP: 20.950-150
Tel: (21) 2201-6662/ Fax: (21) 2201-6896
E-MAIL: LCM@LCM.COM.BR
WWW.LCM.COM.BR

08/22

“Ao executarmos várias coisas ao mesmo tempo, colocamos em risco a atividade principal”.

Epitácio Pereira

Dedicado à minha filha Patrícia Ossoski Pereira, à esposa Sônia Ossoski Pereira e aos meus amados pais Enilda e Epitacio, ambos "*in memorian*".

Agradecimento

Nesta página, gostaria de agradecer a todos os profissionais que atuaram comigo nas empresas por onde passei e que de alguma forma ajudaram na realização deste trabalho.

Ao longo desses anos, aprendi muito e sou grato por isso. Foram convivências diárias dividindo conhecimentos, mas também alegrias e tristezas. Sem eles eu não teria conseguido chegar até aqui!

Em especial aos professores, gestores, engenheiros e aos demais colegas que contribuíram para o meu aprendizado e desenvolvimento profissional.

Prefácio

Após estes anos atuando em Manutenção Industrial, resolvi elaborar um trabalho contendo conceitos de metodologias vistas em eventos e aplicadas no âmbito profissional. Então me arrisquei a escrever, com simplicidade e muito respeito aos grandes conhecedores deste assunto. Tentei reunir, em uma só literatura, as principais ideias de análise e gestão inseridas nesta área. Meu objetivo foi passar ao leitor, uma ideia ampla dos assuntos que são tratados na Engenharia de Manutenção. Optei por artigos de fácil entendimento, fotos e algumas tabelas demonstrativas. Peço desculpas aos que esperavam mais deste livro, mas acredito que será útil para trabalhos acadêmicos, auxílio aos engenheiros e demais colegas de profissão.

Desde já agradeço a atenção.

Autor

Sumário

Capítulo I - Gestão de Pessoas: Ênfase em Manutenção 1

1.1 O Que é Competência? 1

1.2 Gestão e a Competência Comportamental 2

1.3 Então, Como Deve Ser o Líder Ideal? 3

1.4 Assumindo Riscos e Responsabilidades 5

1.5 Agente de Mudanças 5

1.6 Como Lidar com as Adversidades? 5

1.7 Gestão Estratégica de Pessoas 7

1.7.1 Aspectos Gerais 7

1.7.1.2 Gestão de Pessoas e a Globalização 8

1.7.1.3 Os Processos de Gestão de Pessoas 9

Capítulo II - Modelos de Gestão Estratégica 15

2.1 R&M Confiabilidade dos Ativos 15

2.2 ABC (Activiy-Based-Costing) Atividade Baseada em Custos 21

2.2.1 A Origem 21

2.2.2 Custos e ABC na Manutenção 23

2.2.3 Sistema de Controle de Custos da Manutenção 24

2.2.4 Por que Usar o ABC na Manutenção? 25

2.2.5 Metodologia para Implantação do ABC na Manutenção 25

2.2.6 Glossário Aplicado à Metodologia ABC 25

2.2.7 Conselhos Práticos para a Área de Manutenção 26

2.3 TPM – Manutenção Produtiva Total 27

2.3.1 A Origem da TPM (Manutenção Produtiva Total) 28

2.3.2 O Pioneirismo do TPM 29

2.3.3 Cronologia da Evolução para o TPM 30

2.3.4 Os Pilares da Metodologia TPM 31

2.3.5 Pilar: A Manutenção Autônoma (MA) 32

2.3.6 Etapas da Manutenção Autônoma ... 34
2.3.6.1 Limpeza Inicial ... 34
2.3.6.2 Eliminação de Fontes de Sujeira e Difícil Acesso ... 35
2.3.6.3 Normas Provisórias, Limpeza, Inspeção e Lubrificação .. 36
2.3.6.4 Inspeção Geral ... 38
2.3.6.5 Inspeção Autônoma ... 39
2.3.6.6 Padronização ... 40
2.3.6.7 Gerenciamento Autônomo ... 41
2.3.6.8 Exemplos de Painéis de um Posto de Trabalho com Manutenção Autônoma: ... 42
2.3.6.9 Exemplos de Tarefas Autônomas, Conforme Frequências Determinadas ... 43
2.3.6.10 Sequência de Atividades do Técnico em Manutenção, Dentro da TPM ... 44
2.3.6.11 Exemplos de Melhorias Obtidas em Máquinas de uma Linha de Usinagem ... 45
2.3.7 Pilar: A Manutenção Planejada ... 46
2.3.8 Pilar: Controle Inicial ... 46
2.3.9 Pilar: Melhoria Específica ... 47
2.3.10 Pilar: Educação & Treinamento ... 47
2.3.11 Pilar: Segurança e Meio Ambiente ... 48
2.3.12 Pilar: Qualidade ... 51
2.3.13 Pilar: TPM Office ou TPM² - TPM em Áreas Administrativas 51
2.3.14 Os Objetivos do TPM ... 53
2.3.15 TPM: As Seis Grandes Perdas: ... 53
2.3.16 Ainda sobre a Primeira Grande Perda: A Obtenção da Perda Zero ou Zero Defeito ... 57

2.3.17 Principais Tópicos a Serem Observados na Primeira Grande Perda 58
2.3.18 TPM e o LEAN MANUFACTURING 59
2.3.19 Lean Manufacturing: Gerenciamento da Mudança 61
2.4 Melhoria Contínua (Kaizen) 66
2.4.1 Sugestão das Etapas para Desenvolver um Projeto KAIZEN 68
2.4.2 Melhoria Contínua nas Organizações 70
2.4.3 Case: "Definição de Máquina Gargalo: Maior Tempo ou Baixa Eficiência (OEE)?" 72
2.4.4 KAIZEN – Eventos KAIZEN em Indústria Metal Mecânica 75
2.5 A Gestão das Utilidades 77
2.5.1 Generalidades 77
2.5.2 Gestão de Utilidades – Executadas por Empresas Terceirizadas. 79
2.6 Gestão do Sistema de Lubrificação 83
2.6.1 Lubrificação 84
2.6.2 Tipos de Lubrificantes 84
2.6.3 Graxas Lubrificantes 86
2.6.3.1 Formas de Aplicação das Graxas 87
2.6.4 A Lubrificação Industrial 88
2.6.4.1 Análise da Situação Atual 88
2.6.4.2 Apresentação da Situação Proposta 89
2.6.4.3 Implementação da Proposta: o Novo Sistema de Gestão de Lubrificação 91
2.7 A Evolução da Engenharia no Século XXI 91
2.7.1 As Redes Inteligentes (*Smart Grids)* 95
2.7.2 A Tecnologia *Wearables* 97
2.7.3 A Realidade Aumentada 98
2.7.4 Gestão de Manutenção através de Aplicativos 101

2.7.5 As Máquinas Intuitivas.. 101
2.7.6 Os Aplicativos de Voz.. 103
2.7.7 A Impressão 3D 104
6. As expectativas em relação à Impressão 3D.. 105
6.1 Impressão 3D em metal:.. 105
6.2 Impressão 3D Subaquática:.. 106
6.3 Impressão 3D aplicada na construção civil – Infraestrutura predial:... 106

Capítulo III - Técnicas de Manutenção 111

3.1 A Manutenção Corretiva.. 114
3.1.2 Manutenção Corretiva através de Retroffiting (Reforma Total ou Parcial).. 117
3.2 A Manutenção Preventiva.. 120
3.2.1 Introdução à MCC – Manutenção Centrada na Confiabilidade 121
3.2.2 Implementação da Manutenção Preventiva 126
3.2.2.1 Classificação dos Ativos.. 126
3.2.2.2 Elaboração dos Planos e Instruções para a Execução.... 128
3.2.2.3 Cadastros e Demais Registros em Software de Manutenção 129
3.2.2.4 Definição dos Itens de Controle.. 130
3.2.3 Planejamento e Controle de Manutenção (PCM) 132
3.2.3.1 Fatores de Decisão: 133
3.2.3.2 Algumas das Tarefas do Programador PCM: 133
3.2.3.3 Possíveis Causas de Insucesso do PCM 134
3.3 A Manuntenção Preditiva.. 136
3.3.1 A Termografia 137
3.3.1.1 Princípio de Funcionamento.. 137

3.3.1.2 Aplicações ... 137
3.3.1.3 Limitações: ... 138
3.3.1.4 Forma de Coleta dos Dados ... 138
3.3.1.5 Desenvolvimento da Termografia ... 139
3.3.1.6 A Escala Monocromática ... 140
3.3.1.7 A Escala Policromática ... 140
3.3.2 A Análise de Vibração ... 144
3.3.2.1 Glossário ... 144
3.3.2.2 Os Transdutores ... 145
3.3.2.3 Detecção de Problemas ... 147
3.3.2.4 Diagnósticos a partir da Análise de Vibração ... 148
3.3.3 A Análise de Óleo ... 158

Capítulo IV - Qualidade Aplicada à Manutenção ... 165
4.1 Breve Histórico da Qualidade nas Organizações ... 165
4.1.1 Antes da ISO 9000 ... 165
4.1.2 ISO 9000 - Versão 1987 ... 166
4.1.3 ISO 9000 – Versão 1994 ... 166
4.1.4 ISO 9000 – Versão 2000 ... 167
4.1.5 ISO 9001 – Versão 2015 ... 167
4.1.6 Programa Brasileiro da Qualidade e Produtividade – PGQP .. 168
4.2 Princípios da ISO 9001:2015 ... 169
4.3 Relação entre a ISO 9001:2015 e a Manutenção ... 171
4.4 A Norma ISO/TS 16949 – Especificação ISO para sistema da qualidade automotivo ... 175
4.5 Termos da ISO TS 16.949 Aplicados À Manutenção ... 176
4.6 Normas para Gestão, Qualidade, Meio Ambiente e Projetos ... 179

Capítulo V - A Gestão em Manutenção 183

5.1 Sistemas Informatizados para a Manutenção 183

5.1.1 Objetivo.. 183

5.1.2 Tipologia de Intervenções 183

5.1.3 Cadastro dos Recursos 184

5.1.3.1 Equipamentos... 184

5.1.3.2 Recursos Humanos... 185

5.1.3.3 Gerenciamento das Intervenções 185

5.1.3.4 Controle das Intervenções... 187

5.1.3.5 Base Informatizada 188

5.2 Apresentação de Cases 188

5.2.1 Processos de Informatização em Ambientes de Manutenção Industrial... 188

5.2.2 Informatização da Gestão Manutenção I............................. 188

5.2.3 Informatização da Gestão Manutenção II............................ 194

5.3 Indicadores de Performance (KPI).. 202

5.4 Administraçao da Manutenção.. 210

Capítulo VI - Análise de Falhas em Ativos 217

6.1 Os Tipos de Falhas 218

6.1.1 Falhas Relacionadas à Idade do Ativo 218

6.1.2 As Falhas Aleatórias de Componentes Simples 219

6.1.3 As Falhas Aleatórias de Componentes Complexos................. 219

6.2 Métodos para Análise de Falhas... 220

6.2.1 O Gráfico de Pareto 220

6.2.2 Diagrama de Causa e Efeito 222

6.2.2.1 Exemplo de uma Análise por Meio do Diagrama de Causa e Efeito 222

6.2.3 Método dos Cinco Porquês ... 224

6.3 Métodos Estatísticos para a Análise de Falhas ... 226

6.3.1 Introdução – A Curva da Banheira ... 226

6.3.2 Estatística Aplicada à Confiabilidade ... 227

6.3.3 A Taxa de Falhas "λ" ... 228

6.3.4 A Distribuição Hiperexponencial ... 228

6.3.5 A Distribuição Exponencial Negativa F(t) ... 229

6.3.6 A Distribuição de Poisson P (t) ... 229

6.3.7 A Distribuição Normal ... 230

6.3.8 A Distribuição de Weibull F (t) ... 230

6.3.9 Aplicação da Estatística à Engenharia da Confiabilidade ... 232

6.4 Análise de Falha por Erro Humano ... 233

6.4.1 A Confiabilidade Humana ... 234

6.4.2 Exemplo de Aplicação de ***Poka Yoke***: ... 235

Capítulo VII - Análise de Modos de Falha e Efeitos para Equipamentos ... 241

7.1 Objetivos ... 242

7.2 Etapas de Elaboração ... 243

Capítulo VIII - NBR ISO 55.000 – Gestão de Ativos ... 251

8.1 Aspectos Gerais da NBR ISO 55.000 ... 251

Capítulo IX - Decisões de Investimento ... 259

9.1 As Grandes Paradas para Manutenção ... 259

9.2 Aquisição e Comissionamento de Ativos ... 263

9.2.1 Aquisição de Ativos ... 265

9.2.2 Comissionamento de Ativos ... 268

9.2.3 Comissionamento aplicado à Edificação ... 270

9.3 CAPEX e OPEX 273
9.4 A Engenharia Econômica 275
9.5 A Gestão de Contratos 279

Capítulo X - Facilities – Manutenção de Infraestrutura 285
10.1 Definições e Aspectos Gerais 285
10.2 O Perfil do Engenheiro Neste Cenário 286
10.3 A Manutenção Preventiva Predial 291

Referências Bibliográficas 297

Prólogo

Sobre o Perfil do Engenheiro de Manutenção

A denominação Engenharia de Manutenção apareceu entre os anos de 1950 e 1960. No Brasil, a descrição de cargo ficou mais evidente a partir dos anos 90. Antes disso, os profissionais que executavam esta função recebiam a denominação de analista, ou técnico. Além disso, ela, também era acumulada por alguns gestores de departamento. Os programas de qualidade e a globalização trouxeram a função para o mercado atual.

Darei início a este trabalho com a seguinte afirmação: o profissional que optar pela função na área de manutenção, precisa querer muito trabalhar neste seguimento. Fundamentalmente, é lá onde os principais problemas estruturais e de maquinário são discutidos. Em sua essência, ele necessita de formação acadêmica em Engenharia (Mecânica, Elétrica, Mecatrônica, Produção e Civil) ou ainda, os de curta duração, tais como em "Tecnólogo em Controle de Processo Industrial" e de "Produção Industrial".

Acrescento à formação acadêmica cursos de Pós-Graduação "*lato senso*" ou MBA (Master Business Administration). Incluo, ainda, certas Especializações ou Extensões Universitárias. Estes cursos ampliam o conhecimento em gestão organizacional; todavia, demandam um alto investimento. Portanto, é imprescindível que eles estejam de acordo com os objetivos do profissional, para que ele possa usufruir este complemento universitário, de forma plena e satisfatória. Os conhecimentos podem expandir por meio de especialização, por exemplo, para as áreas de Manufatura, Produção, Gestão de Projetos, Administração (Finanças, Custos, Vendas/Marketing etc.).

Contudo, a "Especialização em Engenharia de Manutenção" lhe permite uma qualificação mais apropriada ao profissional, tendo em vista que as disciplinas possibilitam uma qualificação profissional mais apropriada no contexto da gestão dos ativos.

A seguir, veja a sequência de objetivos de uma das especializações disponíveis em "Engenharia de Manutenção". Para sua orientação, seguem os dados da Universidade de Minas Gerais, https://www.pucminas.br/Pos-Graduacao.

- Estabelecer e desenvolver normas e procedimentos relacionados à Engenharia de Manutenção, voltadas para o planejamento e organização das atividades;
- Desenvolver um profissional capaz de elaborar planos de manutenção, estipular periodicidade, saber desenvolver e analisar indicadores, podendo assim avaliar os possíveis impactos gerados (positivos ou negativos);
- Trabalhar em sala as diversas formas de manutenção, sendo ela autônoma, TPM, manutenção detectiva e preditiva, manutenção centrada em confiabilidade, qualidade, produtividade e segurança, entre outros;
- Especializar e habilitar profissionais com capacidade de garantir a qualidade da manutenção, o envolvimento da equipe/time de manutenção em apoio durante o início das atividades de produção, e a interação entre as áreas;
- Analisar os riscos, avaliar e estipular a viabilidade de gerar um risco calculado, bem como acompanhamento pós-manutenção.

O público-alvo está destinado aos profissionais com formação superior, sendo empresários, executivos, engenheiros, administradores, tecnólogos e outros profissionais que possuem interesse em aprofundar o conhecimento nesta área.

Nota

Os cursos de mestrado e doutorado também são excelentes qualificações, mas demandam bem mais empenho.

O mercado, ao longo dos anos, cada vez mais vem exigindo qualificações somadas às experiências adquiridas por meio de trabalho em ambientes de Manutenção Industrial. Todavia, as competências comportamentais são complementares ao perfil. Seguem, algumas que, no meu ponto de vista, são as mais importantes:

- Ética
- Disciplina
- Responsabilidade
- Organização
- Criatividade
- Proatividade
- Liderança situacional
- Austeridade
- Cordialidade
- Seriedade
- Determinação
- Poder de Persuasão
- Empatia
- Dinamismo

Com o advento da alta tecnologia na fabricação de máquinas e equipamentos, provenientes de outros países, o profissional de manutenção se obriga a escrever, falar e ler outro idioma além do Português. O Inglês, para nós, brasileiros, se tornou fundamental diante do mercado atual, sendo obrigatório na formação profissional. As demais línguas também possuem importância significativa, mas em menor escala, pelo menos por enquanto. Logicamente, tal importância varia conforme o segmento e também o grupo estrangeiro que gerencia a empresa, sendo as línguas mais comuns, o espanhol, alemão, italiano ou ainda o francês. A partir do surgimento de países emergentes, outros idiomas, como o mandarin (China), começa a fazer parte das novas exigências. Desta forma, o domínio de um idioma acaba sendo outro diferencial em um processo seletivo.

Atualmente, os equipamentos de informática tornam-se obsoletos a cada seis meses, forçando *upgrades* nos computadores, tanto em hardwares, como softwares. O engenheiro deverá ter conhecimentos compatíveis com o segmento em que atua. Certos programas usuais já são de conhecimento geral, como Microsoft Office (Word, Excel e Powerpoint), AutoCAD, MS Project, Adobe Reader, entre outros. Grande parte das empresas possui um sistema computadorizado para a gestão do seu negócio. Tal sistema é gerido por uma área denominada TI (Tecnologia da Informação). Estes programas corporativos são formados por módulos de acordo com a estrutura departamental da empresa. Logo, o Engenheiro de Manutenção deve estar preparado para encontrar no seu futuro local de trabalho um software e demais aplicativos instalados no seu computador.

Até aqui, descrevi uma formação básica para obter ou atuar no cargo de Engenheiro de Manutenção. A conclusão do ensino médio em escola técnica, somados ou não aos cursos profissionalizantes são importantes, mas não imprescindíveis. Evidentemente, os conhecimentos "de bancada" (em oficina) são incrementos para que o profissional tenha um entendimento mais facilitado quando ele estiver no seu curso de nível superior. No entanto, se o futuro engenheiro puder estagiar em áreas de manutenção irá adquirir os mesmos conhecimentos necessários até conclusão do curso e, consequentemente colocá-los em prática no desempenho de suas atividades. Quaisquer que sejam os ensinamentos aprendidos antes da formatura, só o farão obter o sucesso e saber delegar atividades aos técnicos, sem correr o risco de gafes ou erros que possam levá-lo ao descrédito junto à equipe.

A capacitação tende a se estender à medida que o profissional segue seu aprimoramento dentro ou fora da empresa. Existem os cursos disponibilizados por entidades que interagem com a Manutenção Industrial. São eventos sobre novos modelos de gestão, novas máquinas ou ainda componentes específicos. Acrescento também os cursos de formação relativos à Qualidade Total para conhecimento de normas, como as da série ISO. Todas elas são aplicáveis aos segmentos automotivos, químicos, serviços, saúde ou mesmo comerciais. A busca pela excelência nos processos iniciais e finais, chegando até o cliente de forma a satisfazê-lo e superar suas expectativas, faz com que os departamentos e colaboradores se empenhem em qualificar suas atividades. É a "Lei da

Sobrevivência", isto é, a grande competitividade existente no mercado atual. Desta forma, a área de manutenção também se enquadra, e o engenheiro precisa entender a necessidade de implantação e multiplicá-las ao demais integrantes do setor que, por sua vez, têm como prioridade a manutenção dos ativos.

Os eventos externos, geralmente promovidos por entidades como a ABRAMAN (Associação Brasileira de Manutenção), Universidades e demais empresas de Consultoria, são importantes para a que o engenheiro tenha uma visão atual do mercado e suas novas tendências. Muito se fala em rede de contatos. Nestes eventos reúnem-se profissionais de vários segmentos e de diversos cargos: Gerentes, Supervisores, Programadores, Analistas e, claro, os Engenheiros. A troca de experiências é de grande importância para elevar o conhecimento. Os profissionais de Manutenção sabem muito bem quais são os "apertos" diários, e nada melhor do que poder contar com a ajuda de colegas de profissão. Ajudas entre departamentos são comuns, como, por exemplo, o empréstimo de um componente de máquina ou mesmo ferramental específico que não esteja indisponível no mercado ou ainda precise de mais tempo para ser adquirido. Desta forma, a empresa beneficiada pode dar continuidade ao seu negócio. Não basta apenas marcar presença nos treinamentos; é preciso participar, e de uma forma bem proativa. É necessário aprender e colocar em prática, trocando ideias com os colegas de curso para definirem a melhor forma de planejar e implantar o que foi visto.

Como podemos observar, desde o início e ao longo de suas atividades, é necessário obter aprendizados determinantes para o nível de capacitação requerida. Todavia, à medida que o tempo avança, ele se depara com os novos desafios e ensinamentos, tanto internos quanto externos, enriquecendo, desta maneira, seu currículo e moldando–o de vez nesta área. Em muitos casos, a expectativa sobre o Engenheiro de Manutenção é grande, não só dos seus superiores, mas também de todo os demais colegas. Dele se esperam as novidades, como novos Modelos de Gestão para tornar mais eficaz as atividades do departamento, como serão abordados mais adiante.

Neste capítulo, gostaria de reforçar a importância dele fortalecer os conhecimentos e, desta forma, criar um ambiente favorável para desenvolver suas atividades, nada fáceis. Ele lida, em muitos casos, com a inovação (nem sempre bem-vinda pelos técnicos mais antigos). O ser humano prefere a rotina às mudanças bruscas que o tirem da chamada "zona de conforto". Acredito ser este o principal obstáculo a ser vencido. Ser um agente de mudança é uma importante característica esperada pelos seus superiores. A ele são dadas metas para condução de projetos de Melhorias em Sistemas de Gestão, sendo dele a responsabilidade pelo entendimento, divulgação e implantação deste novo modelo.

O item Experiência Profissional é decisivo para ambos: empresa e futuro funcionário. Somente a formação acadêmica não é suficiente para um profissional. Acrescentamos, também, a experiência em ambientes de manutenção, visto que lhe será exigido muito tanto técnica quanto emocionalmente (a empresa deve descrever com clareza o perfil desejado da função). Muitas Companhias e Consultorias de Recursos Humanos esquecem o fator emocional, isto é, a aptidão em lidar com conflitos em sua área de atuação. Muitos enfraquecem seu desempenho ao longo do tempo, pois não se adaptam às atividades e às pessoas. Algumas vezes, bons engenheiros acabam sendo demitidos ou mesmo pedem demissão por não se sentirem confortáveis. Nem todo o profissional tem equilíbrio emocional para atuar junto à equipe de mantenedores que atua na empresa há mais tempo. Infelizmente, em alguns casos consideram o novo membro uma ameaça. O recrutador precisa conhecer esse ambiente e durante a entrevista e posteriormente nos testes psicológicos de rotina, analisar se o candidato terá o perfil certo para alcançar os objetivos que lhe serão designados.

Outro conhecimento essencial é a Análise Crítica de Projetos. Quando me refiro a "projeto", não significa executá-lo, mas conhecer com certa profundidade a interpretação de desenhos relacionados à sua formação acadêmica, como foi visto anteriormente. O departamento de manutenção, em algumas empresas, participa do desenvolvimento de novos produtos ou na aquisição de novos equipamentos. Sendo assim, ele lidará com desenhos técnicos e necessitará opinar sobre os itens relevantes à manutenção. Para os para engenheiros mecânicos, por exemplo, os conhecimentos em elementos de máquinas, ciências dos materiais, entre outros, devem estar bem atualizados. Neste caso, é interessante manter livros, polígrafos e demais apontamentos desde os tempos de Universidade. Em resumo, é melhor ter uma boa fonte de informações para consultar quando a memória falhar ou mesmo recordar conceitos que podem ser úteis numa análise mais detalhada. Este conhecimento acadêmico pode ser posto à prova numa entrevista com seu futuro chefe, de forma a testar seus conhecimentos, ou ainda mais adiante, numa situação decorrente de suas atividades.

Muitas vezes, este profissional terá que tratar com técnicos ou, ainda, fornecedores de serviço, cujos projetos terá que supervisionar; portanto, "meio conhecimento" o deixará sujeito a falhas e, pior que isso, poderá acarretar um descrédito junto à equipe e ao superior imediato. A qualificação aumenta à medida que o profissional a vivencia. Então, pôr em prática os conhecimentos e estar nos ambientes onde ocorrem os problemas de mantenimento só o fará "colher bons frutos". Com o passar do tempo, esta vivência em situações e problemas poderá ser compartilhada, diariamente, com os demais colegas do setor. Desta forma, um projeto de máquina ou de uma linha de montagem, analisada pela Manutenção, estará suscetível aos menores erros possíveis. Adiciono aos desenhos e especificações as normas técnicas, que regulam toda e qualquer atividade de engenharia. Normas brasileiras, americanas e alemãs são as mais usuais. Evidentemente que o profissional não precisa decorá-las, mas precisa saber onde encontrá-las, tendo cópias físicas ou acesso eletrônico a elas.

Em grande parte das atividades do engenheiro, as normas técnicas são importantes, pois os projetos estão definidos com base tanto em especificações como em tolerâncias que darão suporte ao projeto.

Eis algumas entidades de Normas Técnicas existentes:

- ABNT: Associação Brasileira de Normas Técnicas
- ANSI: American National Standards Institute
- DIN: Deutsches Institut Normung
- IEC: International Electrotechnical Commission
- ISO: International Organization for Standardization
- ASTM International
- SAE: Society of Automotive Engineers

- API: American Petroleum Institute

Considero fundamental ter noções de Metrologia e Instrumentação. Existem instrumentos de medição cujo domínio permitirá conferir peças em relação ao desenho ou mesmo identificar problemas e soluções em seu dia a dia nas ações de conserto. Independentemente da formação, o engenheiro precisa saber executar medidas e compreender as leituras (o nível de conhecimento é maior para os responsáveis por equipe). Alguns exemplos relacionados com a formação acadêmica seriam:

- Engenharia Mecânica: paquímetro, micrômetro, relógio comparador, torquímetro etc.
- Engenharia Elétrica: multímetro, wattímetro, alicate amperímetro, megômetro etc.

Tanto para a mecânica quanto elétrica os instrumentos de medição são fundamentais para as ações em manutenção de reparo ou ajustes em máquinas e equipamentos, arranjo de equipamentos na planta (*layout*) etc. Você deve estar se perguntando: Engenheiro de Manutenção envolvido em Layout? Sim. Veremos mais adiante que este profissional, praticamente, se envolve com grande parte das atividades de uma Organização.

A Qualidade Total é outro conhecimento exigido por grandes empresas e muito fortemente no ramo automotivo. As Normas estão amplamente divulgadas, mas não são ensinadas em profundidade no universo acadêmico. Grande parte dos engenheiros acaba tendo contato com elas, por meio de cursos ou eventos, ao entrarem numa empresa, sempre de acordo com os programas implantados. As certificações em Sistemas de Qualidade tiveram seu início, muito fortemente no Brasil, no início dos anos 90. Eis algumas das Normas da Qualidade, Meio ambiente e Segurança:

- NBR ISO 9001 – Normas de Gestão da Qualidade e Garantia da Qualidade
- ISO 14001 – Norma de Certificação Ambiental

- ISO TS 16949 – Sistema de Gestão da Qualidade, Indústria Automotiva
- OHSAS 18001 – Política de Segurança e Saúde Ocupacional
- NR10 – Segurança em Instalações e Serviços em Eletricidade

A ISO 9001 é aplicável a todos os segmentos, acompanhada seguidas de outras normas específicas para o setor automotivo, como a ISO TS 16949. Também existem as ambientais, como a ISO 14001, e a NR10, na área Segurança Industrial (há uma série de NRs - Normas Regulamentadoras, como veremos mais adiante). Geralmente, empresas certificadas em sistemas de qualidade necessitam de profissionais aptos para entender os conceitos destas normas e aplicar os itens relacionados às suas tarefas. A Manutenção tem seu foco na preservação de ativos, mas estas Normas possuem itens específicos que aplicáveis a ela, levando em consideração sua atuação na Organização. Ações corretivas, preventivas e preditivas devem estar em plena atividade, sedimentadas e prontas para serem evidenciadas diante de Auditorias (são feitas de duas formas: por equipes internas de auditores e por órgão especial). Os processos auditados são todas as atividades de uma organização necessárias para se chegar ao resultado final: um produto ou serviço. Os conhecimentos adquiridos devem ser repassados aos demais integrantes do departamento para que estes não fiquem à margem das campanhas e programas de qualidade.

Quando me refiro à "qualidade", isto significa que o técnico mantenedor precisa estar orientando a executar os seus serviços e consertos buscando a excelência (desde a saída da oficina até o local do reparo, passando pela execução e finalização do serviço). O Engenheiro de Manutenção deve despertar este espírito na equipe, porque quanto melhor a atuação do time, melhor será a eficiência departamental. Mesmo não tendo exigências de programas da qualidade, faz-se necessário identificar as necessidades e prover padrões executáveis para com a meta de manter a continuidade do negócio. Sem rotinas e especificações, o mantenedor tende a executar os serviços ao seu modo ficando sujeito a erros ou serviços mal-acabados.

Seguindo nossa formação ideal, acrescento os conhecimentos em comandos eletrônicos (CN ou CLP). Os engenheiros formados em Elétrica (ênfase Eletrônica) ou em Mecatrônica possuem uma vantagem, pois este assunto é abordado durante o curso superior. Os demais profissionais de Engenharia podem buscar conhecer este importante item que integra grande parte de máquinas e equipamentos recentemente construídos e também instalações industriais e utilidades de uma empresa.

Observação

Fabricantes conhecidos no mercado: ALTUS, SIEMENS, GE FANUC, ALLEN BRADLEY/ROCKWELL, SEW, TELEMECHANIQUE, WEG, entre outros.

Nota

Para sua orientação, segue algumas das qualificações desejadas para a função: Engenheiro de Manutenção.

(Lembrando que o conhecimento é dinâmico, portanto esteja sempre em continuo aprendizado).

Para finalizar, a formação ideal ou perfil desejado para estar habilitado seria:

- Ensino médio, sendo ideal formação em Escola Técnica e/ou cursos de formação complementar em instituições como o SENAI (fornecerá conhecimentos básicos para quando optar em cursar engenharia);
- Graduação em Engenharia Mecânica, Mecatrônica, Elétrica ou de Produção (atualmente há opções da graduação como Tecnólogo e neste caso observo certa limitação);
- Especialização: Pós-graduação, MBAs, Mestrado e/ou ainda Doutorado em área específica, recomendável. Atualmente, as empresas exigem qualificação além da graduação. Os campos de estudos são amplos: Engenharia de Manutenção, Gestão de Projetos, Gestão e Planejamento Estratégico, Gestão Finan-

ceira entre outros que irão complementar a qualificação;

- Idioma Inglês: Os níveis (básico, intermediário e fluente) dependem da exigência da Organização e o segmento onde atua. Outros exigidos em recrutamento: espanhol, alemão, francês, italiano entre outros. Com advento da Globalização, dominar outro idioma é estratégico para a função;
- Vivência e experiência em ambientes de Manutenção Industrial, Serviços e/ou de Infraestrutura, é desejável;
- Conhecimentos em ambientes de Gestão da Qualidade Total – Normas da Qualidade Série NBR ISO, Ambiental, Técnicas ABNT entre outras aplicáveis aos ambientes de Manutenção;
- Conhecimentos de Ativos (máquinas operatrizes, equipamentos produção (de acordo com o segmento da empresa são inúmeros) e utilidades (grupo gerador, compressor etc.);
- Conhecimentos Específicos em Gestão: planejamento (PCM), Fluxo das Ordens Serviço, Planos de Manutenção (Corretiva, Preventiva, Grandes Paradas) e Gestão de Contratos; Softwares de Gestão, Indicadores de Desempenho; Estudos Estáticos (Análise de Falhas, FMEA etc.). Os ambientes administrativos possuem um amplo espectro de atuação;

Dica:

Caso o caro leitor pretenda atuar em manutenção, o é ideal se manter em constante aprendizado. Leia! Livros são fontes de conhecimento. Vá a eventos (palestras, feiras etc.) e aumente sua rede de contatos, assim como nas redes sociais utilizando aplicativos para acompanhar as novidades e troca de mensagens. É necessário estar atento às novas tecnologias! Há uma série de conhecimentos que você pode obter somente pesquisando na Internet! Seja um diferencial na sua Organização e a cada novo trabalho, esteja comprometido com os resultados.

Boa sorte!

Para sua orientação, veja a seguir, uma tabela sugestiva contendo o perfil com as competências desejáveis para o Engenheiro de Manutenção:

Competências da função: Engenheiro de Manutenção			
Competências	**Conhecimentos aplicáveis**	**Habilidades**	**Atitudes**
1. Capacidade de Decisão	Conhecimento específico em Equipamentos e Utilidades	Prioridade	Agilidade
2. Planejamento	Gestão de Projetos	Decisão	Bom índece de acertos
3. Gestão de Mudanças	Poder de Negociação	Capacidade Analítica	Criatividade e ponderação
4. Criatividade & Inovação	Conhecimento de Novas Tecnologias	Visão Sistêmica	Metódico e bom senso
5. Trabalho em Equipe Multifuncionais	Desenvolvimento Interpessoal	Negociação	Saber trabalhar em equipe
6. Trabalhar sob Pressão	Atender resultados esperados em situações urgentes	Raciocínio Lógico	Comportamento estável e maturidade

Capítulo I

Gestão de Pessoas: Ênfase em Manutenção

INTRODUÇÃO

Um grupo de trabalho necessita de um líder. As lideranças nos departamentos de manutenção, em grande parte das organizações, são formadas por ex-mantenedores premiados por tempo de serviço com cargo de chefia. Em muitos casos, é recomendável ter um grande conhecimento sobre o que se vai comandar. Sendo assim, este chefe pode passar as instruções para os seus comandados nos reparos e também, auxiliá-los em decisões críticas, em que o mantenedor necessita de apoio. Desta forma, ele se sentirá mais seguro para concluir o serviço.

Todavia, sempre há novidades nos estudos na área comportamental em se tratando de liderança. Aliás, é como as demais tendências neste novo século. O ser humano está em constante aprimoramento na "Relação Interpessoal", principalmente quando nos referimos à qualidade de vida no trabalho. A seguir veremos alguns dos aspectos sobre "Gestão por Competências" e estratégias para a "Gestão de Pessoas", mas com ênfase aos profissionais que atuam em Manutenção.

1.1 O Que é Competência?

De acordo com especialistas, a competência significa "ter características individuais relacionadas a conhecimentos, habilidade e comportamentos específicos, fazendo com que cada indivíduo seja único e obtenha resultados diferentes em situações semelhantes". Também podemos defini-la como: **Conhecimento + Habilidade + Atitude.**

Competência Técnica (Conhecimento e Habilidade):

<u>É a formação técnica ou acadêmica</u> somada às experiências adquiridas por um determinado tempo na área de atuação.

Competência Comportamental (Atitude):
É a característica ou o perfil de cada pessoa que pode ou não ser de acordo com o cargo, como agilidade, empatia, educação, capacidade de saber ouvir etc.

1.2 Gestão e a Competência Comportamental

A Competência Comportamental se torna um complemento para o líder em sua gestão. O erro de muitas organizações é transformar um bom técnico em líder, mesmo que ele não tenha um perfil adequado. Saber mandar é diferente de indicar à equipe que certas ações são necessárias. Isto não significa "ser mole" com a equipe. Ao contrário, é ter um bom relacionamento e saber ser respeitado justamente pela forma como se lidera. Um time de mantenedores, trabalhando com medo, pode se desestruturar, levando algum membro com a auto-estima mais baixa ao erro involuntário. Certa vez, li algo sobre "gestão pelo medo", chefes que aterrorizam o departamento com atitudes grosseiras, passando ordens de serviços aos gritos como forma de amedrontar e se fazer entender, com atitudes do tipo: – "Quem manda aqui, sou eu!"

Não quero julgar se esta é ou não uma atitude politicamente correta, pois muitas organizações adotam este tipo comportamento, inclusive na alta direção, e, consequentemente, os que estão em posições abaixo acabam por fazer o mesmo. Tentarei explicar o que me faz pensar desta forma, embora eu não concorde. Nas indústrias, alguns funcionários estão acostumados a receber ordens, algo como necessitar de uma voz autoritária paterna ou materna. Não tendo alguém dando ordens, em tom agressivo, ao que parece sua mente não funciona. Apesar das reclamações diárias, acabam se acostumando. Se esta chefia é substituída por outra, digamos mais light, em pouco tempo eles estranham e o desempenho tende a cair. O ser humano, neste caso específico, não sabe lidar com um ambiente onde ele deve assumir a responsabilidade de executar um bom serviço. Ele sentirá falta de uma voz elevada para estimulá-lo. A "gestão pelo medo" ainda é muito usada, e com sucesso. Esta herança comportamental é passada ao longo das gerações e não se muda isso tão facilmente.

Por outro lado, não devemos fechar os olhos para os estudos dos especialistas em relacionamento interpessoal. São elaborados livros, cursos e demais eventos abordando este e outros assuntos referentes às novas maneiras de liderança, mais em acordo com o mundo civilizado. Embora, permita-me escrever, grande parte das pessoas que vão a estes eventos, não acreditam nisso. Caso contrário, teríamos ambientes de trabalho bem melhores, sem a presença de um chefe mal-humorado.

1.3 Então, Como Deve Ser o Líder Ideal?

Na verdade, acredito não existir um líder ideal, mas um perfil mais adequado às pessoas que se lidera, levando em consideração a cultura da empresa. Explico: um líder com perfil mais metódico, para solução de problemas, atuando em uma empresa com alta produção, operando em três turnos (jornadas de trabalho de 7 ou 8 horas por até sete dias da semana, variando conforme o ramo de atuação) terá de ter alta velocidade na resposta para determinadas situações. Talvez este profissional esteja mais adequado a uma atividade não industrial e com período de trabalho denominado: "horário comercial" (período entre 8 e 18 horas).

O líder de manutenção precisa ser flexível a ponto de saber se reportar à alta direção de uma organização e ao mesmo tempo à função mais simples, mas não menos importante, da empresa. Uma das características citadas anteriormente (**"Sobre o Perfil do Engenheiro de Manutenção"**), e que acredito ser a mais importante, é a Liderança Situacional, isto é, a adequação ao grau de criticidade do problema e às pessoas envolvidas. Então, em determinado momento, em vez de ser democrático com a equipe, ele será autocrático e dará uma ordem expressa e simples: "Você deve fazer, e neste prazo estipulado!" Ele deve refletir rapidamente e determinar a solução, e não solicitar. O subordinado, de posse desta orientação, deverá acatar e executar sem discutir. Por outro lado, numa situação em que o tempo não é fator determinante, ele pode, democraticamente, negociar a forma e o tempo de execução com o mantenedor. Entendo que esta, deva ser a liderança ideal para a área de Manutenção, isto é, agir de acordo com a situação.

Ainda, o líder de mantenimento se depara com os líderes correspondentes em outros departamentos. Sendo a Manutenção responsável pela conservação de ativos e utilidades, certamente terá conflitos em seu dia a dia, pois nem sempre se consegue agradar a todos. Cumprir prazos "é uma arte", tendo em vista a grande demanda de Ordens de Serviço. Solicitações que vão desde pequenos reparos em máquinas, passando por conserto de gaveta ou pintura de parede, chegando até grandes consertos e alterações de posição em instalação (Layout). Ter um sistema de controle de "entrada e saída" de serviços é importante, mas não é suficiente para conter outros líderes mais irritados ou inconvenientes que insistem em cobrar urgência em seus pedidos. Bom mesmo é manter uma política de "boa vizinhança". É um desafio, mas é melhor tentar do que ser considerado uma pessoa inacessível. Acredito ser esta a postura ideal, pois, acima de tudo, são colegas de trabalho, e tentar entender bem a necessidade do outro se faz necessário. Aqui existe um grande paradigma a ser quebrado entre os demais líderes: serem compreensíveis com o Gestor de Manutenção, pois não é tarefa fácil ter sob sua responsabilidade uma grande variedade de problemas. O gestor não deve abusar disso e se colocar numa posição de "pobre coitado", e reclamando o tempo todo. Além de ser uma atitude antiética, é pra lá de chata e ele pode passar a ser considerado um "chorão". É considerável expor suas dificuldades aos demais colegas de forma convincente sem deixar de atender às solicitações. Aqui se apresenta, então, outra característica importante para o líder de manutenção: ser um bom negociador. A negociação de prioridade e prazos numa área de manutenção é outra extremamente importante. Uma boa gestão, das ordens de serviço, irá demonstrar que o líder monitora as atividades e as ações da equipe com clareza.

Se formos a uma livraria, iremos nos deparar com diversos livros de auto-ajuda para qualificar lideranças. Não é meu objetivo abordar este assunto com profundidade, mas o de passar ao leitor um pouco da forma de atuação de um Gestor de Manutenção, como vimos nos parágrafos anteriores.

O líder é como um treinador de equipe esportiva. É uma comparação com a qual talvez você não concorde, mas, como o Brasil é altamente ligado ao futebol, podemos tirar boas lições dentre as várias situações divulgadas, principalmente a de obter bons resultados sob pressão e num curto espaço de tempo.

1.4 Assumindo Riscos e Responsabilidades

Quando se assume uma determinada função numa organização, deve-se estar preparado para isso. Um Engenheiro de Manutenção assume determinadas atividades, podendo ter êxito ou não. Implantar novos sistemas é um grande risco, mas o profissional tem plenas condições de alcançar o sucesso desde que tenha empenho e dedicação. Se as suas tarefas, ao longo de um determinado período, se concretizam e a sua posição na Organização se mantém firme, ele se torna um candidato para assumir a liderança departamental na própria empresa em que atua. O sucesso de um projeto exige assumir grandes riscos, mas só com responsabilidade se consegue este objetivo.

1.5 Agente de Mudanças

Ser este agente, não é a prática, pura e simples, do verbo "mudar". As oportunidades de execuções de melhorias, num determinado processo ou atividade, devem ser seguidas de evidências e definidas como realmente essenciais. Desta forma, "mudar por mudar" não é uma boa política a ser adotada, portanto é preciso saber conduzi-la. Neste caso, significa sugerir as mudanças, implantá-las (padronizar por meio de registros) e sedimentá-las. Desta forma, o êxito da nova rotina será completo. Já comentei sobre as mudanças e como elas não são bem aceitas pelo ser humano. Há uma tendência à mesmice e, neste caso, deve-se ter muito cuidado ao sugerir alteração numa atividade. Quando se assume o cargo de gestor, tende-se a enxergar o que foi feito como não adequado, isto é, considerar que não estava sendo feito da melhor forma. Pare, pense e analise bem a situação atual. Sugira alterações que não causem grande impacto inicial, adequando-as conforme as necessidades surgirem. Se for realmente necessário, em razão, por exemplo, de anunciar uma nova estrutura de trabalho, faça-o com convicção e assuma os riscos que advirão.

1.6 Como Lidar com as Adversidades?

Grande parte das lideranças tem dificuldade de lidar com as diferenças comportamentais de seus subordinados. Sabemos que as pessoas são diferentes, isto é, cada indivíduo possui sua forma de pensar e agir conforme suas crenças. Um grupo de trabalho, na Manutenção, é formado por técnicos com formação similar, porém a instituição de ensino pode não ser a mesma. Além disso, existem as características próprias de cada um, somadas à experiência adquirida. Não obstante, ainda deverá ter controle emocional no trato com as demais lideranças, cada qual com seu perfil comportamental. Novamente, os exemplos de lideranças esportivas são exemplos de sucesso ou não para lidar com as diferenças. O líder tem como principal missão "tirar" o máximo de sua equipe, colocando cada um de seus subordinados em atividades mais adequadas à formação. Ele não deve ter funcionários ditos preferidos; ao contrário, deve tratar todos da mesma maneira, sem transparecer à equipe as afinidades com alguns dos técnicos. Evidentemente, acontece de as pessoas terem um melhor relacionamento com determinados colegas de trabalho, sendo ou não um líder. Melhor é procurar dosar, para não causar indignação aos demais, o que é comum acontecer. Desta forma, o líder terá opostos no seu grupo e isso pode afetar o desempenho do departamento.

Muitas das novas ideias do engenheiro de manutenção, levadas ao grupo, são combatidas por certos elementos da equipe (técnicos ou encarregados, ambos subordinados a um gerente). Você deve estar se lembrando de alguma situação como essa, não? Pois é, veja isso como uma oportunidade e não como um empecilho. Tente raciocinar comigo: se você apresenta um projeto, certamente procurou fazer o melhor. Grande parte da equipe o entende como perfeito, mas os "chatos de plantão" vão dar contra! Nesta etapa, acate as sugestões! Diga que vai avaliar e rever seu trabalho, talvez você tenha uma bela surpresa ao se dar conta de que aquele inimigo acabou de "salvar a sua pele", indicando uma falha no seu projeto. É uma boa maneira de lidar com esta divergência, muito natural de acontecer em grupos de trabalho. Manter o controle emocional é uma boa dica, afinal de contas é uma arte saber trabalhar com outras pessoas (por sua natureza, elas pensam diferente de nós). Bom que isso aconteça, afinal de contas seria muito chato se todo mudo fosse igual.

1.7 Gestão Estratégica de Pessoas

1.7.1 Aspectos Gerais

A Gestão de Pessoas está relacionada com as aspirações profissionais. Seguindo a ênfase em Engenharia de Manutenção, trabalhar com pessoas requer entender o comportamento humano e precisamos conhecer os vários sistemas e as práticas disponíveis para nos ajudar a construir uma força de trabalho qualificada e motivada. As habilidades, o conhecimento e a capacidade dos técnicos e também dos que atuam em áreas de apoio (por exemplo, o PCM), são os recursos distintos. Por esta razão, é requerido um gerenciamento estratégico, sendo esse um fator que fornece a Organização, um diferencial em destaque no segmento que atua.

Há uma expressão, até interessante: "competir por meio de pessoas". Significa que a organização é competitiva e uma das suas forças esta na gestão estratégica das pessoas. No entanto, essa ideia permanece apenas como um suporte para a ação na forma como as organizações efetuam esse gerenciamento. Essa expressão vai de encontro à falência de modelos de gerir pessoas que ainda ocorrem nas organizações, as quais deixam atender as necessidades e as expectativas das pessoas, seja fora ou dentro das empresas.

Percebe-se que tudo esta em constante mudança, seja em tecnologia ou comportamento, apenas para citar exemplos. Houve transições importantes em relação à nomenclatura da área de Recursos Humanos. Desde "Departamento de Pessoal", passando por "Gestão de Recursos Humanos" até o termos mais atual, "Gestão de Pessoas", onde seu principal objetivo é o de tornar a relação entre o capital e o trabalho, no âmbito das organizações, mais produtiva e menos conflituosa possível. Muito mais do que uma alteração de rótulo, os novos modelos pretendem expressar as redefinições nessa área da gestão, que incluem novas dimensões.

Dentro do âmbito da gestão de pessoas, a meu ver, a qualidade de lidar com conflitos é a capacidade mais admirada de um líder, junto ao seu time. É por vezes, motivo de desligamento os quais ocasionam queda de rendimento da equipe, e aumento de custos: Demissão, Contratação/Reposição e Treinamento.

Nos ambientes de Manutenção estes custos são elevados, pois ter um técnico capacitado que esteja ambientado com os ativos da empresa, realizando suas tarefas com aptidão, zelo e assertividade, o torna um colaborador que agrega muito na rentabilidade e produtividade de uma empresa.

1.7.1.2 Gestão de Pessoas e a Globalização

O que entendemos por "Globalização"? "Processo econômico, político e cultural que busca integrar os países em um único bloco, envolvendo a criação de mercado mundial por meio de: internacionalização do capital, predomínio do capital financeiro sobre o capital produtivo, eliminação de barreiras e fronteiras que possam impedir a concorrência. polarização centro-periferia e da subordinação das economias, nações e culturas". Fonte: Borges –Andrade.

Percebemos uma alteração da noção de espaço, com o encurtamento das distâncias entre Cliente e Fornecedor. Maior circulação do capital financeiro e tecnológico, ampliando a competição entre países etc. Contudo, um fator a ser analisado criticamente, se deve ao fato da grande imprevisibilidade de fatores políticos e econômicos, reduzindo drasticamente a capacidade de planejamento. Há ainda outros dois itens menos impactantes, mas importantes que são o social e cultural, os quais afetam, por exemplo, implementação de estratégias de trabalho, novos programas de gestão e até a criação de uma nova unidade ou filial em determinado país.

Portanto, há fatores positivos em relação à Globalização como podemos observar e até na prática, pois vivenciamos isso em nossas vidas, quase que em sua totalidade. A gestão de pessoas sofre seus impactos nas organizações. A forma de atuação de um profissional, pode até ser à distância, seja em uma filial respondendo a seu líder que está na matriz em outro país, como também no modelo muito usual o "Home Office" que permite trabalhar em na residência do colaborador. Tudo isso são algumas das novidades a serem consideradas.

Outra questão de influência da Globalização, sobre a forma de gerir pessoas, é sobre a rápida expansão dos mercados internacionais. Uma luta para se equilibrar, paradoxalmente, entre "pensar globalmente agir localmente", forçando os líderes a movimentar pessoas, ideias, produtos e informação ao redor do mundo para atender as necessidades locais.

Trazendo isso para os ambientes de manutenção, os gestores precisam entender os mecanismos de atuação global de sua empresa e agir de acordo com esses parâmetros. Em geral, técnicos atuam de forma presencial, por exemplo, quando se faz necessário uma substituição de componente e ajustes e/ou nova programação, na sequência. No entanto, novas formas de atuação no modelo "à distância" tem crescido em razão das facilidades da tecnologia de comunicação, tais como os smartphones (utilizando aplicativos específicos) que a cada novo lançamento, permite maiores facilidades para os usuários. A Engenharia de Manutenção, neste contexto, tende ser melhor e mais eficaz. Atingi objetivos mais rapidamente, reduzindo custos, tais como de mão de obra (em tempo de execução), registro dos serviços executados mais precisos e comunicação (à distância) facilitada. Os gestores têm a difícil tarefa de gerir pessoas longe do departamento.

Portanto, as novas tecnologias reduzem a distância entre as pessoas, movimentando ideias e grandes quantidades de informação com muita rapidez. As organizações bem sucedidas são aquelas que sabem atrair, desenvolver e reter profissionais, os quais se tornam capazes de atuar e responder as expectativas de seus lideres, neste mundo cada vez mais globalizado.

Mudança e transformação constantes ilustram bem essa relação. A adaptação rápida e assertiva permite um processo de reestruturação, sem causar perdas consideráveis.

1.7.1.3 Os Processos de Gestão de Pessoas

O recrutamento é o primeiro contanto entre o futuro profissional e a organização, em seguida vem a contratação. O candidato deve ter o perfil de acordo com a oportunidade de trabalho, isto é, complementar o quadro de funcionários. Comentado anteriormente, aspectos de relação interpessoal deste candidato somada as demais competências.

As contratações, em certas organizações, ainda seguem determinados hábitos desgastados pelo tempo. Sendo assim, águem recentemente contratado, por vezes, não chega se quer a completar um ano na companhia. Bem, essa é uma opinião pessoal e o caro leitor deve ficar ciente disso. Em certas ocasiões as organizações escolhem as pessoas e vice–versa, embora a maioria esteja em busca desesperada por uma vaga e certas questões, importantes, são deixadas de lado. Somente após um período mais adiante tem inícios as desavenças e desânimo. Portanto, fica o alerta para que este momento seja de esclarecimento para ambas as partes. Na manutenção, reforço para que estas etapas de Recrutamento e Contratação sejam bem estruturadas, com descrição de perfil, se aplicável teste teórico/prático e uma entrevista onde várias questões devem ser abordadas, tais como, as dificuldades e facilidades do ambiente onde ele irá atuar.

Os profissionais de manutenção são contratados por terem habilidades requeridas pelo cargo, outras competências serão fornecidas em treinamentos posteriores, por exemplo, se a empresa tem um ativo especifico em seu processo de manufatura. Um mecânico de motor a diesel veicular (caminhões, ônibus etc.), com larga experiência, irá necessitar de especialização, caso tenha que executar reparo em motores a diesel estacionário (grupo motor–gerador). Obviamente, existem outras tantas situações similares neste segmento técnico. A grande preocupação dos líderes é a de desenvolver habilidades individuais, para que a equipe seja multifuncional e consiga atuar em várias frentes de trabalho dentro da organização.

A abordagem tradicional é das empresas ofertarem vagas constituídas por cargos que precisam ser preenchidos. Contudo as pessoas também começam a escolher as organizações onde pretendem trabalhar. É uma tendência que pode crescer, pois como se engajar e estar comprometido. A questão é: e se a pessoa entender que a empresa não foi melhor escolha?

Na abordagem moderna, predomina o enfoque estratégico: o processo de agregar pessoas é um meio de servir as necessidades organizacionais em longo prazo, onde ter um cargo não é o mais importante, mas o de pertencer a um time e através de sua criatividade e da inovação contribuir para o crescimento da organização. O novo termo passa a ser o de "inclusão de novos valores humanos".

Um detalhe final é sobre recrutar internamente, isto é, aproveitar um colaborador que se qualificou, e está apto a uma oportunidade de crescimento. Nos ambientes industriais operadores de máquinas, por entenderem o funcionamento, participarem de reparos e em paralelo se formam em cursos técnicos, são bons exemplos de sucesso. O aproveitamento de recursos internos é muito usual e demonstra que a organiza valoriza seu capital humano. A adesão destes colaboradores tende a ser muito forte, uma vez que com esse reconhecimento, ele irá valorizar e terá alto nível de comprometimento.

Finalmente, em relação às novas abordagens no processo de gestão de pessoas, podemos citar profissionais que desenham as atividades que os colaboradores irão realizar na empresa, orientar e acompanhar seu desempenho. Inclui o tradicional organograma de cargos, análise e descrição de atividades e responsabilidades, orientação e avaliação de desempenho. A recompensa precisa existir, pois incentivam e satisfazem as pessoas em suas necessidades seja no trabalho ou na relação com sua família. Disponibilizar amplos benefícios pode ser uma boa saída às questões relacionadas ao aumento de rendimentos/salário.

O desenvolvimento, por meio de treinamento, não só capacitam e incrementam o desenvolvimento profissional, mas trazem realização pessoal. Relacionado à Manutenção, é quase que obrigatório dado o constante crescimento tecnológico. Os técnicos possuem capacitação que atendem a demanda interna, pois em geral os ativos possuem similaridades, porém quando a organização faz aquisição de um determinado equipamento, para fabricar um produto novo ou mesmo mais moderno que venha a substituir um ativo obsoleto, treinar nessa nova tecnologia se torna necessário. O plano de treinamento já faz parte da cultura das organizações e significa, se antecipar às necessidades em "visão de longo prazo". Essa gestão de conhecimento e de competências, programas de mudança e desenvolvimento de carreiras e programas de comunicação criam ambientes produtivos para ambos, pessoas e empresas.

Treinamento e Desenvolvimento de Pessoas tem uma diferença, embora haja similaridade. Treinar é para uma situação presente, enquanto desenvolver tem como objetivo o de preparar para novas habilidades e competências requeridas, por exemplo, para um novo cargo. Há uma máxima nesta questão a ser dita, a qual gostaria de dividir com o leitor: "Se você tem uma posição na empresa e pretende crescer, você precisa preparar alguém de sua equipe para substituí-lo".

As lideranças nos ambientes de manutenção devem ficar alerta ao mínimo sinal de descontentamento do colaborador ou mesmo em casos mais graves, de toda a equipe. Esse monitoramento deve ser diário, e assim reverter condições ambientais e psicológicas insatisfatórias que afetam o desempenho drasticamente, chegando a afetar os indicadores departamentais: Produtividade, Disponibilidade e Confiabilidade dos ativos. Ações incluem a administração da cultura organizacional, clima, disciplina, higiene, segurança e qualidade de vida. Todas no sentido de manter as pessoas e caso estes ações se mostraram infrutíferas, o desligamento se torna a opção, mas deve ser evitada ao extremo.

Conclusão

Estejam certos: lidar com pessoas é tão difícil quanto com os problemas nos equipamentos. A Gestão por Competências é uma metodologia científica aplicável às relações humanas. Ser um líder não é simplesmente dar ordens, mas ter o "espírito de liderança". Antes de tudo, procure ter conhecimento técnico, e se você pretende ser um gestor na área de manutenção, é necessário saber como fazê-lo. Sendo assim, a liderança situacional se torna uma boa opção, tendo em vista as várias formas de solucionar os problemas neste segmento industrial.

Lembre:

Pense sempre antes de falar. Saiba ouvir, aceite críticas, aprenda com os erros e busque sempre ser o melhor no que faz.

Dicas de alguns "gurus" da área de Gestão Comportamental:

"Inove, construa o que não existe. Não confunda o novo que é duradouro, com a novidade que é passageira." **Cortella**

"Experiência é intensidade, não é extensão no tempo." **Cortella**

"Somos conhecidos pela expertise e não pela posição." **José Eduardo Costa**

"O que enriquece o trabalho em equipe, é a soma das diferenças. Para lidar com elas, equilíbrio e respeito." **Klever André**

"Caráter, integridade e ética são competências cada vez mais valorizadas. Na contratação isso é avaliado antes da experiência profissional." **Waldez**

"Muitos líderes não percebem que cabe a eles criar uma atmosfera em que o subordinado sinta-se à vontade para se comunicar. Depois reclamam que não recebem feedback." **José Eduardo Costa**

"Reconheça seu papel e seu espaço, faça a diferença." **Gilberto Wiesel**

"Jamais se considere um derrotado. Avalie e aprenda com o fracasso." **Gilberto Wiesel**

"Lembre-se que quando você se põe na média, vira um medíocre." **Hirsch**

Capítulo II

Modelos de Gestão Estratégica

2.1 R&M Confiabilidade dos Ativos

A **R&M**[1] Reliability e Mantenability (Confiabilidade e Mantenabilidade), em resumo significa: equipamento disponível e de fácil conserto. Este modelo já é estudado desde os anos 70. No Japão, após a 2ª Grande Guerra, iniciaram estudos para tornar o país competitivo, visto que não havia riqueza. Crescer, sendo rentável era quase impossível, mas se tornou um lema. **Seichi Nakagima** foi um dos percussores da TPM (Total Productive Maintenance ou Manutenção Produtiva Total), cujos fundamentos são os mesmos da R&M. Estes modelos foram aplicados às grandes fábricas do setor automotivo, devido à grande competitividade neste ramo. Isso se deve, em parte, aos programas de Qualidade Total e Perda Zero (metodologia que visa redução de custos operacionais). A partir disso, o segmento de fabricação de máquinas operatrizes se desenvolveu e começou a projetar equipamentos cada vez mais confiáveis. Isso significa dizer maior probabilidade de um equipamento operar sem falhar e por um determinado período de tempo. A seguir são apresentados alguns dos termos mais usados na metodologia R&M.

Conceitos Existentes na R&M

Confiabilidade

É a probabilidade de um equipamento operar, sem falhas, durante um período de tempo predeterminado. A determinação da confiabilidade deve sempre estar associada a um período de tempo. À medida que se aumenta o tempo de avaliação, maior é a chance de acontecerem falhas, ou seja, menor será a confiabilidade da máquina ou do ferramental.

---

[1] Ou RCM (Reliability Centred in Maintenance) Manutenção Centrada na Confiabilidade.

Mantenabilidade ou Manutenabilidade

É a medida do grau de facilidade para se fazer o reparo em um equipamento, quando este é realizado, de acordo com os procedimentos definidos. Como exposto anteriormente, a confiabilidade tem relação direta com a chance de ocorrerem falhas num equipamento operando normalmente. O comportamento das falhas pode ser estudado pela **Curva da Banheira** (que será vista no **Capítulo VI – Análise de Falhas em Ativos**), representando o comportamento da Taxa de Falhas ao longo de todo seu ciclo de vida. Conseguimos distinguir três fases distintas: Mortalidade Infantil, Vida Útil e Desgaste.

Quando o equipamento está operando, a avaliação da confiabilidade normalmente é feita após a estabilização de sua taxa de falhas, ou seja, quando se encontra na fase de Vida Útil. O indicador utilizado para se fazer essa avaliação é o **MTBF (Mean Time Between Failures – Tempo Médio Entre Falhas)**. A Mantenabilidade é medida por meio de um indicador chamado **MTTR (Mean Time To Repair – Tempo Médio para Reparo)**. Esses indicadores são obtidos a partir dos registros de manutenção. Toda a produção pode ser caracterizada de acordo com o esquema da **Figura "1"**, onde t1, t2, t3 e t4 são os tempos em que o equipamento efetivamente trabalhou e r1, r2 e r3 são os tempos gastos para reparar o equipamento.

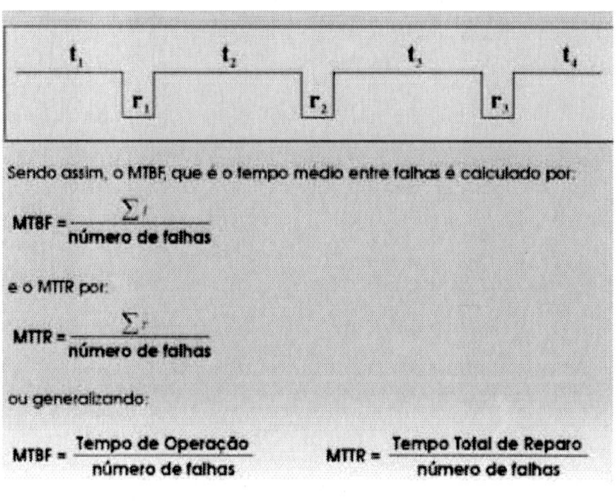

Figura 1: Exemplo de fórmulas para obter MTBF e MTTR.

LCC (Life Cycle Cost – Custo do Ciclo de Vida)

Este é outro conceito muito importante dentro da R&M. Também visa aumentar a disponibilidade dos mesmos para a produção, mas possui o foco em reduzir seu custo global, ou seja, seu LCC. O cálculo leva em consideração todas as etapas do ciclo de vida de um equipamento ou ferramental e deve contabilizar os custos associados a cada uma delas (**Figura 2**). O R&M estabelece que toda a avaliação para aquisição seja baseada no LCC e não somente em seu valor de comercial (de venda).

LCC = (A) Custos de Aquisição + (O) Custos de Operação + (M) Custos de Manutenção + (D) Custos de Desativação (Descarte)

Figura 2: Exemplo para a obtenção do Custo do Ciclo de Vida de Equipamento ou Ferramental.

A Distribuição de Weibull

Para que os objetivos do R&M sejam alcançados, é de fundamental importância que a Confiabilidade e a Mantenabilidade sejam projetadas desde o início até o final do projeto do equipamento ou ferramental. Uma técnica de análise da distribuição de falhas do equipamento é pela **Distribuição de Weibull (Figura 3)**. A partir de testes ou do levantamento de dados históricos, é possível, utilizando este modelo, determinar qual será a distribuição de falhas do equipamento e, consequentemente, qual será sua confiabilidade quando estiver em operação.

A **Distribuição de Weibull**, nomeada pelo seu criador **Waloddi Weibull**, é uma distribuição de probabilidade contínua, usada em estudos de tempo de vida de equipamentos e estimativa de falhas.

Esta distribuição mostra uma boa aderência a dados de falha de equipamentos, necessitando de menos ocorrências que outras distribuições.

No exemplo a seguir, para x ≥ 0 e f (x , η , β) = 0 para x < **0**, onde η é o parâmetro de forma e β é o fator de forma.

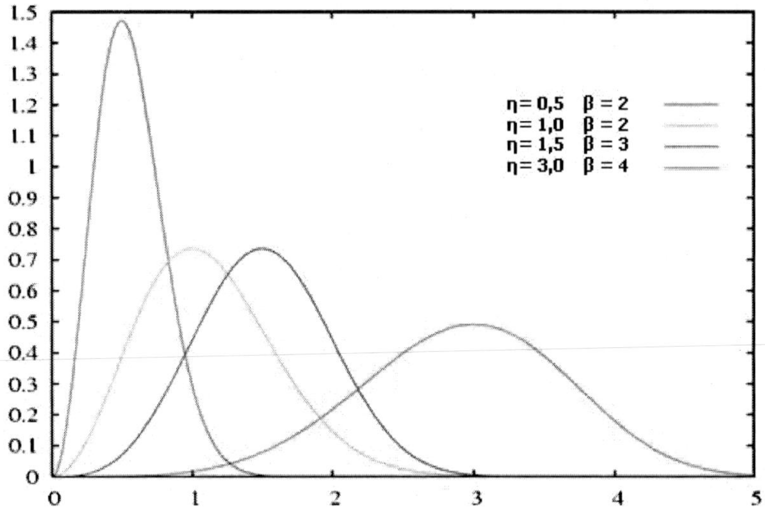

Figura 3: Distribuição, conforme WEIBULL, de um equipamento em função do tempo ***(t)***.

Nota

Mais informações sobre Distribuição de Weibull podem ser vistas no **Capítulo VI**.

O Diagrama de Blocos

Em muitos casos, o equipamento ou ferramental é único, ou seja, está sendo projetado para uma aplicação específica, como, por exemplo, um determinado produto de um cliente. Esse tipo de situação determina a inexistência de dados históricos e inviabiliza o projeto da confiabilidade por meio de testes, pois só poderiam ser realizados após o término do desenvolvimento e a construção do ferramental ou equipamento, tornando sem sentido sua realização. Contudo, para viabilizar o projeto da R&M, podemos aplicar a técnica chamada de **Diagrama**

de Blocos (Figura 4) de Confiabilidade. Essa técnica estabelece relações de dependência em termos de confiabilidade entre os subsistemas e os componentes do equipamento, permitindo, então, a avaliação de sua confiabilidade antes mesmo de ser construído. Isso é possível porque a maioria dos subsistemas e componentes usados em Equipamentos ou Ferramentas são os mesmos que foram utilizados em Projetos anteriores.

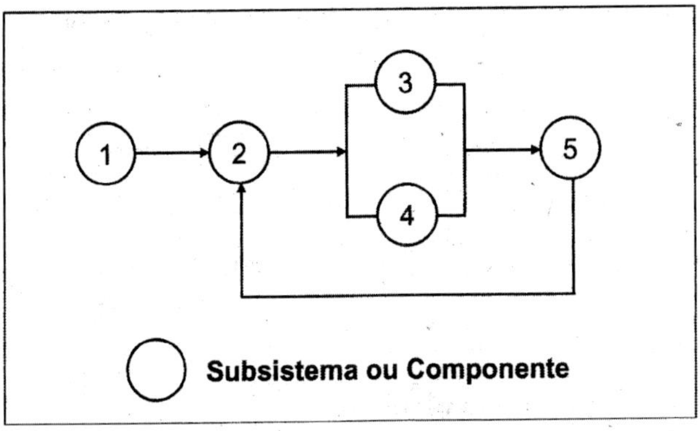

Figura 4: Representação de um Diagrama de Blocos. A figura pode representar subsistema, conjuntos como unidades hidráulica e pneumática, painel elétrico, partes mecânicas móveis ou fixas como cabeçotes ou mesas.

A Melhoria Contínua

A atividade de Melhoria Contínua é um componente essencial dentro do R&M. O modelo implantado serve de exemplo, para engenheiros projetistas e demais profissionais de aquisição, para os novos sistemas. Isso significa dizer desenvolver, construir ou instalar uma nova máquina com maior confiabilidade e com alto índice de mantenabilidade. Além disso, se as melhorias e seus resultados forem registrados, servirão como base para a formação do banco de dados, propiciando um melhor gerenciamento para a aquisição destes novos equipamentos.

Essas atividades de análise consistem na coleta dos dados, análises de falhas e processos de feedback (retorno do andamento de uma ação) de ações tomadas e melhorias realizadas e alcançadas com o R&M. A coleta de dados pode ser descrita como o processo que permite ao cliente e ao fornecedor monitorar o desempenho dos equipamentos e verificar se as metas de confiabilidade e mantenabilidade foram atingidas.

O monitoramento deve ser iniciado já na fase de construção e instalação, sendo mantido até o final do ciclo de vida.

O R&M estabelece o uso de sistema de relatório de falhas, análise e ação corretiva e deve ser aplicado aos principais defeitos apresentados pelo equipamento, quando esse estiver em operação no cliente. Este sistema pode ser aplicado também em todas as falhas graves apresentadas pelo equipamento ou ferramental que não foram previstas anteriormente. A vantagem da utilização do follow-up (monitoramento de ações) das análises emitidas é a de facilitar o controle das atividades do próprio R&M. O feedback do desempenho de R&M, em conjunto com sólidos processos de coleta de dados e análise de falhas, age como uma base estratégica. Sem essa informação, as atividades de Melhoria Contínua provavelmente não alcançariam um de seus principais objetivos, o de prover informações para inovar por meio de novos projetos. Geralmente, o processo de implementação destes itens parte dos fabricantes. Deve ser entendido como um direcionamento estratégico, pois devido à abrangência e ao volume de técnicas e informações envolvidas com essa implementação, serão necessários treinamento e envolvimento de quase todos os departamentos.

A primeira etapa, dentro desse processo, é o início da aplicação das técnicas de projeto da confiabilidade e mantenabilidade. Posteriormente, executa-se a coleta de dados para verificação e formação de um banco de dados confiável. Por intermédio desse banco de dados e da contínua utilização das técnicas de projeto, os fabricantes poderão utilizar o R&M para melhorar seus novos projetos. A partir desse momento, ele permite uma clara compreensão do desempenho de produtos, maior oportunidade para a redução de custos, com melhorias na confiabilidade dos mesmos e aumento na competitividade.

Do ponto de vista dos clientes que adquirem novos equipamentos, o R&M traz como benefícios melhor desempenho dos produtos adquiridos, menor tempo de resposta a problemas por parte dos fornecedores e redução de custos operacionais. Além desses fatores, é importante lembrar que o R&M é um requisito muito solicitado às empresas fornecedoras de máquinas, equipamentos e ferramental para a Ford, GM e Chrysler que tiverem implantados os suplementos das normas automotivas de qualidade total, denominados Exigência de Clientes.

2.2 ABC (Activiy-Based-Costing) Atividade Baseada em Custos

INTRODUÇÃO

Trata-se de uma estratégia empresarial, por meio da qual as organizações reduzem os custos de produtos (bens ou serviços) e administrativos, utilizando iniciativas com base em programas de qualidade ou melhoria, com o objetivo de reduzir desperdícios em todos os níveis.

O ABC é uma técnica moderna, atribuindo custos às atividades, que são representados por consumo de recursos (pessoas e materiais) necessários para um determinado processo de negócio. Em seguida, veremos a aplicação do Activity-Based-Costing no negócio Manutenção.

2.2.1 A Origem

Os primeiros estudos de ABC tiveram origem nos trabalhos de **Jeffrey Miller e Thomas Vollmann**, ambos pesquisadores da Boston University (em um artigo intitulado **"The Hidden Factory" Harvard Business Review, September – October, 1985**), que analisaram a questão: "O que causa o overhead?" Neles, os dois pesquisadores constataram que os custos indiretos nas grandes e médias organizações eram crescentes em relação aos custos diretos.

As principais razões são:

1. Crescente avanço tecnológico nas atividades de manufatura.

2. Fabricação de produtos com mais economia na utilização de materiais e redução de desperdícios na matérias-primas.

3. Aumento de novos modelos e produtos pelas organizações.

A automação na manufatura e os estudos de economia no uso de materiais e redução de desperdícios fazem com que os custos da fábrica se tornem cada vez menores, mas crescentes se comparados aos custos administrativos. Estes custos fabris são, geralmente, considerados diretamente em razão do produto ou serviço de uma organização, enquanto os outros são um overhead, isto é, custos adicionais em excesso, e devem ser rateados por algum critério entre os diversos produtos ou serviços da empresa.

Na manutenção, este overhead aparece nas atividades de gestão e de planejamento, na contratação e nos pagamentos de serviços contratados (atividade que tem crescido nos últimos anos, em razão de tendências à terceirização nas empresas). Por sua vez, os custos diretos são decrescentes em razão da automação do processo e também pela manutenção preventiva cada vez mais eficaz para atender à necessidade de maior confiabilidade, tendo como consequência menos reparo dos equipamentos.

A diversidade de produtos e serviços é uma tendência de mercado para agradar aos clientes, cada vez mais exigentes. Um exemplo atual são os telefones celulares, que proliferam em cores e modelos cada vez mais sofisticados, bem longe da famosa frase de **Henry Ford** dita no auge do sucesso do modelo "T": "Todo americano pode ter o carro na cor que desejar, desde que seja preto". Manter e aumentar a satisfação do cliente é reflexo de um mercado cada vez mais competitivo, exigindo das organizações um grande esforço e, como consequência, custos "não diretos" ou "indiretos" cada vez mais altos.

Na área de Manutenção Industrial, esta diversidade de serviços e atividades é uma consequência da maior complexidade dos equipamentos, exigindo das organizações aumento de custos em treinamento e qualificação de técnicos para reparo destes equipamentos.

Assim, em 1985, começou-se a perceber que as empresas estavam, por vezes, cometendo erros na composição dos custos de seus produtos e, como consequência, poderiam estar perdendo dinheiro ao vender com uma margem baseada em um custo apurado por meio sistemas não tão confiáveis. Então, foi necessário visualizar um método de apropriação de custos baseados em processos ou num conjunto ordenado de atividades para gerar um produto ou serviço para um ou um conjunto de clientes. Este método ganhou força com a Gestão pela Qualidade Total e, posteriormente, a Reengenharia, ambas fortemente baseadas no enfoque de processos.

2.2.2 Custos e ABC na Manutenção

Em seu livro *Up-time – Strategies for Excellence in Maintenance Management*, John Dixon Cambell enfatiza a importância dos custos da manutenção em uma empresa industrial, embora ressalte que o percentual que eles representam do total de custos da empresa varia enormemente de acordo com o tipo da organização.

Com base no livro de John D. Cambell, a seguir estão dispostos dados sobre **Tipo de Organização X % Custos de Manutenção:**

- Mineração .... 20% a 50%
- Metais primários................ 15% a 25%
- Manufatura........................ 5% a 15%
- Processamento .... 3% a 15%
- Fabricação e Montagem ...... 3% a 5%

Por outro lado, o Documento Nacional da Manutenção do ano de 2003, fornecido pela ABRAMAN (último resultado até a edição deste livro), divulga que os custos da manutenção no Brasil representavam R$ 56 bilhões, 4,27% do PIB nacional, onde a média mundial era de 4,12%. Então, a relação entre o **Custo total de Manutenção / Faturamento das empresas** é de 4,27 %.

Em outros anos, foram apresentados os seguintes índices:

- 2001....... 4,47%
- 1999....... 3,56%
- 1997........ 4,39%

Tabela: Composição dos custos de manutenção em %:

Ano	Pessoal	Material	Serviços	Outros
2003	33,97	31,86	25,31	8,86
2001	34,41	29,36	26,57	9,66
1999	36,07	31,44	23,60	8,81

A partir das últimas pesquisas, as empresas gastam com orçamento de manutenção com pessoal próprio e contratado aproximadamente 59%. Dados existentes:

- ... 2003 em média 59
- ... 2001 em média 61
- ... 1999 em média 60

Sendo assim, entende-se que os custos de manutenção são altos e preocupam a administração das empresas. As informações de custos podem ser utilizadas para:

- Gerar orçamentos da manutenção;
- Monitorar de tendências, na utilização de recursos e sua indisponibilidade;
- Controlar a influência de serviços preventivos nos corretivos e no tempo de equipamento indisponível para produzir.

2.2.3 Sistema de Controle de Custos da Manutenção

Entre os principais custos a serem controlados, podemos citar os três custos básicos: Pessoal, Material e Serviços, sendo que cada um deles deve estar dividido em Trabalhos de Melhorias (KAIZEN), Manutenção Corretiva e Preventiva. Também devemos levar em consideração indicadores como a Disponibilidade dos Equipamentos. Desta forma, o sistema de controle de custos deve se preocupar com as informações dos registros dos tempos em que o equipamento está indisponível para operação:

- Tempo total de produção perdido planejado;
- Tempo total de produção perdido devido às falhas;
- Tempo total dos reparos e esperando para ser reparado;
- Tempo de produção perdida, devido a serviços internos não previstos.

Entre as principais saídas de um sistema de controle de custos devem estar:

- Custos de manutenção por Ordem de Serviço ou Ordem de Trabalho;
- Custos de manutenção por unidade produzida;
- Custos por tipo de manutenção: mão de obra + materiais (corretiva, preventiva, preditiva, melhorias, automatizações, reformas etc.), considerando cada

setor ou unidade;

- Custos de manutenção por tipo de **recurso**[2] para cada unidade.

2.2.4 Por que Usar o ABC na Manutenção?

- Para calcular melhor o custo de bens e serviços;
- Como apoio em campanhas para redução de custos;
- Como apoio em melhorias de processo;
- Para determinar medidas mais eficazes de performance (índice de desempenho);
- Para melhorar as técnicas de elaboração dos orçamentos;
- Para determinar as principais causas dos custos das atividades;
- Para determinar atividades que agregam ou não.

2.2.5 Metodologia para Implantação do ABC na Manutenção

A metodologia pode ser aplicada com sucesso em uma grande variedade de organizações. Melhor denominar "Projeto", pois existem etapas a serem vencidas desde seu início até o final. O pessoal envolvido deve ter determinação e disciplina para não perder o foco.

2.2.6 Glossário Aplicado à Metodologia ABC

É importante montar e sedimentar um Sistema de Controle que monitore, permanentemente, os custos de manutenção. Para tanto, apresento a seguir alguns termos usados em sistemas de custeio e que podem ajudá-lo no trabalho, caso você use esta metodologia.

> **Custo:** é o valor de bens e serviços consumidos direta ou indiretamente com a produção de bens ou serviços.
>
> **Despesa:** é o valor dos bens e serviços não relacionados diretamente com a produção de outros bens e serviços consumidos em um

[2]**Recurso**: Mão de obra e materiais gastos em utilidades necessárias, como energia elétrica, ar comprimido, água potável e refrigerada etc.

determinado período.

Gasto: é o valor dos bens e serviços adquiridos por uma organização.

Perda: é o valor dos bens e serviços consumidos de forma anormal ou involuntária. Ex. danos provocados por sinistros, como incêndio, enchentes etc.

Desperdício: é o consumo intencional que por alguma razão não foi direcionado à produção de um bem ou serviço. Também pode ser entendido como produtos danificados durante o processo de fabricação, perdendo seu valor de mercado e geralmente vendidos como sucata.

2.2.7 Conselhos Práticos para a Área de Manutenção

A redução dos custos em manutenção deve focar os serviços denominados "não essenciais", isto é, os que agregam pouco ao negócio mantenimento de ativos. Os conselhos gerais são:

- Estabelecer um sistema de controle de custos dentro de análise das causas dos custos, por atividade ou por objeto de custo;
- Adotar o ABC como uma metodologia de análise das causas dos custos: por atividade ou por objeto de custo;
- Comparar permanentemente : custos x disponibilidade. É fácil diminuir custos, reduzindo serviços que talvez sejam importantes e necessários para os equipamentos.

Então, siga este raciocínio:

Bom: Maior Custo, Maior Disponibilidade de Ativos
Melhor: Menor Custo e Maior Disponibilidade de Ativos

Sendo assim, seguem divisões importantes, como Pessoal, Material, incluindo os Ativos e Serviços Terceirizados.

1. Pessoal:

1.1 Padronizar Ordens de Trabalho ou Serviço de Componentes dos Ativos.

1.2 Treinamento.

1.3 Melhor interação entre Produção e Manutenção. Aplicar metodologias, como a TPM (Pilar Manutenção Autônoma), passando algumas tarefas simples para os operadores.

2. Materiais e Ativos:

2.1 Manutenção Preventiva, onde aplicável.

2.2 Avaliar, permanente, a vida útil dos ativos (equipamentos e utilidades), considerando sua substituição onde aplicável (neste caso, aplicar metodologia ABC).

2.3 Participar dos projetos sempre que possível e, desta forma, intervir desde o início de uma unidade fabril ou aquisição de ativo. Assim, obtém-se a redução dos serviços de reparo, isto é, aplica-se a Prevenção da Manutenção (também conhecida como Terotecnologia).

3. Serviços Terceirizados:

3.1 Antes de terceirizar, questionar a necessidade. É recomendável não terceirizar atividades de mantenimento dos principais ativos produtivo.

3.2 Utilizar o ABC para avaliar as áreas onde é aplicável a terceirização e seja possível haver redução de custo.

3.3 Além do custo direto, avaliar a confiabilidade dos prestadores de serviço, desenvolvendo com eles critérios de qualidade.

2.3 TPM – Manutenção Produtiva Total

INTRODUÇÃO

Durante muito tempo, as indústrias funcionaram com o sistema de Manutenção Corretiva. Com isso, ocorriam desperdícios, retrabalhos, perda de tempo e de esforços humanos, além de prejuízos financeiros. A partir de uma análise desse problema, passou-se a dar ênfase nos sistemas preventivos. Com este enfoque, foi desenvolvido o conceito da **MPT (Manutenção Produtiva Total)**, mais conhecido pela sigla **TPM (Total Productive Maintenance)**, que inclui programas com ações e técnicas preventivas e preditivas.

Essa ferramenta foi criada com o objetivo de evitar o desgaste prematuro dos ativos, na sequência, mitigar erros e falhas operacionais. Além do foco na manutenção dos equipamentos, há também uma vertente que preza pelo envolvimento de todos para aumentar a qualidade dos produtos fabricados e garantir a "quebra zero", o "defeito zero", "acidente zero" e mais atualmente, a "responsabilidade socioambiental". Outra característica é a participação do colaborador que opera o maquinário. Porém, se faz necessária também uma mudança de postura e mentalidade, a fim de que uma nova cultura organizacional seja estabelecida na empresa e assim empregar com sucesso a ferramenta TPM. Portanto, essa aproximação entre homem e máquina não é tão simples. Há todo um contexto a ser considerado neste processo. Um deles é fazer com que o operador esteja comprometido, com total apoio de líderes e principalmente a Manutenção, setor fundamental para que o projeto gere os resultados esperados. Entre as áreas correlatas podemos citar: Gestão de Pessoas, Engenharias de Produto e/ou Manufatura, Segurança, Meio Ambiente e da Qualidade.

2.3.1 A Origem da TPM (Manutenção Produtiva Total)

A Manutenção Preventiva teve sua origem nos Estados Unidos e foi introduzida no Japão em 1950. Até então, a indústria japonesa trabalhava apenas com o conceito Corretivo, isto é, reparar após a falha do equipamento. Isso representava um custo e um obstáculo para a melhoria da qualidade. **Toa Nenryo Kogyo (em 1951)** foi a primeira indústria japonesa a aplicar e obter os melhores efeitos do conceito de manutenção preventiva, também chamada de **PM (Preventive Maintenance)**. São dessa época as primeiras discussões a respeito da importância da Mantenabilidade e suas consequências para o trabalho de Manutenção. Em 1960, ocorre o reconhecimento da importância da Confiabilidade como ponto-chave para a melhoria da eficiência das empresas. A partir destes conceitos, surgiu a Manutenção Preventiva, ou seja, o enfoque passou a ser o de confiança no setor produtivo quanto à qualidade do serviço de reparo a ser realizado. Em meados do ano de 1970, na busca de maior eficiência na área produtiva, surge a Metodologia denominada TPM, um sistema fundamentado no respeito individual e na total participação dos empregados.

Nessa época era comum:

- Avanço na automação industrial;
- Busca em termos da melhoria da qualidade;
- Aumento da concorrência empresarial;
- Emprego do Sistema "Justin-Time";
- Maior consciência de preservação ambiental e conservação de energia;
- Dificuldades de recrutamento de mão de obra para trabalhos em ambientes considerados perigosos, sujos ou ainda onde houvesse uso de força excessiva;
- Aumento da gestão participativa e surgimento do operário polivalente.

2.3.2 O Pioneirismo do TPM

Como descrito anteriormente, as indústrias só se preocupavam em consertar após a quebra, gerando mais custos e obstáculos para manter e melhorar a qualidade de produto e serviços. Os primeiros contatos das empresas japonesas com técnicas americanas se deram nos anos 50. A **Nippon Denso Co**, pertencente ao **Grupo Toyota**, foi a companhia pioneira na implantação da metodologia TPM, no Japão. Esta implantação se deu em razão da evolução da Manutenção Preventiva desenvolvida no ano de 1969, tendo como principal característica era a participação de grupos multidisciplinares. Esta evolução culminou com a criação de um prêmio, concedido pelo **JIPE (Japan Institute of Plant Enginieers)**, no ano de 1971, à **Nippon Denso**. Mais tarde, o prêmio seria concedido por outra importante entidade japonesa à **JIPm (Japan Institute Plan of Maintenance)**. Essas premiações ou reconhecimentos públicos eram concedidos não só às grandes empresas, mas a todas as que atingiam um nível que eles denominaram como "Excelência em Manutenção".

Nota

Esta evolução da Manutenção Preventiva teve origem nos Estados Unidos da América e evoluiu para o TPM da maneira como é conhecido atualmente, anos depois no Japão.

2.3.3 Cronologia da Evolução para o TPM

- Manutenção corretiva;
- Manutenção preventiva;
- Manutenção do sistema de produção;
- TPM – Manutenção Produtiva Total.

Foi no ano de 1951 que se desenvolveu a Manutenção Preventiva, sendo definida como um acompanhamento das condições de operação dos ativos, uma espécie de monitoramento. O raciocínio fazia sentido, pois a medicina aplicada ao ser humano evoluía e permitia um aumento da expectativa de vida. Este avanço tecnológico nas ciências humanas também migrou para os estudos de aumento da vida útil dos equipamentos industriais. O objetivo principal era evitar "quebras" ou interrupções dos ativos em suas funções.

No ano de 1957, continuavam a ideia de prevenção de quebras ou de falhas dos ativos, sendo assim passaram para melhorias forçadas que permitissem aperfeiçoar os equipamentos. Os resultados foram fantásticos, pois além de reduzir as falhas e os defeitos não previstos, propiciaram um aumento de confiabilidade e facilidades para executar os reparos, sendo estes considerados como os primeiros estudos de R&M e Mantenabilidade, respectivamente.

A partir de 1960, as grandes organizações se voltavam para os novos projetos e seguindo os conceitos de MP. Desta forma, iniciavam os conceitos da Prevenção da Manutenção, em que os projetos eram elaborados com a preocupação de evitar a manutenção dos ativos ou reduzi-los ao máximo possível, somando esforços para a obtenção de um equipamento industrial ideal: *free maintenance* (livre de manutenção). Foi interessante os japoneses terem tido essa visão do conceito de "prevenção". Nos dias atuais, poucos se preocupam em incluir no projeto as análises de históricos ou materiais usados na fabricação com o objetivo de executar um projeto que permita fácil acesso aos componentes, tornando o conserto mais ágil (um dos conceitos da Mantenabilidade).

Sendo assim, as empresas se preocupavam em valorizar e manter o seu patrimônio, pensando em termos de custo do ciclo de vida dos ativos industriais. No mesmo período, surgiram outras teorias com os mesmos objetivos.

2.3.4 Os Pilares da Metodologia TPM

Os Pilares da TPM são as bases sobre as quais construímos um programa de TPM. Envolvem todos os departamentos de uma empresa, habilitando-a para buscar metas, tais como Defeito zero ou Falha zero, Estudos de Disponibilidade, Confiabilidade e Lucratividade. Ao longo do tempo, foram agregados Qualidade, Segurança & Meio Ambiente. Mais recentemente, outro aplicado às áreas administrativas, o Office.

Exemplo de Apresentação dos Pilares TPM.

Os pilares tradicionais da metodologia TPM:

- Manutenção Autônoma
- Manutenção Planejada
- Controle Inicial
- Melhoria Específica
- Educação & Treinamento
- Segurança e Meio Ambiente
- TPM Office – TPM em áreas administrativas
- Qualidade

2.3.5 Pilar: A Manutenção Autônoma (MA)

Na **MA**, os operadores são capacitados para supervisionarem e atuarem como mantenedores em primeiro nível. Os mantenedores específicos são chamados quando estes não conseguem solucionar o problema. Assim, cada operador assume suas atribuições de uma forma que permite que tanto a Manutenção Preventiva quanto a Corretiva (rotinas) estejam constantemente interagindo entre si. A finalidade é torná-los aptos a promover, no seu ambiente de trabalho, mudanças que venham a garantir aumento de produtividade e satisfação em atuar no seu posto de trabalho. Sendo assim, a Manutenção Autônoma significa mudar a mentalidade para: "Deste equipamento, cuido eu", deixando de usar o antigo, que era: "Eu fabrico, você conserta".

Aqui esta uma relação de algumas das suas principais atividades do mantenedor autônomo:

1. Operação correta de máquinas e equipamentos.
2. Aplicação dos 5S ou 8S.
3. Registro diário das ocorrências e ações.
4. Inspeção autônoma.
5. Monitoração com base nos seguintes sentidos humanos: visão, audição,

olfato e tato.

6. Lubrificação.
7. Elaboração de padrões (procedimentos).
8. Execução de regulagens simples.
9. Execução de reparos simples.
10. Execução de testes simples.
11. Aplicação de manutenção preventiva simples.
12. Preparação simples (set up).
13. Participação em treinamentos e em grupos de trabalho.

O crescimento das Organizações Industriais induziu os setores produtivos a se dedicarem somente a produzir em alta escala, deixando para os setores de manutenção a responsabilidade de reparo em caso de falha. Todavia, nos períodos de baixa produção, estas organizações eram obrigadas a reduzir seus custos para se manterem mais competitivas no mercado onde atuam. Um dos pontos-chave era a obtenção da máxima disponibilidade dos ativos. Evidentemente, os sistemas preventivos não eram suficientes, pois os operadores atuavam fora deste contexto. Operar as máquinas de forma correta, com limpeza e cuidados especiais, também se fazia necessário. Tente imaginar equipamentos sendo operados de qualquer maneira, sem o mínimo de cuidado, restando aos setores de manutenção executar os reparos? A vida útil do equipamento estava fadada a ser muito curta, além de sua Disponibilidade ser insuficiente para atender à demanda de produção. Por este motivo, a MA surgiu como uma "luva" neste processo, tendo como objetivo básico evitar a deteriorização precoce do equipamento novo e manter em condições os antigos. Esta frase define com propriedade a MA e deve ser compreendida pelos gestores de manufatura e divulgada entre os demais colaboradores.

Um equipamento mantido em boas condições de limpeza, reparado a frequências determinadas, operado por um operador treinado e qualificado, terá uma maior produtividade do que outro sem essas ações. Ao leitor ficará evidente esta situação se imaginar, da mesma forma, um motorista que cuida bem de seu automóvel. Os resultados podem ser observados nas ruas e estradas de nosso país. Aliás, em meus treinamentos, sempre cito esta comparação: o operador é o motorista, além de guiar também precisa executar tarefas autônomas, algumas diárias outras semanais, como a verificação de nível de óleo, calibração de pneus, lavagem etc. No entanto quando o carro apresenta algum defeito, ele é levado ao especialista em mantenimento de automóveis. Além disso, a frequências determinadas, é realizada a execução da preventiva, como troca de correias, óleo, filtro etc. Esta comparação nos faz perceber que os equipamentos industriais precisam de um tratamento similar, caso contrário eles "nos deixarão na mão", assim como um automóvel malcuidado.

2.3.6 Etapas da Manutenção Autônoma

2.3.6.1 Limpeza Inicial

É desnecessário comentar os danos causados pela sujeira em equipamentos industriais. A limpeza é um método de manutenção, e o operador precisa entender que não é apenas uma simples tarefa, pois podemos detectar vazamentos, partes soltas, temperatura em excesso de algum componente etc. Nesta etapa, podemos identificar as fontes de sujeira ou os itens a melhorar utilizando Registros TPM, registrando as dificuldades para executar a limpeza, isto é, os locais de difícil acesso. A ideia é manter o posto de trabalho limpo e organizado.

Nota

Se aplicável, pode-se orientar a equipe para realizar uma pintura dentro de padrões e normas de projeto de máquinas e segurança vigentes.

Com o domínio deste equipamento, e não somente de sua operação, o operador sente aumentadas sua auto-estima e a confiança no desempenho de suas tarefas. Muitos operadores pleiteiam uma oportunidade para trabalhar em áreas de Manutenção. A MA é uma grande oportunidade de identificar novos talentos.

2.3.6.5 Inspeção Autônoma

Nesta etapa, todas as responsabilidades estão registradas e entendidas pela equipe de operação. As tarefas de operadores e de mantenedores envolvidos no processo devem estar definidas em planilhas no estilo calendário para que os padrões de limpeza e inspeção tenham um plano de execução eficiente. Se necessário, devem ser adicionados padrões de desmontagem e substituição de subsistemas e com critérios de prioridade que garantam a execução da MA. A divisão destas tarefas deverá ser diária, semanal, mensal ou, ainda, trimestral.

Os tempos de execução, das tarefas autônomas, devem estar de acordo com os tempos operacionais, principalmente para as tarefas diárias. Tudo tem que estar convenientemente definido, pois, ao contrário, as áreas de manutenção e produção entram em conflito e o projeto não segue em frente. A divisão das tarefas entre operadores deve considerar número de equipamentos e pontos de inspeção, turnos de trabalho etc. É importante frisar que, neste momento, entra a figura do gestor ou responsável pelo programa, como disciplinador. Não havendo este procedimento, as ações podem cair em desuso. Este é um ponto crítico do processo de implantação, pois a cultura japonesa difere da nossa. Nós, brasileiros, somos mais avessos a obedecer a padrões ou termos rotinas de trabalho.

Se aplicável, devem ser implantadas as auditorias, com frequências determinadas, com o intuito de observar o andamento dos serviços, cobrar ações não realizadas e, principalmente, colocar-se à disposição para esclarecimentos. Não vou "dourar a pílula". É uma batalha diária disciplinar as pessoas neste tipo de atividade, visto que as áreas de manufatura têm como principal objetivo cumprir as metas de produção. Em alguns casos, ao longo de determinados períodos do mês, podem estar em atraso, gerando a famosa desculpa da "falta de tempo" para justificar o fato de não ter executado as tarefas autônomas. O engraçado nesta história é que se os gestores de produção atentassem para o fato de que ter um equipamento em boas condições proporcionaria maior disponibilidade e menos problemas com paradas não previstas eles seriam os primeiros a apoiar o programa. Infelizmente, poucos possuem essa visão sistêmica.

A definição dos tempos para as atividades autônomas pode ser feita a partir de Estudos de **Cronometragem**[5] (técnica para a tomada de tempos dividindo as tarefas, levando em consideração todos os aspectos entre operador e máquina). Somente então podemos inseri-las na realidade do posto de trabalho. De uma maneira geral, este tempo é curto levando-se em conta a necessidade, porém varia de 10 a 30 minutos conforme o segmento da empresa. Podem ser no início do turno ou ao final deste. Logo, ao inserir novas atividades, deve-se observar, ao longo do tempo, se este tempo está adequado às tarefas. Caso contrário, não serão todas executadas, mas somente parte delas. Todo o cuidado deve ser dispensado nesta etapa para que o programa não caia em descrédito e seja considerado um empecilho para os setores produtivos.

2.3.6.6 Padronização

Nesta etapa o posto de trabalho deve estar organizado da seguinte forma:

- Descritivo das atividades devidamente registradas e divulgadas, como por exemplo, Folhas Operacionais, Painéis Autônomos etc.
- Materiais de limpeza em local apropriados;
- Ferramental organizado e identificado;
- Equipamento limpo e apresentável;
- Outros.

Em resumo, o posto já é considerado autônomo, com as atividades sendo realizadas e seus responsáveis raramente necessitando de apoio por parte do gestor do programa. Ao visitar o posto, identificamos que existe um padrão de limpeza e que o grupo possui a disciplina necessária para realizar todas as atividades. No entanto, por vezes ainda necessitamos chamar a atenção em alguns momentos para algo que não está bem. É uma etapa que denomino de "pré-amadurecimento autônomo".

---

[5] Ver também o termo Cronoanálise.

Importante

Gostaria de salientar que quando nos referimos à Manutenção Autônoma, incluímos a observância à Segurança do Trabalho (uso de Equipamentos de Proteção Individual – EPI) e os cuidados ambientais. Portanto, embora existam os setores específicos para tratar destes assuntos, nada impede que a gestão autônoma também contemple estes itens no dia a dia do operador.

2.3.6.7 Gerenciamento Autônomo

É nesta etapa que o posto de trabalho está apto para, como dizemos por aí, "andar com as próprias pernas". A maturidade do grupo está consolidada em relação a todas as atividades do posto de trabalho. Já executa ações totalmente autônomas com o objetivo de superar a rotina, indo além das tarefas predefinidas. Existem, por parte dos operadores, ações de melhoria e também um crescimento de sua capacitação técnica que permite analisar motivos de falhas, o de executar pequenos reparos, deixando claro para o gestor do programa que este posto terá continuidade haja o que houver. Constata-se no operador uma vontade de executar as tarefas autônomas e também a sua interação com os mantenedores, permitindo que problemas críticos sejam resolvidos com a ajuda dele. Aqui a denominação "Deste equipamento, cuido eu" é plenamente identificável. Podemos observar uma postura de operador-mantenedor, tendo este pleno domínio do equipamento, tanto em saber operá-lo como nos principais cuidados preventivos. Outra fonte de observação e constatação desta etapa são os resultados de estudos estatísticos, como o **CEP**[6] (Controle Estatístico de Processo) e o aumento de Disponibilidade ou ainda outro sistema de medição de eficiência do equipamento.

Cito quatro capacitações necessárias para alteração na etapa Gerenciamento Autônomo:

[6] Existem várias literaturas que tratam sobre CEP. Os estudos estatísticos são importantes e devem ser usados sempre que necessitarmos acompanhar determinadas situações que gerem dados numéricos. Também é uma fonte na qual os registros servem para uma tomada de decisão tendo como base dados mais precisos. O Engenheiro de Manutenção precisa entender a estatística e aplicá-la sempre que possível. Se tiver dificuldades, procure ajuda, seja humilde.

1. Capacidade de identificar anomalias que podem migrar para uma grande falha.
2. Capacidade de tomar rápidas decisões, antecipando ou mesmo corrigindo as anomalias.
3. Capacidade de discernimento para identificar a criticidade da situação, tomando ações rápidas, como avisar imediatamente seu superior ou mantenedor.
4. Capacidade para executar suas atividades com vontade e disciplina.

2.3.6.8 Exemplos de Painéis de um Posto de Trabalho com Manutenção Autônoma:

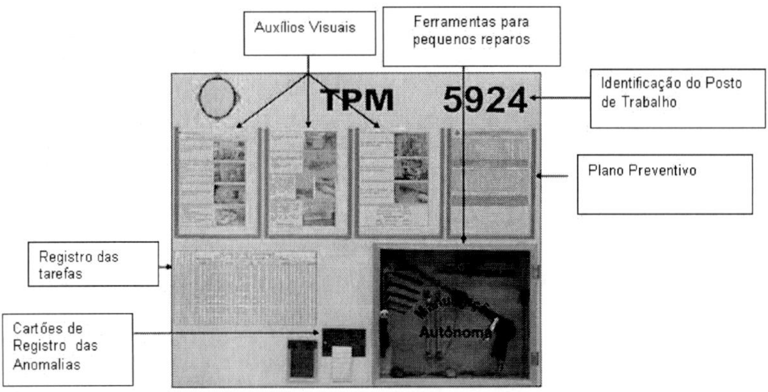

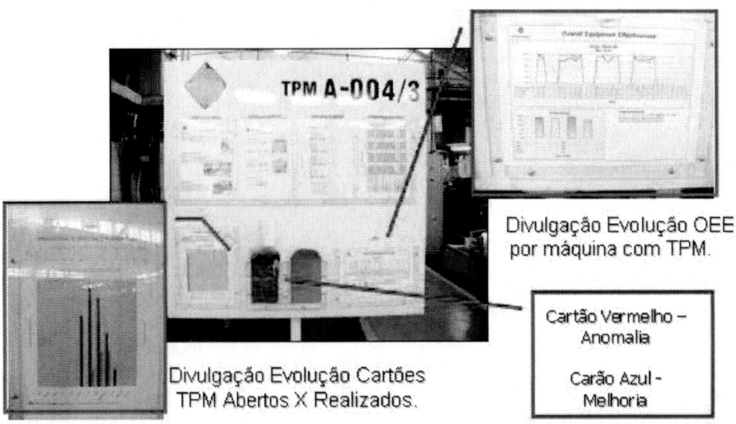

Outra forma de disposição dos painéis TPM (fixados na parede, próximos ao posto de trabalho)

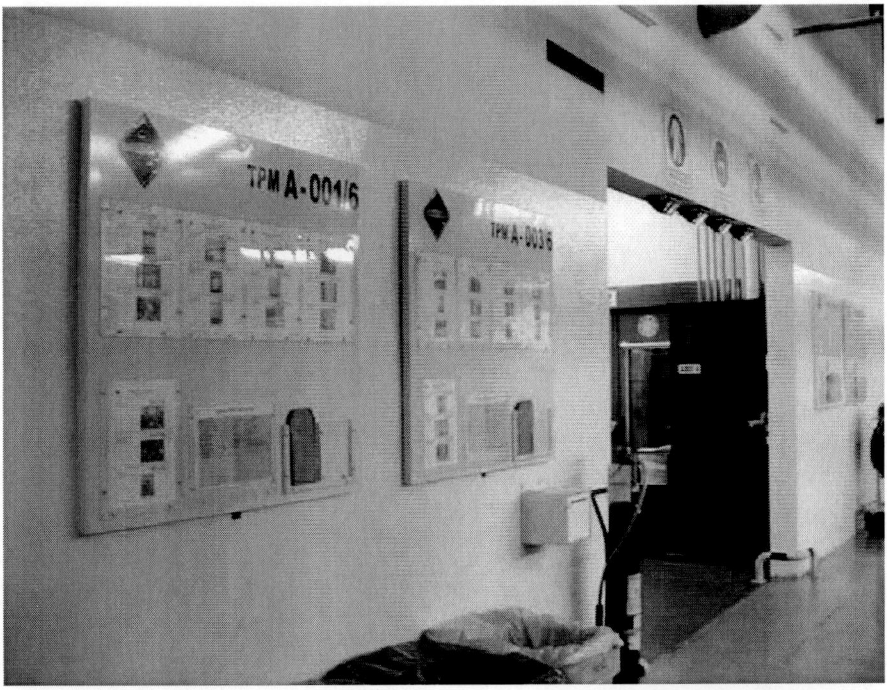

2.3.6.9 Exemplos de Tarefas Autônomas, Conforme Frequências Determinadas

Limpeza

Ajuste ou Reaperto

Pequenos Reparos

2.3.6.10 Sequência de Atividades do Técnico em Manutenção, Dentro da TPM

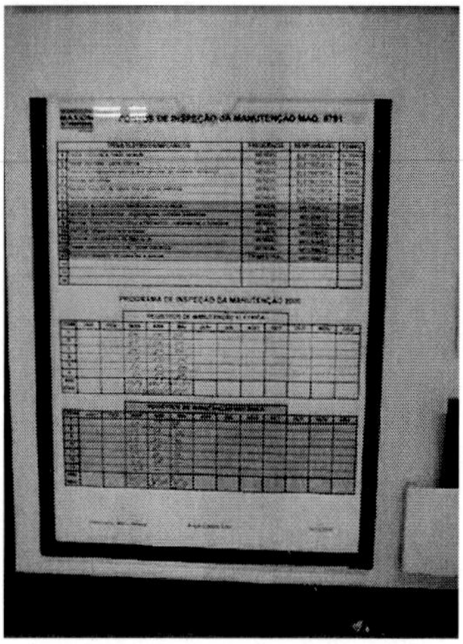

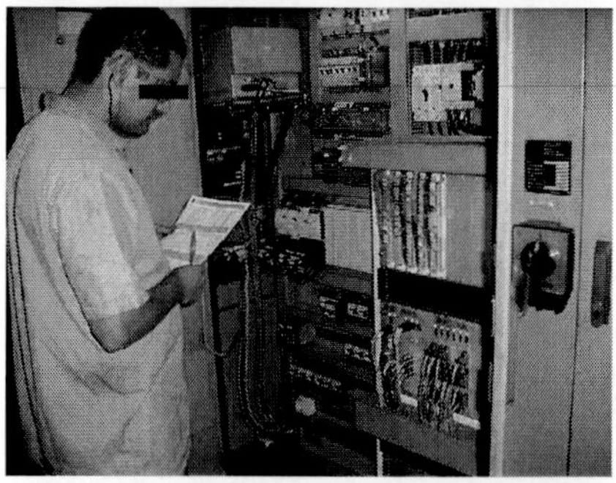

2.3.6.11 Exemplos de Melhorias Obtidas em Máquinas de uma Linha de Usinagem

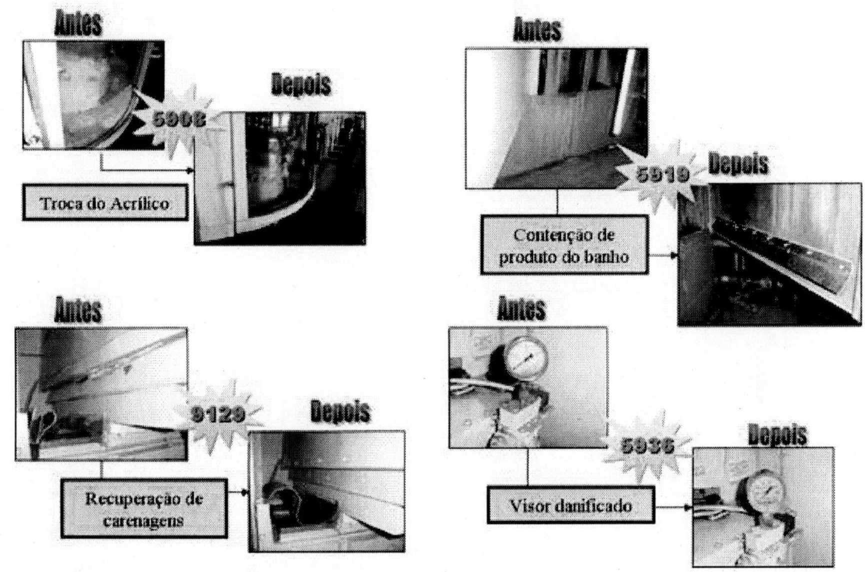

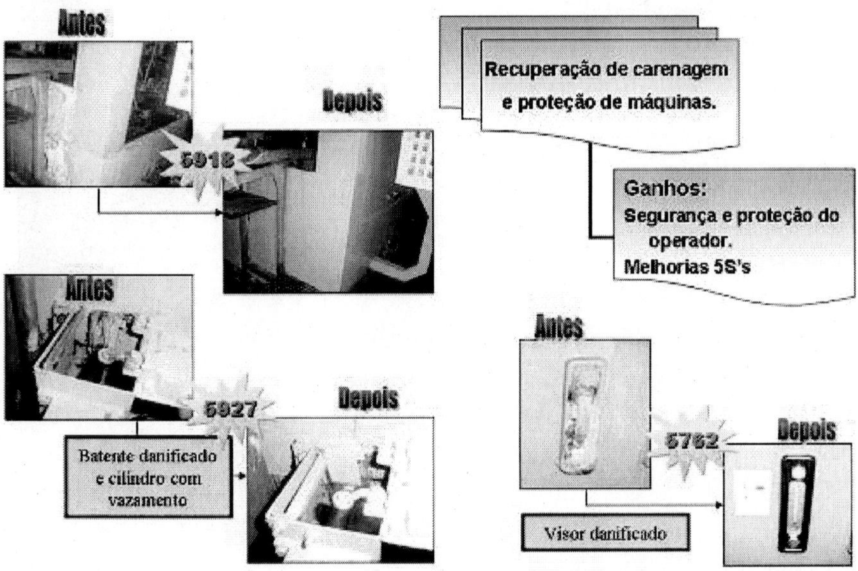

2.3.7 Pilar: A Manutenção Planejada

O pilar Manutenção Planejada representa todas as ações preventivas, e você o verá detalhado no **Capítulo III – As Técnicas de Manutenção.**

A seguir está uma figura ilustrativa de um fluxo de informações num sistema de manutenção planejada a partir da metodologia TPM.

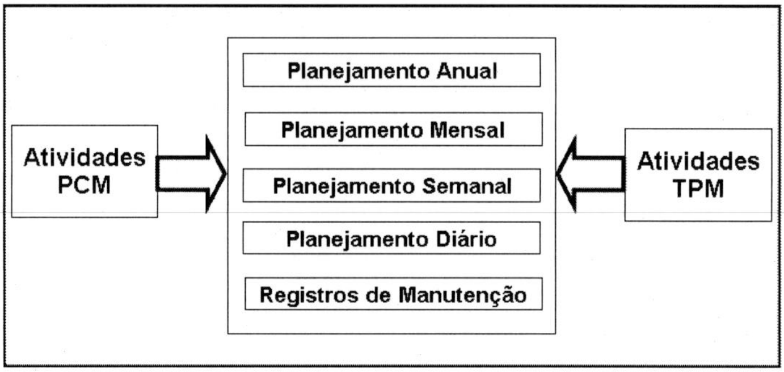

Fluxo de informação na Manutenção Planejada.

2.3.8 Pilar: Controle Inicial

O chamado Controle Inicial, na metodologia TPM, é o conjunto de ações que visam à chamada Prevenção da Manutenção, isto é, ao iniciar os estudos para se adquirir determinado ativo, que as áreas envolvidas tenham a preocupação com a manutenção.

Um bom projeto deve permitir que o equipamento possa ser consertado com a rapidez e a qualidade requeridas. Incluem-se aí facilidade de acesso, componentes de boa qualidade, proteções que evitem resíduos de processo em partes móveis etc. Esta metodologia também é conhecida como Terotecnologia, que é uma combinação de gerenciamento, finanças e engenharia aplicadas aos ativos de uma organização com o objetivo de aumentar a confiabilidade e disponibilidade do maquinário ainda na fase de projeto e demais especificações. Também busca obter todas as informações necessárias para analisar desempenho em operação e custos operacionais.

2.3.9 Pilar: Melhoria Específica

O pilar Melhoria Específica se traduz em ações de Melhoria Contínua que você verá mais detalhada no **Item 2.4, Melhoria Contínua KAIZEN**

2.3.10 Pilar: Educação & Treinamento

A capacitação de todos os funcionários de uma empresa é um trabalho muito importante para o crescimento não só das organizações, mas também das pessoas. Dentro de um Projeto TPM, a área de Recursos Humanos tem a preocupação de facilitar o conhecimento. Para que tenhamos aumento de produtividade, é necessário que os operadores saibam manusear ferramentas de montagem e operar equipamentos simples ou complexos, bem como que os mantenedores conheçam tecnicamente um equipamento para que possam executar ajustes e consertos necessários.

Isso parece óbvio. No entanto, grande parte das empresas não dá a devida importância. Como exemplo, ocorre o efeito "má operação" e, consequentemente, a geração de peças fora de especificação. Agregamos a isso os demais treinamentos da metodologia de melhorias, como o Programa 5S e Normas da Qualidade e de Segurança que, por sua vez, vão educando as pessoas para que elas criem um ambiente de trabalho organizado e seguro. O tratamento das necessidades de treinamento nas organizações deve ser encarado de forma ampla e estratégica.

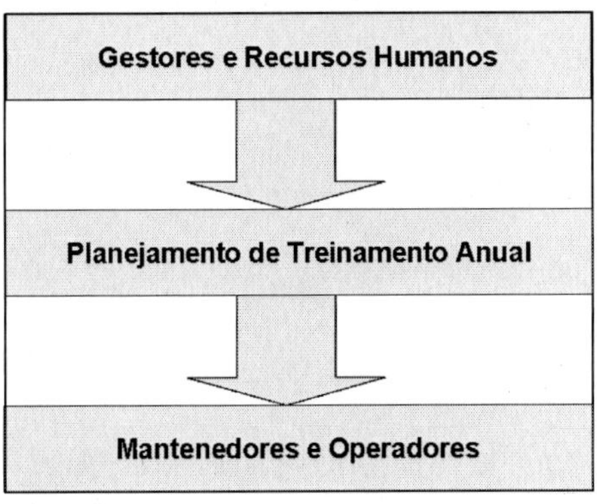

Exemplo de uma Estrutura Organizacional dentro da TPM para Educação & Treinamento.

2.3.11 Pilar: Segurança e Meio Ambiente

Todas as ações para obtenção da "perda zero" ou "zero defeitos" são fundamentais para a boa rentabilidade de uma organização. Todavia, o respeito à integridade das pessoas e o meio onde vivem não pode ser deixado de lado. Uma indústria que consegue lucro, mas com alto índice de acidentes de trabalho, na verdade não o tem. Além disso, deixar que seu processo e demais resíduos poluam o meio ambiente está na contramão das boas práticas no cuidados dos recursos naturais. Dentro da Metodologia TPM, devem coexistir o cuidado ambiental junto com máquinas operatrizes e produtos manufaturados. Felizmente existem, além de leis, normas específicas e procedimentos internos que tratam deste assunto com propriedade.

Toda indústria de grande porte possui um setor de Segurança do Trabalho e uma área para tratamento dos assuntos relacionados ao Meio Ambiente, geralmente vinculada a Setor da Qualidade. Na Metodologia TPM, estas áreas são integradas, assim como a Qualidade, Engenharia, Recursos Humanos, que junto com a Manutenção e Produção, vão buscar as metas de eficiência requeridas.

A Manutenção e Segurança Industrial

Os acidentes podem ser evitados, à exceção dos que são provocados pelas forças da natureza, como no caso das descargas atmosféricas. É o risco a que todos nós estamos sujeitos e sobre o qual não temos nenhum controle. Muitos de nós acreditamos que o acidente seja resultado de nosso destino, sendo inevitável. Porém, há uma relação de causa e efeito. Sem uma causa, o acidente (efeito) não aconteceria.

> **Atitude insegura** é uma predisposição ao acidente. Seria algo como a falta de percepção ao perigo que se está exposto.
>
> Exemplos: imprudência, negligência, precipitação, nervosismo etc.
>
> **Ato inseguro**: é a ação de desobediência às instruções de um procedimento.
>
> Exemplos: Não usar os óculos de proteção em serviços de usinagem

ou no uso de esmeril; fumar perto de líquidos inflamáveis; fazer reparo em máquina energizada; não usar cinto de segurança; não usar luvas de proteção em serviço de alta tensão elétrica etc.

Condição insegura: é a circunstância perigosa que permite ou ocasiona o acidente.

Exemplos: piso escorregadio; instalação elétrica obsoleta; uso de ferramenta inadequada; trabalho em local perigoso sem plano de evacuação etc.

A condição insegura e o ato inseguro resultam diretamente na ocorrência de um acidente. Segundo **Heinrich**, 12% das lesões são causadas por condições inseguras e 88% por atos inseguros e 50% dos acidentes poderiam ser evitados.

Fatores que influenciam atos e condições inseguras:

- Falta de capacitação por falta de treinamento, orientação de líder, inexperiência etc.
- Portador de necessidades especiais por falta de audição ou visão, alta ou baixa estatura para determinada tarefa, reação alérgica, invalidez etc.
- Ambiente inadequado por iluminação insuficiente ou inadequada, falta de ventilação, falta de equipamento de proteção individual etc.

Acidente (ocorrência): é o evento não planejado, no qual a ação ou reação de um objeto, uma substância, de radiação ou do próprio ser humano, resulte ou não em lesão.

Exemplos: queda, colisão, queimadura, choque, desmoronamento, atropelamento, incêndio, explosão, choque elétrico etc.

Evitando Acidentes na Execução de uma Manutenção

Numa programação de manutenção é prudente que haja a especificação das recomendações de segurança, que devem ser impressas, em destaque, nas ordens de serviço de atividades programadas.

Nota: Antes de iniciar qualquer serviço de reparo ou ajuste, identifique o equipamento ou local com um aviso, como, por exemplo: "NÃO LIGUE, EM MANUTENÇÃO".

Seguem alguns exemplos de recomendações antes de iniciar determinada atividade:

Ao reparar uma central fornecedora de gases:

a) Verificar a certificação dos cilindros e mantê-los em local seguro.
b) Utilizar ferramentas não geradoras de faísca.
c) Manter conexões, mangueiras e manômetros livres de óleo e graxa.
d) Usar equipamento de proteção individual adequado.
e) Usar equipamento adequado para movimentação de carga.

Em reparo de sistema ou unidades hidráulicas:

a) Desligar alimentação de energia elétrica.
b) Fechar registros e válvulas de fluxo hidráulico.
c) Usar equipamento de proteção individual adequado.
d) Utilizar ferramentas adequadas para a realização do trabalho.
e) Utilizar equipamento adequado para a movimentação de carga.

Em reparo de equipamento ou sistemas de alta tensão:

a) Observar normas aplicáveis para este tipo de serviço, como a NR10.
b) Desligar a alimentação de força ou de proteção.
c) Verificar as demais instrumentação de controle.
d) Usar equipamento de proteção individual adequado.

CONCLUSÃO

Não é suficiente que existam recomendações de segurança e de instruções para a execução dos serviços. Se não houver disciplina e conscientização de que somente condições e atos seguros evitarão acidentes durante a execução de uma determinada tarefa. As normas de segurança existem, justamente, para evitar o acidente e não devem ser encaradas como empecilho.

Algumas das NRs (Normas Regulamentadoras) relacionadas à Segurança e Medicina do Trabalho, levando em conta a atuação da Manutenção:

- NR-6 Equipamento de Proteção Individual – EPI;
- NR-10 Segurança em Serviços e Serviços em Eletricidade;
- NR-12 Máquinas e Equipamentos;
- NR-13 Caldeiras e Vasos de Pressão;
- NR-14 Fornos;
- NR-17 Ergonomia;
- NR-20 Líquidos Combustíveis e Inflamáveis;
- NR-23 Proteção contra Incêndios;
- NR25 Resíduos Industriais;
- NR33 Segurança e Saúde nos Trabalhos em Espaços Confinados.

2.3.12 Pilar: Qualidade

O pilar Qualidade indica as ações integradas para condicionamento de obediência a padrões que você verá mais adiante, no **Capítulo IV – Qualidade Aplicada à Manutenção**.

2.3.13 Pilar: TPM Office ou TPM² - TPM em Áreas Administrativas

Na forma como é proposta, a TPM oferece plenas condições de otimizar as melhorias em áreas administrativas. Ao longo destes anos, as melhorias foram concentradas nas áreas de produção industrial, porque já estavam inseridas neste contexto. Portanto, não existem mais tantas oportunidades de melhoria a executar. A proposta do Office é avançar para outras áreas, como RH, Segurança, Materiais, Financeiras, entre outras. Elas, com certeza, podem colaborar para a "perda zero", a partir de seus processos. Por exemplo:

- Um equipamento pode "quebrar" por má operação. Mas e se a falha tiver sido involuntária, isto é, por falta de treinamento? Entra em ação a área de Recursos Humanos (RH) que elaborará um levantamento das necessidades para qualificar os operadores;
- Um equipamento está parado por falta de matéria-prima. Que tipo de ações efetivas existem para evitar parada desta operação crítica? Entra em ação área de Materiais para elaborar ações efetivas para evitar a falta de material;
- Um equipamento está parado porque o operador sofreu um acidente de trabalho e não há outro operador? Entra em ação o Departamento de Segurança do Trabalho para elaborar análise e ações para que o equipamento tenha instalado, em pontos críticos, os dispositivos de segurança que evitem novo acidente.

Estes são três exemplos bem clássicos, onde há a "perda", mas a Manutenção não tem inferência. Contudo, nas ações corretivas, todas as áreas estarão interligadas com a chamada responsabilidade intrínseca de cada departamento. Expandir a metodologia TPM para as demais áreas faz com que alcancemos mais objetivos de "perda zero". Poucas empresas se dão conta disto. Então, tomam ações aleatoriamente sem estarem coesas entre si.

Para o desenvolvimento das pessoas que atuam em empresas preocupadas com a Manutenção Industrial, a participação dos demais envolvidos resulta nos seguintes benefícios:

- Realização (autoconfiança);
- Aumento da atenção no trabalho;
- Aumento da satisfação pelo trabalho em si (enriquecimento de cargo);
- Melhoria do espírito de equipe;
- Melhoria nas habilidades de comunicação entre as pessoas;
- Aquisição de novas habilidades;
- Crescimento por meio da participação;
- Maior senso de posse das máquinas;

- Diminuição da rotatividade de pessoal;
- Satisfação pelo reconhecimento.

Para finalizar este item, um pensamento:

"A manutenção não deve ser apenas aquela que conserta, mas aquela que elimina a necessidade de consertar."

(autor anônimo)

2.3.14 Os Objetivos do TPM

O objetivo global da metodologia TPM é criar um ambiente que propicie as melhorias contínuas na utilização dos ativos da empresa, como máquinas operatrizes, equipamentos, ferramental, postos de trabalho e utilidades. Em relação aos colaboradores, possibilita o aumento de sua capacitação profissional, novos conhecimentos, habilidades e atitudes. A meta global é aumentar a rentabilidade empresarial e o rendimento operacional.

As melhorias devem ser conseguidas por meio dos seguintes passos:

1. Capacitar os operadores para conduzir a manutenção de forma voluntária.
2. Capacitar os mantenedores para atuarem em equipamentos mecatrônicos.
3. Capacitar os engenheiros a projetarem equipamentos que dispensem manutenção, ou pelo menos reduzi-la ao máximo possível.
4. Incentivar os estudos e sugestões para modificação dos equipamentos existentes a fim de melhorar seu rendimento.

2.3.15 TPM: As Seis Grandes Perdas:

1. **Perdas por parada acidental.**
2. **Perdas por** *set up*.
3. **Perdas por espera momentânea.**
4. **Perdas por queda de velocidade.**
5. **Perdas por defeitos de produção.**
6. **Perdas por queda de rendimento.**

(1) Perdas por parada acidental (quebra[7] do ativo)

É o fator que reduz drasticamente a eficiência dos ativos, pois ocorre num momento inesperado, levando à necessidade forçada de parada para o conserto. Acrescenta-se a parada "queda de função" que é uma redução do rendimento desde sua instalação, em razão de desgaste de algum componente ou outro motivo qualquer.

Como combater?

Principais ações a serem desenvolvidas e planejadas:

- Use programa e técnicas de manutenção adequadas, considerando custos agregados;
- Treine tanto operadores quanto mantenedores: qualifique a mão de obra;

(2) Perdas por *Set up*, para troca de ferramental ou regulagem

É a perda associada à mudança de linha e regulagens de máquinas. É também conhecida como perda de set up ou troca de ferramental. Este tempo representa outro fator importante neste tipo de redução de rendimento fabril.

Como combater?

Principais ações a serem desenvolvidas e planejadas:

- Desenvolva técnicas e novos projetos na linha das metodologias de Troca Rápida;
- Treine tanto operadores quanto mantenedores: qualifique a mão de obra;
- Ao adquirir novos equipamentos, certifique-se de que eles tenham facilidade de ajustes no ferramental (aos já adquiridos, proponha melhorias similares);
- Treine o operador e também os mantenedores em técnicas de troca rápida, mudança de linha etc.

---

[7] O termo "quebra" se refere a uma parada (involuntária) do equipamento, causada por mau funcionamento de algum componente.

(3) Perdas por espera momentânea (operação em vazio)

Estes tempos diferem dos anteriores, pois são bem menores, mas, somados ao longo de um período, acabam por acarretar perdas significativas. A máquina pode ficar "rodando em vazio" à espera de material para operar, uma pequena ocorrência de peça emperrada que é facilmente liberada e o ativo retorna à operação ou ainda parada por detecção, por parte de sensores, de peça com defeito.

Como combater?

Principais ações a serem desenvolvidas e planejadas:

- Identifique as causas e elabore ações para evitar ocorrências;
- Solicite estudos das especificações de produto e ferramental;
- Analise se há tempo excessivo no uso dos instrumentos de medição;
- Analise a situação da logística de materiais (solicitação, movimentação e entrega).

(4) Perdas por queda de velocidade: de trabalho ou em relação um padrão estabelecido

É a perda em razão da redução da velocidade de trabalho, isto é, operar mais lentamente, por motivos de qualidade ou por alguma limitação técnica.

Como combater?

Principais ações a serem desenvolvidas e planejadas:

- Reveja os procedimentos operacionais e demais especificações de processo;
- Reveja os ajustes e a capacidade de operação do equipamento;
- Reveja a situação do suprimento de matéria prima.

(5) Perdas por defeitos de produção

É atribuída à geração de peças defeituosas a serem descartadas, gerando a necessidade de produzir novo lote ou a possibilidade de retrabalho para recuperá-las. Ainda podemos incluir a perda quando o próprio processo é defeituoso, isto é, apesar dos esforços ele gera peças fora de especificação.

Como combater?

Principais ações a serem desenvolvidas e planejadas:

- Analise a qualidade e as especificações da matéria-prima;
- Analise a situação do ferramental;
- Reveja os procedimentos operacionais e as demais especificações de processo;
- Solicite análise geométrica do equipamento;
- Analise a qualificação do operador e, se necessário, treine-o novamente;
- Dê autoridade ao operador para identificar sintomas de mau funcionamento do equipamento ou ferramental e poder parar a operação que ele estiver executando.

(6) Perdas por queda de rendimento (*start up*)

Esta perda se dá logo após o início de um processo de produção. Chamamos este período de Estabilização. Esta instabilidade das condições de processo se traduz como deficiência dos consertos de ferramental ou gabaritos, baixa capacitação técnica dos operadores etc. Essas incidências podem variar e tendem a permanecer ocultas.

Como combater?

Principais ações a serem desenvolvidas e planejadas:

- Reveja os procedimentos operacionais e as especificações de produto;
- Reveja os ajustes e a capacidade de operação do equipamento e ferramental;
- Analise a situação do programas de produção;
- Análise a capacitação do operador e a atuação dos mantenedores; se necessário, promova treinamentos.

CONCLUSÃO

A partir destas análises, a implantação da metodologia TPM visa identificar e combater estas seis grandes perdas e não somente a primeira delas que, na grande maioria das vezes, é a única identificada e direcionada ao departamento de Manutenção. Portanto, sem a TPM, o foco recai somente na redução das quebras, enquanto as demais permanecem sem nenhuma atenção e reduzindo drasticamente o rendimento dos setores de produção.

2.3.16 Ainda sobre a Primeira Grande Perda: A Obtenção da Perda Zero ou Zero Defeito

A ideia da "perda zero" é baseada no conceito de que a "quebra" é uma falha visível. Este efeito é causado por uma coleção de falhas invisíveis, como um iceberg (ver a figura seguinte). Estas normalmente deixam de ser detectadas por motivos físicos e psicológicos:

Motivos físicos: as falhas não são visíveis por estarem em local de difícil acesso ou encobertas por detritos e sujeiras.

Motivos psicológicos: as falhas deixam de ser detectadas devido à falta de interesse ou de capacitação dos operadores ou mantenedores.

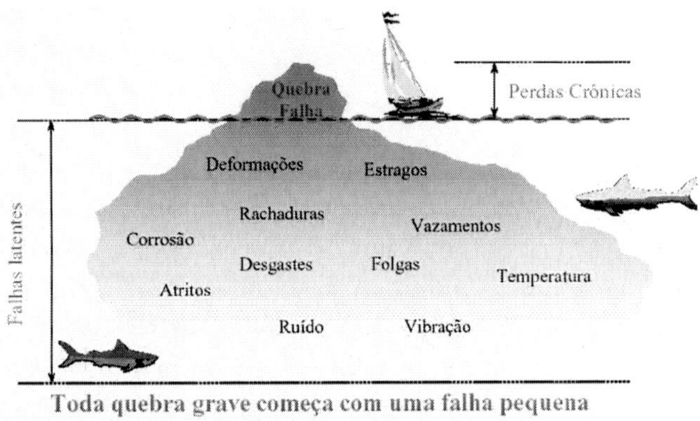

Exemplo do "iceberg" da Manutenção.

2.3.17 Principais Tópicos a Serem Observados na Primeira Grande Perda

1. Estruturação das condições básicas

   Todo ativo precisa ser instalado a partir das recomendações de seu fabricante, e suas funções básicas devem ser mantidas e respeitadas.

2. Obediência às condições de uso

   O ativo não pode operar acima de sua capacidade de projeto. Todas as limitações devem ser observadas e respeitadas. Treinar usuários e implementar sistemas preventivos são ações básicas para aumentar sua vida útil, bem como para manter sua eficiência produtiva.

3. Regeneração do envelhecimento

   Todo ativo deve ser mantido preventivamente e, ao primeiro sinal de desgaste ou "envelhecimento", devem ser iniciados estudos para sua recuperação. Se for rentável reformá-lo, planeje para que isto permita que ele retorne o mais próximo de sua condição inicial.

4. Reparo das falhas do projeto (Terotecnologia)

   A Terotecnologia é um método de análise que tem como objetivo evitar grande parte dos problemas de manutenção antes ou durante o projeto. Portanto, ao projetar ou adquirir novos equipamentos, observe o desempenho de equipamentos similares. Exija do fabricante os índices, como MTBF, Rendimento Operacional ou outros Indicadores de Desempenho. Em caso de fabricação por encomenda, forneça todas as informações possíveis para que o novo ativo tenha uma boa estrutura e possua uma característica de fácil acesso para manutenção.

5. Incremento da capacitação técnica

   Treinar e capacitar "operadores mantenedores" (Manutenção Autônoma) em conhecimentos não só dos equipamentos em que atuam, mas em outras habilidades e novos conhecimentos, como elementos de máquinas, sistemas hidráulicos, pneumática básica, leitura e interpretação de desenho (mecânico e diagramas elétricos), Comandos Lógicos Programáveis (CLP) etc. A qualificação contínua possibilitará um melhor uso dos ativos e qualidade em manutenção.

Nota

As demais "cinco perdas" serão identificadas somente quando da implantação da TPM. Faz-se necessária a participação de áreas como Produção (processos), Qualidade (especificações) e Materiais (logística), com suas competências para lidar com assuntos internos e que interferem na cadeia produtiva. Sem dúvida, a Manutenção faz parte deste grupo de trabalho, mas as técnicas de estudo e levantamento de dados deverão ser de responsabilidade dos times de manufatura ou Coordenação TPM.

2.3.18 TPM e o LEAN MANUFACTURING

Qualquer que seja o seu ramo de atividade, o método Lean Manufacturing (Manufatura Enxuta) é o caminho comprovado para a melhoria da qualidade, a redução dos custos e dos prazos. Desde o final de 1890, **Frederick W. Taylor** inovou ao estudar e divulgar o gerenciamento científico do trabalho que teve como consequências a formalização do estudo dos tempos e o estabelecimento de padrões. **Frank Gilbreth** acrescentou a isso a decomposição do trabalho em movimentos elementares. Então, apareceram os primeiros conceitos de eliminação do desperdício e os estudos sobre o movimento. **Henry Ford**, em 1910, inventou a linha de montagem para o seu produto padrão, o Ford modelo "T". **Alfred P. Sloan** aperfeiçoou e introduziu, na GM, o Sistema Ford como um conceito de diversidade nas linhas de montagem.

Após a Segunda Guerra Mundial, a Toyota criou os conceitos do just-in-time (produção na quantidade e tempo necessários), waste reduction (redução de desperdícios), pull system (produção com base em produto vendido) que, acrescidos a outras técnicas de introdução de fluxo, se transformaram no **Toyota Production System (TPS)**. Aliás, muitos especialistas comentam, com base nisto, que o Lean (enxuto) nasceu a partir das ideias do TPS.

Foi na década dos anos 1980 que os sistemas Lean passaram a integrar a ferramenta **TPM**, visto que os demais programas da qualidade e gestão de manufatura, não possibilitavam uma condição operacional confiável para o modelo enxuto funcionar, com sucesso. Sistemas Lean combatem desperdícios e por sua vez, adota quatro princípios fundamentais: Seus dois pilares de sustentação ***Just in Time*** e **Jidoka**, seu conceito ***Takt Time*** e a sua filosofia **Kaizen**. Contudo, estes pilares necessitam estar sustentados no funcionamento de um processo produtivo estável. A base para isso é a padronização, a consistência e a estabilidade: todas conquistadas por meio da **TPM**.

James Womack, em 1990, sintetizou esses conceitos para formar o Lean Manufacturing. É dele a expressão que diz algo como: "O know-how japonês difunde-se no Ocidente. Se torna evidente o sucesso das empresas que aplicam esses princípios e técnicas".

Algumas ideias ou pensamentos de *Lean* considerando a Gestão em Manutenção:

- Não deixar de comunicar o cliente caso não consiga cumprir prazo determinados. Evite postergar ou deixar cair no esquecimento;
- Gerencie o negócio manutenção como se fosse seu: racionalize os gastos;
- Forme Team Work (time de trabalho): contribuição de todos.
- Evite o "achomêtro". Baseie suas ações em dados concretos;
- Combata o desperdício;
- Seja pontual; ao marcar reuniões de trabalho evite atraso. Caso não possa comparecer, avise com antecedência o gerente;
- Faça pesquisa de satisfação de seus clientes: melhore seus serviços!
- Avalie seus fornecedores (diga o que está bom e o que precisa melhorar);
- Tenha critérios para aumentos salariais de seus subordinados, seja justo!

- Proponha mudanças, mas implante-as aos poucos;
- Crie métricas de desempenho que agreguem ao negócio manutenção;
- MTBF = Analise para implantar Manutenção Preventiva e/ou Preditiva;
- MTTR = Analise para melhorar seu tempo de reação: melhor treinamento, melhor ferramental de trabalho, padronização, gestão peças de reposição etc;
- Manutenção autônoma: cuide dos seus ativos!
- Divulgue os resultados: mantenha a equipe informada e motivada para melhorar os resultados;
- **5S**[8]: Treine a equipe, dê o exemplo e depois cobre resultados;
- Tenha senso de urgência para as atividades de Manutenção;
- "Indústria da hora extra": discipline a necessidade das horas extraordinárias;
- Crie multiplicadores de habilidades: identifique *experts* em mecânica, hidráulica, eletrônica etc, para que ministrem treinamentos internos;
- Tenha ideias de planejamento estratégico: identifique pontos fortes X pontos fracos da Manutenção, mantenha o que está bom, planeje ações corretivas;
- Tenha apenas um Sistema de Gerenciamento de Manutenção; evite controles paralelos.

2.3.19 Lean Manufacturing: Gerenciamento da Mudança

O termo Lean Manufacturing é aplicado a um Sistema de Gerenciamento de Manufatura com certo grau de complexidade e com metas e ações para obtenção do menor índice de desperdícios que se pode alcançar (vamos combinar que obter um índice 0% se torna muito difícil de ser alcançado, pois sempre haverá melhorias a serem feitas). O próprio termo "Manufatura Enxuta" é emblemático, já que a grande maioria dos trabalhadores entende o termo "tornar enxuto" como sinônimo de demissão. A menos que os gestores identifiquem e lidem abertamente

[8] **Metodologia 5S:** Denominado Programa 5S, consolidou-se no Japão, a partir da década de 50. Seu nome provém de palavras em japonês que, no Brasil, interpretadas como "sensos": Seiri (senso de utilização), Seiton (senso de ordenação), Seisou (senso de limpeza), Seiketsu (senso de saúde) e Shitsuke (senso de autodisciplina). Tem como objetivo harmonizar os ambientes de trabalho mediante ações que permitem total organização.

com essas e outras barreiras importantes, as mudanças necessárias nunca serão alcançadas.

A cultura a ser adotada é ter uma iniciativa enxuta e responder a uma simples questão na mente de cada um dos envolvidos: "Vou ter mais coisa pra fazer! "E o aumento de salário?" Pois é, entendo que chefe imediato deva responder a essas questões dos operários. Portanto, os gestores devem receber treinamento adequado e saber lidar com as expectativas de desempenho exigidas pela alta direção e as pressões do dia a dia na produção.

Numa era de alta competitividade econômica tecnológica, nem sempre vence o mais forte, e sim o que é mais rápido, isto é, aquele que obteve o menor tempo para o lançamento de seu produto no mercado. Portanto, o processo precisa estar livre de operações que não agregam valor, ao que chamamos de processo enxuto: Manufatura Enxuta.

Quando um problema é resolvido no "chão de fábrica", o tempo de resposta reduz muito; logo, reduzem os custos ao longo do processo de fabricação.

O TPM aplicado à metodologia *Lean* tem como principal objetivo tornar mais eficazes as ações de todos os departamentos da organização do que diz respeito à redução de operações e gastos desnecessários (mais Lean). Evidentemente, esta atitude é precedida de incentivo por parte dos gestores, gerando a motivação adequada às situações que surgem no dia a dia. Somente um sistema em que há a participação efetiva da alta direção de uma organização fará a diferença necessária para que os subordinados tenham as atitudes compatíveis com o problema que se apresenta.

Como vimos anteriormente, a Metodologia TPM traz inúmeros benefícios aos equipamentos e contribui para os demais programas de melhoria contínua e qualidade. Na verdade, encaro isso como programas que se complementam, isto é, um não sobrevive sem o outro, sendo complementares. Por exemplo, implantar um Programa 5S seguido da TPM trará enormes benefícios não só ao maquinário mas ao ambiente de trabalho. Aliás, operadores tendem a um melhor rendimento quando se sentem bem em seu posto de trabalho, principalmente quando está limpo, organizado, iluminado e com segurança operacional.

Uma expressão na qual adicionamos TPM dentro do *Lean* é a Otimização dos Ativos de uma Empresa, o que significa dizer: todos os equipamentos e demais instalações que fazem parte do patrimônio de uma empresa devem estar em boas condições. Fazem parte disso os equipamentos de produção, instalações hidráulicas, pneumáticas etc. Também os pisos, paredes, telhados. Somam-se ainda as utilidades de uma empresa, como subestação elétrica, compressores etc. Os vestiários e banheiros são fundamentais para o asseio dos trabalhadores, sendo fundamental que estas áreas estejam limpas e com mobiliário em condições de uso. Eles não precisam ser novos, mas recuperados e pintados, de forma a manter a integridade moral dos trabalhadores. Está técnica se estende igualmente às áreas administrativas. É necessário ter mesas e cadeiras decentes e que cada indivíduo tenha sua ferramenta em boas condições de trabalho, desde uma caneta, passando por instrumentos de medição até os computadores e softwares adequados à função e tarefas. Acrescento a este parágrafo que a empresa é feita de detalhes, como abordado no livro *Tolerância ZERO nas Empresas*, de Michael Levine. Neste livro, o autor aborda como deixamos de nos dar conta dos detalhes pelos quais passamos em nosso dia de trabalho e nos acomodamos, como naquela máxima: “Sempre foi assim!”. É preciso certa indignação para mudar o que está ruim. Detalhes como uma lajota quebrada num banheiro ou a própria falta de papel higiênico podem induzir um cliente em potencial a entender da seguinte forma: “se o banheiro é tratado desta forma, imagino como cuidarão do meu produto!”.

São necessárias ações proativas, isto é, ter a iniciativa para sugerir melhorias ou correções sem esperar que alguma liderança mande fazer. Numa organização todos são responsáveis pelo produto. Se pensarem diferente, haverá mais de uma empresa dentro de uma organização. Outra máxima: “o problema não é meu, é do outro setor, eles que se virem!” No entanto, o pensamento mais adequado é: “o problema é nosso, pois a empresa é uma só”. Havendo a união entre os departamentos, ocorrerá a interação necessária para cumprir as metas e ter o sucesso garantido para continuar no mercado. Todos precisam trabalhar, pensamentos individuais levam a demissões erradas, acrescidas dos custos de demissão e nova contratação e treinamento para o novo trabalhador.

Em resumo, a Metodologia TPM não sofre alterações em sua essência, mas passa a fazer parte de um grupo de ações que torna o processo de fabricação mais *Lean*. Estas ações, por sua vez, se caracterizam por serem amplas, atingindo desde as áreas de produção, de apoio (Manutenção, Qualidade, Engenharias etc.) até as áreas administrativas (RH, Financeiro, Materiais etc.), cada qual com ações e metas específicas.

O Sistema Toyota de Produção (TPS – Toyota Production System)

O Sistema Toyota de Produção é também chamado de Produção Enxuta ou Lean Manufacturing. A criação se deve a três pessoas: o fundador da Toyota e mestre de invenções, Toyoda Sakichi, seu filho Toyoda Kiichiro e o Engenheiro Taiichi Ohno, principal executivo. O sistema tem como objetivo aumentar a eficiência da produção pela eliminação contínua de desperdícios. O sistema de produção em massa, desenvolvido por Frederick Taylor e Henry Ford no início da século XX, predominou no mundo até a década de 90. Procurava reduzir os custos unitários dos produtos por meio da produção em larga escala, especialização e divisão do trabalho. Entretanto, este sistema tinha que operar com estoques e lotes de produção elevados. No início não havia grande preocupação com a qualidade do produto. Já no Sistema Toyota de Produção, os lotes de produção são pequenos, permitindo uma maior variedade de produtos. Exemplo: em vez de produzir um lote de 50 sedans brancos, produz-se 10 lotes com 5 veículos cada, com cores e modelos variados. Os trabalhadores são multifuncionais, ou seja, desenvolvem mais do que uma única tarefa e operam mais que uma única máquina.

No Sistema Toyota de Produção, a preocupação com a qualidade do produto é extrema. Foram desenvolvidas diversas técnicas simples, mas extremamente eficientes, para proporcionar os resultados esperados, como o **Kanban** e o **Poka-yoke** (ambas são técnicas japonesas aplicadas à manufatura. O Kanban na área logística, com foco em reduzir estoques em processo, e o Pokayoke na prevenção de erros operacionais – ver mais detalhes no **Capítulo VI – Análise de Falhas em Ativos, Item 6.4.**

De acordo com **Taiichi Ohno** (1988):

"Os valores sociais mudaram. Agora, não podemos vender nossos produtos a não ser que nos coloquemos dentro dos corações de nossos consumidores, cada um dos quais tem conceitos e gostos diferentes. Hoje, o mundo industrial foi forçado a dominar de verdade o sistema de produção múltiplo, em pequenas quantidades."

A base de sustentação do Sistema Toyota de Produção é a absoluta eliminação do desperdício e um dos pilares necessários à sustentação é o Just-in-time.

Os sete desperdícios a serem eliminados:

- Superprodução – a maior fonte de desperdício;
- Tempo de espera – refere-se a materiais que aguardam em filas para serem processados;
- Transporte – nunca geram valor agregado ao produto;
- Processamento, algumas operações de um processo poderiam nem existir;
- Estoque – sua redução ocorrerá por meio de sua causa raiz;
- Excesso de movimentação;
- Defeitos – produzir produtos defeituosos significa desperdiçar materiais, mão de obra e movimentação de materiais defeituosos.

O Sistema Toyota de Produção vem sendo implantado em várias empresas no mundo todo, porém nem sempre com grande sucesso. A dificuldade reside no aspecto cultural. Toda uma herança histórica e filosófica confere uma singularidade ao modelo japonês.

Segundo matéria na Revista *Newsweek International*, em 2005, a Toyota Motors Company obteve lucros recordes de US$ 11 bilhões, que ultrapassa os ganhos da GM, Ford e DaimlerChrysler juntas. Em 2007, a Toyota tornou-se a maior empresa automobilística do mundo, fato previsto somente para 2008.

2.4 Melhoria Contínua (Kaizen)

INTRODUÇÃO

Nas indústrias existe uma ferramenta sensacional, também vinda do Japão, chamada KAIZEN. Traduzindo para o português: Melhoria Contínua (a expressão em inglês é Continual Improvement). Logo, quaisquer que sejam as oportunidades de inovação sendo estas implantadas: "Parabéns, você realizou um KAIZEN!"

Algumas palavras-chave:

- Cooperação;
- Competitividade;
- Estratégia;
- Treinamento;
- Eliminar perdas;
- Foco no resultado.

Listei algumas, mas podemos encontrar bem mais que isso. O fato é que sem que haja um grupo de trabalho comprometido com os resultados, não se consegue realizar melhoria.

É preciso deixar de lado as diferenças naturais do ser humano e trabalhar em conjunto, somando as habilidades de cada um para se obter uma meta, seja ela qual for:

- Reduzir tempos operacionais;
- Aumentar segurança;
- Reduzir um *set up*;
- Aumentar disponibilidade de um ativo.

O Engenheiro de Manutenção, neste ambiente, é o elemento agregador para unir mantenedores, operadores e gestores imediatos. Isso mesmo, KAIZEN se realiza no chamado "piso de fábrica" (ou "chão de fábrica"). As oportunidades de melhorias se apresentam a todo instante seja em qual for o nível de qualidade implantado, em empresas certificadas ou não. Minha sugestão é manter sempre um Grupo de Trabalho KAIZEN, implantar um Plano de Ação (PA) evolvendo todos da Manutenção, fazendo os rodízios necessários para que todos participem e se sintam reconhecidos. Valorizar um trabalho nem sempre é premiar com brindes ou medalhas, mas tanto o Engenheiro de Manutenção quanto os gestores devem cumprimentar a equipe por um trabalho bem feito e, se for caso, divulgar aos demais setores da organização. É, acima de tudo, elogiar o grupo sempre que seus integrantes tiverem iniciativa e colocarem em prática as ideias brilhantes que surgem a todo instante.

Nestes anos atuando no ramo metalúrgico, pude perceber que o pessoal do "chão de fábrica" é o que mais gera ideias de melhorias. Cabe a nós viabilizá-las ou dar oportunidades para que isto se torne uma realidade. As lideranças precisam enxergar isso como uma fonte de riqueza, pois uma vez tendo um trabalhador motivado e reconhecido, ele, por sua vez, se torna um "soldado KAIZEN", isto é, um agente de mudança. Eu não poderia deixar de citar que as melhorias nos remetem à inovação. Então, viva a mudança! Ou você pensa o contrário?

Como é difícil, para alguns, aceitar as mudanças inerentes aos processos de melhorias. O repertório é bem amplo:

- "Não vai dar certo, isso já foi tentando..."
- "Isso sempre foi feito assim, por que mudar?"
- "Isso não é comigo, estou muito velho para isso..."
- "No meu tempo era diferente..."
- "Anos atrás foi tentado, mas não deu certo."

Eu também poderia listar mais uma enormidade de pessimismos e outras frases de efeito negativo, contrárias às novidades ou mudanças vindas de uma nova tendência de mercado. O certo é que uma organização precisa se posicionar: "Ou muda ou fecha as portas!" Sendo assim, é melhor permitir que seus processos sejam avaliados e alterados de forma crítica e planejada. Existem vários exemplos de organizações que faliram, não passando da 3ª geração. São gestores de grandes organizações que literalmente pararam no tempo.

Em minha opinião, não gerar melhorias em seus processos é sinal do início de um decréscimo da rentabilidade, podendo levar à falência. A grande oportunidade, implantando melhorias, é a redução das perdas, principalmente em procedimentos operacionais ou administrativos que não agregam valor e incidem em atrasos e perdas de faturamento. Portanto, a alta administração precisa fortalecer os agentes de mudanças internos. Contudo, eles devem entender bem o processo que deve ser melhorado e propor uma solução mais rentável. O Engenheiro de Manutenção é um agente de mudanças na área de Mantenimento, então ele precisa estar atento às oportunidades.

2.4.1 Sugestão das Etapas para Desenvolver um Projeto KAIZEN

(1) Preparação para iniciar o Projeto:

1.1 Definir e enumerar, em conjunto com os gestores dos departamentos envolvidos, as necessidades de melhorias (KAIZEN). Definir os objetivos do Projeto e a Data a ser realizado.

1.2 Definir os participantes:

- Os participantes devem ter envolvimento direto com a área onde será realizado o Kaizen, mas convocando outras áreas (a ideia é formar uma equipe multidisciplinar);
- Formalizar, enviando aos participantes um convite (elaborar e padronizar);

1.3 Solicitar ao Setor de Coordenação Kaizen, se existir:

- Reserva de Sala para treinamento e reuniões da equipe;
- Reserva de Materiais Extras (Datashow, Cronômetro etc.);

(2) Desenvolvimento do Projeto:

2.1 Treinamento sobre a Metodologia:

- Discussão dos objetivos;
- Definição de líder do grupo;

- Treinamento da metodologia: *Just in Time*, Nivelamento de Produção, Operações Standard, Exercícios, Cronometragem etc.

2.2 De acordo com os objetivos do Kaizen, o grupo deverá fazer o levantamento dos itens, como:

- Número de operadores atuantes no posto de trabalho;
- Tempos de operação e deslocamentos;
- Fluxo dos operadores – uso do Diagrama Spaguetti (técnica simples com uso de linhas simulando fluxo e deslocamentos);
- Cálculo dos tempos de produção e *setup*;
- Cálculo do número de operadores;
- Problemas de qualidade (causas de rejeição);
- Análise do posto de trabalho: segurança e ergonomia;
- Fluxo da peça ao longo do processo;
- Lay out: atual x proposto;
- Sequência de trabalho (análise de folhas operacionais, inspeções, registros etc);
- Fotografia da situação atual x implantada;
- Relação de problemas de ajustes e manutenção;
- Procedimentos atuais x propostos;
- Fluxograma do processo;
- Documentos utilizados e outros que deveriam existir;
- Desperdícios (tempo, material etc.);

2.3 Realizar *brainstorming* para levantamentos de melhorias;

2.4 Selecionar as melhorias a serem implantadas;

2.5 Fazer um PA para implantação das melhorias;

2.6 Se necessário, obter consenso com a gerência da área com relação às mudanças mais complexas;

2.7 Implantação do Projeto KAIZEN:

- Programar e implantar as alterações e melhorias aprovadas;
- Revisar o novo processo implantando, para medir o resultado;

(3) Finalização do projeto

3.1 Levantamento dos resultados obtidos:

- Mensurar os resultados, registrando-os em documentação específica;
- Debater com o grupo melhorias pendentes;
- Avaliar e elaborar plano de ação;

3.2 Apresentação do evento KAIZEN aos gestores e representantes de áreas envolvidas:

- Montar uma apresentação no Microsoft PowerPoint, que, por exemplo, possibilite uma demonstração aos convidados.

3.3 Retenção da documentação:

- Todos os registros gerados devem ser arquivados física ou eletronicamente.

Importante

Após o evento, definir datas e frequências de avaliação dos resultados, evolução do Plano de Ação. KAIZEN se traduz por melhoria contínua, portanto, não deve ser implantado e deixado para trás.

2.4.2 Melhoria Contínua nas Organizações

Em 2003, participei de uma palestra na FIERGS (Federação das Indústrias do Estado do RS), durante o evento do IGEA (Instituto Gaúcho de Estudos Automotivos) sobre as ferramentas de gestão: Lean Manufacturing, Sistema Toyota de Produção e Melhoria Contínua (TPM), sob o ponto de vista acadêmico.

O principal palestrante foi o Sr. José Antônio Valle Antunes Junior, professor da UNISINOS (Universidade do Vale dos Sinos). A seguir, uma breve síntese para sua avaliação.

Um dos pontos fortes foi quando ele falou sobre "a tropicalização" destas metodologias, quando aplicadas no Brasil. Muitas destas novas metodologias de trabalho são aplicadas em países com cultura bem diferente da nossa, como, por exemplo, a japonesa. No Japão, existe uma palavra que diz muito do sucesso alcançado por este país: disciplina. Nós, brasileiros, temos dificuldade em implementar boa parte das metodologias, sejam elas japonesas ou norte-americanas. Enfim, independentemente da tecnologia importada, temos que "tropicalizar". Isto significa adaptar-se às condições, não só climáticas mas, principalmente, culturais, o nosso jeito de encarar e resolver os problemas.

Muitas empresas simplesmente adquirem um pacote de um produto denominado, por exemplo, "TPM" e tentam copiar conforme o país de origem desta metodologia. O resultado é uma "meia implementação" ou nem isso. São programas que iniciam com muito confete e não duram muito tempo. Este foi um dos pontos importantes que pude observar sobre o palestrante, isto é, por sua formação e experiência, já deve ter passado por isso e resolveu divulgar. Então, seja qual for a técnica que o Engenheiro de Manutenção tiver que implementar para melhorar um processo ou mesmo seguir as exigências da alta administração, analise bem a situação atual e, com base na metodologia, identifique a melhor forma de isso dar certo. O sucesso dependerá exclusivamente das pessoas. Se todos o apoiarem, é bem provável que tenha sucesso.

Finalmente, outra grande dica deste evento foi sobre o relacionamento interpessoal e apliquei isso à postura do Engenheiro de Manutenção recém-contratado. Concluí que ele precisa se adaptar à cultura da empresa. Isso não significa comodismo, mas buscar, no seu dia a dia, conquistar as pessoas, para poder executar suas atribuições num ambiente favorável. Ser comunicativo é uma característica importante para ser um agente de mudança capaz de implantar novas metodologias, talvez um novo software, ou propiciar novos indicadores etc. Aqui entra outra característica pessoal importante: a humildade. Reconhecer limitações de conhecimento e, o mais difícil, os próprios erros. Lembre: "Aprender com os próprios erros!". Então, não tenha medo de errar, isso faz parte do "negócio mudança".

Certamente, quanto melhor seu planejamento, mais você conseguirá minimizar suas consequências. Ser engenheiro não determina ter total domínio da situação. Reconheça sua limitação, seja pela formação acadêmica ou pela capacidade de inteligência. Peça ajuda aos colegas de profissão, operadores, mantenedores, aos outros departamentos e, se for preciso, ao seu chefe. Enfim, crie sua rede de contatos interna e você verá que tudo fica mais fácil. Ao trabalhar sozinho, você demonstrará aos demais um senso de independência, evitando desta forma, receber novas ideias. Lembre, você possui conhecimentos e seus colegas precisam de você. Seja qual for a atividade ou projeto em que o Engenheiro de Manutenção estiver envolvido, ele precisará de ajuda. Não encare isso como fraqueza. Ao contrário, isto significa reconhecer limites, sendo uma forma inteligente de aprendizado contínuo.

Outras ideias importantes:

- Gerenciamento dos Postos de Trabalho (GPT) de forma sistêmica, integrada e voltada totalmente para a obtenção dos melhores resultados.
- Alta flexibilidade de Manufatura: observar aquisição de equipamentos de alto custo em substituição à mão de obra treinada e qualificada para determinada operação.
- Manter atualizado o comparativo Custo de Depreciação dos Ativos X Custos de Mão de obra. No Brasil, o custo é de 1:2, enquanto nos países de primeiro mundo é de 1:10. Portanto, nossos equipamentos são muito caros!
- Aplicar nos processos de fabricação a análise da Teoria das Restrições, cujo objetivo é a máxima eficiência dos ativos (OEE ou, traduzindo para o português, EGE – Eficiência Global dos Equipamentos).

2.4.3 Case: "Definição de Máquina Gargalo: Maior Tempo ou Baixa Eficiência (OEE)?"

Havia um Equipamento "A" com um menor ciclo de operação em relação ao Equipamento "B". Portanto, "A" era a máquina mais rápida e "B" foi considerado a "Máquina Gargalo".

Aplicando os cálculos de eficiência, pelo método OEE, certificou-se a situação acima, isto é, "A" era mais eficiente que "B":

- Equipamento "A", **OEE = 55%** (baixa eficiência em razão do alto tempo para essa operação de usinagem)
- Equipamento "B", **OEE** = 40% (altos tempos de: set up, ajustes, operação, reparo etc.)

Se a opção fosse parar por aqui, a situação estaria resolvida. Será?

Aplicando a metodologia KAIZEN, isto é, indicando as melhorias necessárias para aumento de eficiência, a situação poderia ser diferente. "A" possui tempo operacional bem maior que "B", mas este tinha muitos problemas, como alto tempo de set up e condições ruins de operação.

- Após a implementação das alterações funcionais, o equipamento "B" passou a ter um **OEE = 65%**, enquanto o equipamento "A" permaneceu com a eficiência **(OEE) = 55**%.

A partir deste resultado, o equipamento "A" passou a ser considerado a "Máquina Gargalo".

Logo, tenha cuidado ao definir "máquinas gargalo" sem a análise da Eficiência, seja por meio do **OEE** ou outra metodologia usual. A aplicação pura e simples do Tempo pode ser enganosa, como observamos na situação anterior.

Nota

O termo "máquina gargalo" se refere àquele equipamento cuja capacidade operacional é mais baixa em relação aos demais. Se deixar de funcionar, ele influenciará drasticamente no alcance da meta de produção.

A seguir, uma das formas de Cálculo do OEE (Overall Equipment Efficiency) ou EGE (Eficiência Global do Equipamento):

OEE = Disponibilidade X Desempenho X Qualidade X 100%

Onde,

1. Disponibilidade = (Tempo Disponível – Tempo Paradas) / Tempo Disponível

1.1 Tempo Disponível = Tempo total dos turnos (h/mês) – Tempos Programados (h/mês)

1.2 Tempo de Paradas (h/mês) que seriam os eventos não programados.

A Disponibilidade mede a influência das perdas por manutenção e ajustes ou setups.

2. Desempenho = (TCM X Total de Peças) / Tempo Operacional

2.1 TCM = Tempo de Ciclo da Máquina (h)

2.2 Total de peças produzidas no mês

2.3 Tempo Operacional = Tempo Disponível (h) – Tempo de Paradas (h)

O Desempenho mede a influência das perdas por ociosidade ou pequenas interrupções e "velocidade" de trabalho reduzido (máquina operando abaixo da capacidade).

3. Qualidade = (Total de Peças – Total de Peças com Defeito) / Total de Peças

3.2 Total de peças com defeitos produzidas no mês.

A Qualidade mede a influência das perdas por peças fora de especificação e quedas de rendimento.

Considerações:

Unidade de Tempo: "h" (horas)

Período: mês ou quantidade de dias trabalhos, inclusive horas extraordinárias

Tempos programados: intervalos de refeição, ginástica laboral etc.

2.4.4 KAIZEN – Eventos KAIZEN em Indústria Metal Mecânica

Case 1: KAIZEN Afiação IV (na época, o 4º evento que realizamos nesta área)

Este evento Kaizen foi liderado por mim, pois eu era um dos multiplicadores desta ferramenta. As melhorias foram executadas no setor de Afiação de Ferramentas, subordinado ao de Manutenção. Kaizen é caracterizado por ações simples, utilizando recursos de mão de obra interna e reciclagem de matérias limitando-se à retirada de materiais em almoxarifado, como tintas, itens de limpeza etc. O chamado uso da "inteligência interna" é o melhor recurso nestes eventos, o pessoal que atua na área sempre possui as soluções, basta dar apoio e orientá-los a obter o sucesso desejado.

Objetivos e realizações:

- Melhoria no acondicionamento de ferramentas de afiação;

Instalação de Fita Adesiva para Proteção das Ferramentas Afiadas que Aguardam Reposição na linha.

- Pintura de máquinas

PINTURA DE MÁQUINAS

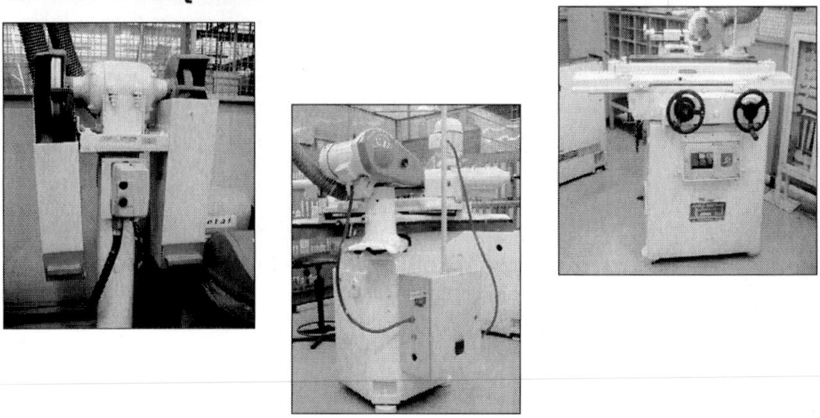

Pintura do Máquinas Internas nas Cores padrões da Manutenção e Ferramentaria.

- Implementação de folhas operacionais.

Utilização de documentos contendo informações necessárias para realizar a montagem e o setup das ferramentas.

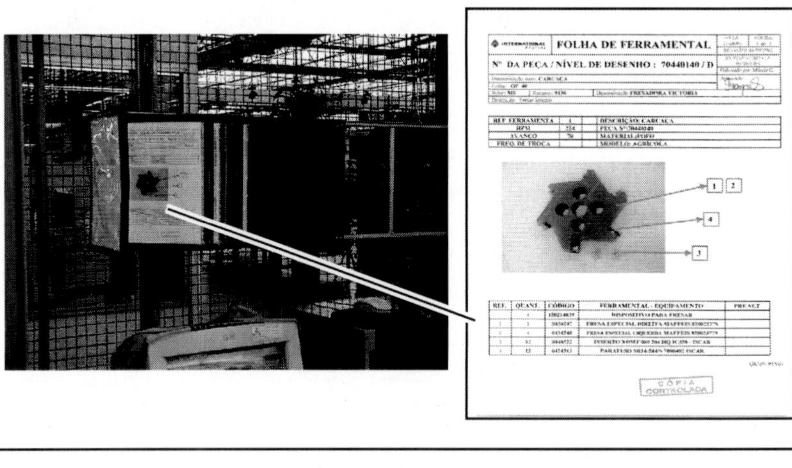
FOLHA DE FERRAMENTAL
Nº DA PEÇA / NÍVEL DE DESENHO : 70440140 / D

Conclusão

As ações de melhorias ou técnicas KAIZEN são caracterizadas por serem de baixo custo, isto é, são aquelas onde utilizamos recursos existentes no departamento ou que foram desabilitados de outro ativo. Outro detalhe significativo é que o próprio grupo propõe e executa essas melhorias, por serem seus integrantes os principais usuários ou envolvidos no processo, o que foi descrito pelo Professor Junico como "O uso da inteligência interna". Portanto, as melhorias contínuas nas áreas da manufatura ou administrativas devem ser apoiadas, pois os resultados, pequenos, mas somados ao longo de um determinado período, se tornam o diferencial para o sucesso de uma empresa. Podemos concluir como a sobrevivência num mercado cada vez mais competitivo: reduzir gastos e melhorar a custos reduzidos.

2.5 A Gestão das Utilidades

2.5.1 Generalidades

As utilidades (também conhecidas, em inglês, como *facilities*), se referem a todos os equipamentos que fornecem energia elétrica, água, ar comprimido, óleos, vapor, oxigênio etc. Conforme o segmento, elas podem ser mais específicas, sendo as mais conhecidas:

- Subestação, barramentos etc. para fornecimento de energia elétrica;
- Compressores, vasos de pressão, secadores de ar comprimido e tubulações;
- Grupos geradores;
- Centrais de fornecimento de ar condicionado central ou de parede;
- Bombas para deslocamento e fornecimento de água ou óleo;
- Sistemas de exaustores;
- Centrais de soldagem (rede e centrais de gás);

- Sistemas de elevação e pontes rolantes;
- Centrais de combate a incêndio.

Utilidades específicas em relação ao segmento de atuação da empresa:

- Indústrias metalúrgicas ou metal mecânico: torres de resfriamento, sistemas a gás natural, centrais de óleo lubrificante etc.;
- Indústrias químicas: centrais de exaustores, de filtragem, Estações Tratamento de Efluentes (ETE) etc.;
- Siderúrgicas: utilidades em função dos altos fornos etc.;
- Supermercados: rede de TI para alimentação caixas eletrônicos, *fancoils* etc.;
- Hospitais: caldeiras, boilers, centrais de fornecimento de oxigênio etc.;
- Shopping centers: grandes sistemas para fornecimento de ar-condicionado: aparelhos centrais e *Chillers*, *Fancoils* etc.

Também consideramos como utilidades as atividades relacionadas aos elementos que fazem parte da manutenção predial, que incluem:

- Instalação ou reforma de pisos e corredores de acesso;
- Reforma e pintura de paredes em alvenaria;
- Instalação ou conserto de forros e divisórias;
- Manutenção dos móveis de escritório;
- Reforma de telhados, forros e demais estruturas;
- Instalação de tubulações em aço galvanizadas, em cobre, PVC etc.
- Instalações diversas em postos de trabalho administrativo ou de produção: rede, telefonia, eletricidade, água etc.

Como podemos observar, tarefas relacionadas às utilidades são importantes e bem mais amplas do que descrevi acima. Algumas empresas adotam um grupo de mantenedores com habilidades específicas para atuar em máquinas operatrizes e outro em utilidades. Os líderes precisam evitar a competição entre eles, isto é, normalmente eles tendem a discutir sobre qual delas é a mais importante e isso, decididamente, não agrega ao departamento. A Manutenção é um departamento único, portanto suas equipes devem trabalhar em regime de cooperação e harmonia para evitar contratempos do tipo: "Esse erro foi da equipe de Utilidades!" ou vice-versa. Sem contar as situações quando uma das equipes está com muito serviço, por não existir o entrosamento necessário, a outra acaba não ajudando.

Enfim, todos têm importância, pouco importa se executam manutenção em sanitários ou em Máquinas a CNC. Quaisquer destes serviços, se não forem feitos por profissional com as devidas competências, acabam por prejudicar a empresa, com menor ou maior impacto.

2.5.2 Gestão de Utilidades – Executadas por Empresas Terceirizadas

Com o advento da terceirização, muitas indústrias no Brasil migraram para a contratação de empresas, por entenderem ser mais rentável e seguro. Isso significa passar essa responsabilidade ao encargo de empresas subcontratadas, com técnicos especialistas e recursos mais eficientes que se tornariam de alto custo para gerenciar internamente. Sendo assim, os mantenedores ficam focados nos equipamentos do processo de produção.

O primeiro passo do Engenheiro de Manutenção, ao se deparar com as utilidades, é executar os mesmo processos de análise e registro usado para máquinas e equipamentos, isto é, a gestão deve ser monitorada pelo mesmo sistema informatizado. Primeiramente, uma revisão da situação atual das facilidades, como conservação, nível de manutenção preventiva aplicada ou não e verificação da qualidade dos consertos corretivos. Obtenha as informações existentes em manuais, que contêm as especificações de operação e manutenção. Geralmente, os ativos tem um responsável pelo manuseio e controles, denominado operador de utilidades ou de *facilites*. Portanto, ele não terá as mesmas competências de um mantenedor, mas deverá ter o treinamento necessário para saber operar e executar as atividades de rotina. Exemplos clássicos de operadores são os das centrais de caldeiras a vapor ou de água quente, compressores, ar condicionado etc. São alguns sistemas que não podem ficar sem monitoramento diário.

O restante dos materiais (peças sobressalentes) deve permanecer em condições seguras, com cuidados ambientais e uma organização ao nível das exigências de programas, como o 5S. Outra tarefa importante do operador é auxiliar os mantenedores em consertos, repassando informações importantes, como ruídos, aquecimento excessivo, anormalidades intermitentes, entre outras. Soma-se a tudo isso a conservação estética das utilidades, como retoques de soldagem, construção de proteção, pintura ou outra melhoria necessária para o bom rendimento do equipamento. Enfim, ele é um elemento que agrega significativamente ao processo de mantenimento das utilidades. As manutenções mais específicas deverão executadas por profissional com conhecimento e competência necessária para tal.

A decisão pela subcontratação não deve ser feita sem antes executar-se um estudo de viabilidade técnica e financeira. Entendo isso como comparar se é mais viável ter profissionais para atuar em utilidades ou contratar uma empresa para a execução dos serviços. Para esta análise, você pode utilizar modelos existes na empresa, sendo necessário, neste caso:

1. Montar uma equipe interna para a análise técnica, contendo, no mínimo, pessoas atuantes já há algum tempo na empresa, determinações e orientações do fabricante.
2. Obter orientação com as áreas administrativas (contábeis ou denominadas Controladoria) para analisar e comparar os custos desta contratação.

Em seguida, junte todas as informações obtidas, elabore um relatório para apresentar as propostas e demais opções para a chefia imediata ou o gestor de seu departamento. Importante é não ser "pego de surpresa"; portanto, converse e questione com as pessoas envolvidas neste processo, pois além de ser decisivo para você, será uma atitude politicamente correta. Poucos se atreverão a criticá-lo caso dê algo errado; ao contrário, como também opinaram, irão dar um jeito de ajudá-lo. Pense nisso!

Tenha uma segunda opção. Aprendi, ao logo destes anos, a elaborar o chamado, ou conhecido, Plano "B", "carta na manga" ou outra denominação que lhe convier. Não deixe de demonstrar outras soluções ou variáveis para que a reunião de apresentação seja rica e os participantes possam avaliar, junto com você, a melhor opção. Uma vez decido pela subcontratação de uma empresa (creio que me esqueci de mencionar a você sobre obter valores aproximados dos contratos a serem analisados, na unidade real ou na moeda corrente de sua empresa), vem a etapa comercial do processo, como a formulação de um contrato ente as partes, denominadas contratante (sua empresa) e contratada, a responsável pela manutenção da utilidade em questão. É neste momento que você deve chamar as empresas candidatas para reuniões mais formais, onde orçamentos e descrição de serviço serão elaborados com mais precisão. Aqui vai uma dica importante: durante a análise técnica, relacione e registre as especificações e orientações do fabricante da utilidade e compare com o serviço apresentado. Você poderá ter uma boa ideia da qualificação da empresa.

É essencial solicitar, se for o caso, informações sobre outras organizações para as quais ela trabalha e, o mais importante, a situação financeira. Contratar uma empresa com dívidas junto aos órgãos públicos pode interferir em seu desempenho ou mesmo em futuras renegociações. A contratação é um processo longo, e não podemos, simplesmente, chamar uma empresa por telefone e entregar a utilidade para uma subcontratada sem que se tenham dados concretos e confiáveis. Evidentemente, existem muitas relações, conhecidas como "parcerias de negócio". No entanto, iniciam bem e tendem a ficar ruins com o passar do tempo. Utilize o sistema de qualidade implementado em sua empresa e os formulários de avaliação de fornecedor ou similar. Execute a avaliação com frequência mensal e faça uma reunião com o principal responsável pela contratada para os ajustes e melhorias a partir da avaliação. Atuei em empresas que exigiam qualidade e pontualidade da subcontratada mas atrasavam os pagamentos. Então, cuidado. Use sempre o bom senso nas negociações e procure manter sempre uma relação cordial. Lembre que uma empresa terceirizada conta muito com os pagamentos em dia, pois, geralmente, são empresas de médio porte e lutam para se manter no mercado. Não é justo somente exigir sem estar em dia com as obrigações financeiras. É como dizem por aí: "pregar moral de cuecas"!

O processo de assinatura de contratos geralmente é demorado, porque existem cláusulas não atendidas de imediato. É preciso negociação e é melhor entregar esse processo à área jurídica de sua empresa. Atue de forma moderada, tentando entender e auxiliar ambos para que cheguem ao acordo. Um contrato é um documento formal e pode até levar à justiça, ambas as partes, caso não haja cumprimento de alguma cláusula. O mais importante para você, como escrevi anteriormente, é usar o bom senso e manter uma relação de coleguismo com a contratada. Tive exemplos em que atuei desta forma e consegui esforços de uma contratada, mesmo tendo minha empresa em dívida financeira. São estas coisas que não têm preço, isto é, aqui entra a chamada diplomacia ou todo o seu poder de negociação.

Neste período, mantenha sua ética pessoal e profissional. Assistimos diariamente na mídia, seja em rádio, TV ou Internet, casos de improbidade administrativa que, traduzindo para o nosso dialeto, é denominada "falcatrua". Tente manter sua austeridade ao longo de todo o processo; tenha uma postura que lhe permita ser respeitado (não confundir com ser temido). Evidentemente, é sabido que as relações profissionais passam um pouco do limite e o Engenheiro de Manutenção acaba por ter uma amizade com os membros da subcontratada, pois à medida que começam a compartilhar problemas e sucessos, é natural que haja uma sintonia; portanto, aceitar brindes nos finais-de-ano já se tornou quase de praxe; não entenda isso como suborno.

Acredito nas relações denominadas interpessoais e estas fazem parte do nosso dia a dia. Um documento jamais vai substituir uma boa negociação ou um acerto conhecido como "acordo de cavalheiros". Se, porventura, não houver possibilidade de se chegar a um acordo, a opção é acionar o poder judiciário. Lembre que muita coisa pode ser feita antes de se chegar a este ponto, pois todos acabarão prejudicados. Ainda não passei por esta situação, mas entendo que deva ser desgastante. Se, por acaso, uma utilidade está em reforma e ocorre algum desacordo, a contratante fica sem poder usufruir esse recurso e, com isso, a empresa pode ser gravemente prejudicada. Portanto, todo o cuidado é pouco.

É complicado, não é mesmo? Então, quando sua empresa optar por uma subcontratação, mantenha um bom controle sobre os contratos, pois, à medida que o tempo passar, sugirão alterações necessárias para que ambas as partes saiam ganhando. Se algo não estiver bem, atue rapidamente e não deixe os problemas aumentarem. Independentemente dos serviços, em se tratando de utilidades fornecedoras de energia ou de conservação predial, o contrato de prestação de serviço é praticamente obrigatório. É um grande risco ter uma empresa subcontratada atuando nas dependências da empresa sem conhecer as condições não só financeiras, mas tampouco a estrutura de regularização de impostos e, principalmente, a situação dos empregados. Um acidente de trabalho pode acarretar problemas na justiça, além de causas trabalhistas a que ambas ficam sujeitas caso não tenham documentos formais para esta relação trabalhista.

Em resumo, funcionários sem vínculos empregatícios, atuando em utilidades, devem estar sob a responsabilidade de um líder técnico e em condições de atuar legalmente, conforme as leis vigentes pela CLT. Quaisquer dúvidas que você venha a ter, não deixe de consultar sua área jurídica.

Os programas de melhoria contínua, como TPM, KAIZEN e 5S, aplicados à área produtiva também podem ser aplicados às utilidades. Em alguns casos, eles são esquecidos, sendo lembrados apenas quando há uma falha considerável ou de grande impacto. Um bom exemplo são as subestações elétricas. Ações de melhorias ou atualizações somente são feitas após um grande defeito que tenha ocasionado uma grande perda à empresa ou um grave sinistro, como um incêndio. Portanto, não perca o foco também para esses ativos. Na medida do possível, atue firmemente, da mesma forma que atua no caso dos equipamentos de produção. Se for o caso de você trabalhar em ambiente não fabril, as utilidades acabam por se tornar seus únicos ativos, necessitando de todo o empenho. Um equipamento que falhe numa unidade hospitalar, por exemplo, pode causar a morte de um paciente em vez de uma simples perda de produção.

2.6 Gestão do Sistema de Lubrificação

INTRODUÇÃO

O tema Lubrificação, por si, é assunto para um livro, dada a importância deste processo num sistema de mantenimento. Os primórdios dos estudos da mecânica datam de 1700 A.C., no antigo Egito, e continuam nos dias de hoje, sempre em busca de redução de custo e alto rendimento de lubrificantes.

No Brasil, a história de obtenção do petróleo iniciou no estado de São Paulo, no ano de 1898, mas somente em 1939 foi descoberto o primeiro campo, em Lobato (Bahia). A partir de 1953, a Petrobras intensificou as pesquisas, resultando na descoberta de novos produtores. A palavra petróleo é de origem latina, *petrus* (pedra) e *oleum* (óleo), o que se supunha que antigamente ele era originário de pedras. Há várias teorias sobre a formação do petróleo, entretanto se aceita a de que se originou da decomposição de plantas que teriam se depositado em grandes quantidades no fundo dos mares e lagos ou ainda em outras depressões de terrenos, sendo soterradas. Essas massas orgânicas teriam sido submetidas às altas pressões e temperaturas ao longo dos anos, ocasionando reações químicas que as transformaram em óleo e gás. Sendo menos densos que a água, eles flutuam, atravessando camadas de rochas até encontrarem uma camada permeável, sob a qual se depositam, ocupando os espaços vazios, o que originou a expressão "lençol de petróleo". Sua composição básica é feita por três tipos de hidrocarbonetos: base paranínfica, naftênica e aromática.

2.6.1 Lubrificação

A principal função de um lubrificante é formar uma película que impedirá o contato direto entre duas superfícies que estão em contato e movendo-se entre si. Com isso, reduz-se o atrito a níveis mínimos, exigindo um menor esforço e, consequentemente, evitando o desgaste prematuro. Com o passar dos anos, outras funções foram adicionadas, como anticorrosão, auxiliar na vedação, retirada de produtos indesejáveis no sistema etc.

2.6.2 Tipos de Lubrificantes

São divididos em quatro grupos:

- Óleos minerais;
- Óleos graxos;
- Óleos compostos;
- Óleos sintéticos.

Óleos minerais: são óleos obtidos a partir da destilação do petróleo. Suas propriedades dependem da natureza do óleo cru. Passam por diferentes tratamentos, como destilação, desasfaltação, desaromatização, desparafinização e hidrogenação. Apresentam grandes variações em suas características, de acordo com o processo, como viscosidade, volatilidade, resistência à oxidação etc. São os mais utilizados e os mais importantes em lubrificação.

Óleos graxos: de origem vegetal ou animal, foram os primeiros lubrificantes a serem utilizados em épocas em que predominava a tração animal. Atualmente, são pouco recomendados, pois não resistem a altas temperaturas.

Óleos compostos: são misturas de óleos minerais e graxos. Certas aplicações requerem esta composição, quando se necessita de maior oleosidade e facilidade de emulsão na presença de vapor. Sua aplicação é em máquinas perfuratriz e cilindros a vapor.

Óleos sintéticos: lubrificantes que foram criados em laboratório, isto é, processos específicos, como a polimerização (oferece características especiais de viscosidade e resistências às altas ou baixas temperaturas), de forma a atender à grande aplicação exigida nas indústrias. Esses lubrificantes são de alto custo. São empregados em casos específicos, em que os óleos minerais <u>não</u> atendem às exigências requeridas.

Após este breve histórico dos lubrificantes, passemos para as principais propriedades físico-químicas dos lubrificantes:

- Odor;
- Cor ou aparência;
- Densidade;
- Viscosidade;
- Ponto de fulgor;
- Ponto de fluidez;
- Resistência à pressão;
- Resistência à ferrugem;
- Resistência à oxidação.

A viscosidade é a propriedade mais importante dos óleos lubrificantes, sendo definida como a resistência ao escoamento que os fluidos apresentam. Estes valores são medidos em laboratórios especiais utilizando equipamentos denominados viscosímetros. Também considero importantes as propriedades antiferrugem e antioxidantes, pois existem elementos de máquinas girantes que se encontram em contato com locais úmidos ou sujeitos a tal.

Ainda no processo de fabricação dos lubrificantes, são adicionados os chamados **aditivos** que são produtos químicos com o objetivo de melhorar as propriedades já existentes ou para produzir novas. Existe, atualmente, uma gama desses compostos e que devem sempre ser observados em relação à aplicação do lubrificante, quando queremos que determinada propriedade seja maior. Portanto, não deixe de observar, em manuais de especificações técnicas, as ações do lubrificante e seus aditivos.

Exemplos de aditivos:

- Dispersantes;
- Detergentes;
- Antioxidantes;
- Agentes de oleosidade;
- Agentes antiferrugem;
- Antichamas;
- Aromatizantes.

2.6.3 Graxas Lubrificantes

As graxas são produtos cuja consistência vai de semi-sólida a semifluida, proveniente da dispersão de um agente espessante em líquido lubrificante. Suas funções, em razão de sua forma, não permitem a mesma qualificação de arrefecimento, como os óleos lubrificantes, isto é, nunca devem ser usadas em sistemas que operam em alta velocidade ou altas temperaturas. São indicadas para as seguintes aplicações:

- Reduzir a fricção ou desgaste de elementos de máquina;

- Proteger contra poeira, água ou outro contaminante;
- Quando não se quer derrame ou gotejo de lubrificante;
- Permitir o livre movimento de partes móveis a baixas temperaturas;
- Tolerar certo grau de contaminação sem perda de eficiência;
- Quando se requer características de lubrificante de fácil aplicação;

Assim como os lubrificantes, as graxas possuem propriedades físico-químicas, como textura, consistência (resistência à penetração), ponto de gota etc. Também as graxas industriais dependem dos **aditivos** para melhorar as propriedades existentes ou incorporar outras, como adesividade, anticorrosividade ou antioxidante, controle da pressão etc.

2.6.3.1 Formas de Aplicação das Graxas

Manual: aplicação direta, pela mão (aqui cabe observar o uso de EPI, se aplicável como luva ou creme para a pele etc.).

Copos graxeiros: aplicados em mancais, constituindo de um pequeno reservatório de graxa e um pistão descola a graxa até o local de aplicação quando pressionado.

Pinos graxeiros: são pinos instalados sob os mancais. Com o uso de uma bomba manual, a graxa é aplicada e vai até o mancal ou rolamento. Este pino possui uma mola que, ao contato com o bico da bomba manual, permite a passagem da graxa.

Bombas pneumáticas: são equipamentos recomendados quando se tem um grande número de aplicações, sendo uma bomba operada pelo uso de ar comprimido em um reservatório de graxa.

Sistemas de lubrificação centralizada: é o método mais sofisticado de aplicação de graxa lubrificante, sendo instalados em equipamentos industriais que possuem um grande número de pontos de lubrificação e com acessos restritos (equipamentos de processo contínuo).

Nota

São todos itens comerciais, portanto você pode pesquisá-los e encontrá-los em catálogos de fabricantes ou pela própria Internet. Se você já atua em alguma empresa, identifique ao longo das linhas de fabricação os diversos tipos de lubrificação adaptados aos equipamentos.

Para finalizar, acredito ser importante comentar sobre os cuidados com o manuseio e armazenamento dos lubrificantes industriais, bem como serem utilizados por profissionais qualificados e treinados em segurança e, principalmente, nos cuidados para não afetar o meio ambiente.

2.6.4 A Lubrificação Industrial

A lubrificação industrial é uma atividade de características preventivas, isto é, não podemos ter um sistema em que o maquinário opere sujeito a falha ou quebra relacionados a falta de lubrificação. É inadmissível que uma empresa metal-mecânica, por exemplo, não tenha um plano de lubrificação rudimentar para que esta condição seja, no mínimo, monitorada.

Caso você se depare com uma situação crítica, sem uma sistemática de lubrificação, será necessário um estudo que inicia de forma muito similar aos de implementação de manutenção preventiva, tais como ler manuais de fabricantes, entrevistar os mantenedores e operadores etc. (como será visto mais adiante no **Capítulo III, no item 3.1, Manutenção Corretiva**.) Sendo assim, inclua, além das tarefas de revisão de componentes mecânicos e eletro-eletrônicos, as tarefas de lubrificação. Por outro lado, se sua empresa fizer a opção por uma gestão mais abrangente, alguns aspectos devem ser observados, como veremos a seguir.

2.6.4.1 Análise da Situação Atual

Partindo do princípio de que exista a lubrificação, embora precária, o engenheiro de manutenção precisa executar uma análise crítica da situação atual, que nada mais é do que levantar os dados existentes, como registros das ações de lubrificação, responsáveis, locais de armazenamento etc. Sente com sua chefia e discuta um plano de ação, incluindo esta análise inicial e projetando o novo sistema de lubrificação com, no mínimo, uma equipe de lubrificadores (profissionais especializados na atividade), uma área de trabalho, ferramentas adequadas e, se possível, um software para facilitar o monitoramento das frequências. Sendo um estágio inicial, é melhor discutir sobre todas as variáveis possíveis. Se necessário, inclua mecânicos especializados, encarregados das áreas de apoio e outros profissionais que julgar interessante.

Passada esta fase de coletas de informações, defina suas primeiras ações, que podem ser:

- Finalizar a análise da situação atual, gerando um relatório completo, incluindo, se possível, os custos operacionais;
- Montar uma reunião de apresentação da situação atual – provocar *brainstorming* entre os convidados para que sejam geradas propostas para nova sistemática;
- Elaborar um plano de ação preliminar;
- Apresentar à gerência e solicitar a aprovação;
- Iniciar as suas ações, reunindo-se semanalmente com sua gerência para avaliar o andamento. Procure seguir as datas de conclusão e tome ações corretivas caso as datas sejam prorrogadas em demasia.

2.6.4.2 Apresentação da Situação Proposta

À medida que evolui o seu trabalho de análise, você estará apto a concluir sua proposta final de um sistema de lubrificação. Ainda nesta fase, entre em contato com empresas com uma gestão fortalecida de lubrificação; registre todas as informações, sempre comparando como seria em sua empresa. Neste ponto, gostaria de esclarecer sobre as diversas culturas diferentes existentes entre as empresas. Portanto, se deu certo lá, isso não lhe garantirá sucesso na sua empresa. Seja criterioso e use o bom senso, lembrando que as pessoas são diferentes, tanto quanto o maquinário (embora seja similar). Nesta fase, possivelmente está sendo incluída a aquisição dos materiais, como bancadas, ferramentas para os serviços de lubrificação e a própria área de trabalho, sendo itens importantes para dar início às atividades básicas.

Atividades básicas de lubrificação, numa indústria, se constituem em lubrificar com óleo ou graxa. Outra tarefa importante é a troca dos óleos de lubrificação de unidades hidráulicas. Você deve ter percebido que não vou entrar em detalhamentos dos serviços de lubrificação, pois são inúmeros e complexos. Seria necessário um livro para abordar este assunto. Existem literaturas especificas sobre o assunto e acredito que você estará bem informado sobre sua importância. Retornando ao assunto "Proposta", é importante, antes da apresentação, levar com você todas as informações coletadas (não esquecer os investimentos necessários!) para que seu projeto seja aprovado.

Nestas visitas, você deverá observar dois Sistemas de Gestão:

1) Gestão por meio de funcionários da empresa.
2) Gestão por meio de Empresa subcontratada (terceirização de serviços).

Aqui cabe ressaltar: a resposta final virá de níveis superiores ao seu, possivelmente da alta administração ou diretoria. Trata-se de uma decisão denominada estratégica, assim como a decisão de ter uma empresa que forneça alimentação para o refeitório (seria politicamente correto denominá-lo de restaurante), só para citar um exemplo. Nesta apresentação final, você poderá levar informações como vantagens e desvantagens, custos contratuais etc. Isso será relevante para que sua gerência possa realizar uma análise de forma expressiva e levar adiante sua ideia de subcontratação.

Nas empresas que atuei, não identifiquei problemas com relação às empresas terceirizadas, pois geralmente estão em parceria com fornecedores de lubrificantes tendo por si a competência certificada por estas. Acredito, portanto, ser uma decisão apenas sobre querer ou não aumentar o quadro de funcionários da manutenção. Em minha opinião, acredito que a subcontratação traz bem mais benefícios, pois, além das atividades inerentes à lubrificação, acrescem relatórios de consumos (obtidos por meio de softwares específicos para gestão em Lubrificação), gastos por equipamento ou ainda outros, conforme as exigências contratuais.

A análise de óleo, cuja finalidade é identificar os contaminantes existentes e resíduos de metais no óleo, pode ser incluída no contrato. Algumas literaturas consideram esta análise uma manutenção preditiva, sendo aplicada em indústrias juntamente com as outras atividades preditivas, como termografia e análise de vibração. Como podemos observar, a gestão da lubrificação é bem mais ampla do que simplesmente engraxar rolamentos.

Bem, acreditamos que você esteja com sua proposta finalizada ou, se preferir, o escopo do projeto. Sendo assim, siga o próximo passo, que é apresentá-lo formalmente à gerência e aos demais convidados.

2.6.4.3 Implementação da Proposta: o Novo Sistema de Gestão de Lubrificação

Creio ser esta a fase mais delicada do processo, pois dizem por aí: "No papel, tudo dá certo"! Quando colocamos em prática, entram em ação outros fatores não previstos. Agora um novo Plano de Ação se faz necessário para a fase de Implementação.

Siga em frente e boa sorte!

2.7 A Evolução da Engenharia no Século XXI

Os novos comandos eletrônicos são decisivos para uma melhor eficiência e rendimento de manufatura e boa funcionalidade dos ativos numa indústria. Vamos rever um pouco da evolução industrial para que possamos entender a importância destes componentes.

No passado, um sistema elétrico era apenas um chaveamento "liga/desliga", desenvolvido no início da Revolução Industrial. Os trabalhadores e sua habilidade eram vitais para que uma indústria produzisse com a precisão e qualidade requeridas. Cada país, através de pesquisadores, buscava se desenvolver tecnicamente para não depender tanto das habilidades manuais. A meta era obter maior rapidez e precisão. Pouco antes da década de 60, surgiram os primeiros componentes eletrônicos (como o chip) com um foco principal: a corrida espacial que se iniciava. A indústria aeronáutica e os primeiros vôos ao espaço foram fundamentais para alavancar de vez esta nova fase, estendendo-se mais adiante para a indústria de manufatura. O homem foi à Lua, e a humanidade se deu conta do avanço tecnológico que foi alcançado. Era o início dos anos 70. A abertura entre os países, como EUA e a então Rússia, permitiu que grande parte desta nova ciência pudesse migrar para o nosso convívio, como, por exemplo, o uso de novos materiais, alimentação balanceada e outros itens usados pelos astronautas durante os vôos ao espaço.

No início dos anos 80, começam a surgir os primeiros computadores pessoais, seguidos dos jogos eletrônicos (quem não se lembra do ATARI?). O segmento industrial, a partir deste período, inicia um período de modernização. Primeiramente, foram as áreas administrativas utilizando softwares primários para registro e controle de seus serviços. A escrita nos escritórios e as máquinas de datilografia começam a sair de cena. Em seguida, os fabricantes de maquinários implantam em seus produtos os primeiros comandos, que lhes permitiam executar operações sem a ação humana. Nos anos 90, surgiu a Internet, e a eletrônica no Brasil dispara de vez ao avanço tecnológico. Nesta mesma época, abrem-se as portas para o mercado externo. Os produtos com alta tecnologia fazem parte do nosso dia a dia. As fábricas, bem como os automóveis, começam a se modernizar de forma ampla. A mecatrônica nasce para o mercado, técnicos e engenheiros tradicionais já não suficientes, é preciso saber linguagens específicas de programação e conhecimento de novos materiais. O Brasil entra em uma nova era tecnologia.

Vivemos num mundo globalizado, menos bloqueado aos conhecimentos.

Temos acesso às informações de países tradicionalmente desenvolvidos, como os EUA, Alemanha, França e Itália, os quais ainda permanecem como principais fornecedores de máquinas e equipamentos, cuja qualidade e robustez são indiscutíveis, principalmente no seguimento automotivo. Também entram neste grupo os países como o Japão, onde podemos acrescentar a sua fantástica evolução na robótica. A cada evento tecnológico apresentado em mídias, vemos robôs como se estivéssemos num filme de ficção. A linha automotiva da Coreia do Sul, nos surpreende e apresenta tecnologia de ponta. Nos últimos anos, a China pavimentando o seu caminho para se tornar a maior potência mundial e tem chamado a atenção de muitos analistas, pois estão em um status de domínio econômico. Na América Latina, ainda poucos países se destacam, mas possuem projetos mundialmente reconhecidos e em breve terão conhecimentos suficientes para se tornarem independentes de ajuda externa. O Brasil ainda é considerado um país em desenvolvimento, mas há tecnologias em destaque, por exemplo, no setor agropecuário, o qual tem auxiliado muito o homem do campo.

Outro aspecto que devemos ficar atentos, diz respeito a um estudo do "Fórum Econômico Mundial", o qual informa sobre a evolução da Inteligência Artificial (IA) e que inevitavelmente eliminará diversos postos de trabalho. Ao longo dos anos, observamos a redução significativa dos funcionários em agências bancárias e de operadores de máquina em indústria, só para citar alguns dos muitos exemplos. Lembram-se dos atendentes na entrada dos estacionamentos? Foram substituídos por um sistema automático de fornecimento de ticket. Outra projeção, do Banco Mundial, prevê a eliminação de profissões em países em desenvolvimento, algumas bem tradicionais nos dias atuais: mecânico, operador, pintor, desenhista, entre outras, voltadas para outros seguimentos. A profissão de engenheiro, arquitetos e designers, por exemplo, ainda possuem a chance bem menor de extinção. A evolução tecnológica irá substituir todas as funções repetitivas e cuja qualificação inferior acaba por aumentar os custos de produção. Então, preparem-se para a chamada "Quarta Revolução Industrial" que se acelera a partir da comunicação instantânea por meio de aplicativos em smartphones que a cada modelo lançado no mercado, nos traz tecnologia e facilidades para nossas tarefas profissionais e particulares.

Com este breve resumo, quis demonstrar que o mundo evoluiu muito nestas três últimas décadas. O novo Engenheiro de Manutenção do século XXI precisa estar em sintonia com este desenvolvimento. Então, como já citado, a língua inglesa ainda é a forma de comunicação e entendimento nesta nova era, seguida de conhecimentos básicos em **CLP** e **CN**[9]. Evidentemente ele não precisará ser um *expert*, mas deverá saber lidar com técnicos e fabricantes de forma a organizar

9 Siglas para Comando Numérico e Comando Lógico Programável. Ambos são sistemas eletrônicos complexos que habilitam os equipamentos a realizar operações automáticas. Permite aos usuários programá-los e ter acesso às informações on line e visualmente em telas similares aos monitores. A diferença entre eles é que os CNs possuem mais recursos de comandos, sendo aplicáveis a equipamentos com operações mais complexas e precisas.

ambas as ideias e prover sistemas preventivos ou corretivos capazes de evitar a deteriorização precoce destes equipamentos especiais. Em síntese, grande parte de sua capacitação se dará de duas formas: pela receptividade ao conhecimento recebido em treinamento e pela vivência nos ambientes onde ele atuará, seja na área de manutenção dos ativos ou das utilidades industriais, comerciais, hospitalares etc.

Novamente, indico como fundamental a participação ativa ao lado dos mantenedores, acompanhando consertos ou mesmo auxiliando-os administrativamente (procurando itens em catálogos, telefonando para alguma empresa ou até mesmo fazendo traduções de documentação técnica). Isto o tornará, sem dúvida, um engenheiro cada vez mais qualificado. Toda a troca de informação é útil para que a formação acadêmica se fortaleça. A "vivência prática" é uma fonte interminável de conhecimento.

A constante busca pelas ditas "Melhores Práticas" para gerenciamento do parque industrial deve ser contínua. Além das normas aplicáveis, cada organização implementa procedimentos que irão definir tarefas e responsabilidades de cada colaborador. É amplamente divulgado por especialistas do seguimento de manutenção: *"a manutenção de ativos é fundamental para manter o bom funcionamento das máquinas, ferramentas, equipamentos e utilidades, bem como conservação de instalações e de toda a infraestrutura"*. Lembrando que o investimento inicial é alto, mas tende a reduzir à medida em que ocorre o aumento gradual dos indicadores, redução da manutenção de emergência ou corretiva, na qual é sabido que não há tempo hábil para avaliar os custos. Os gastos em conserto emergencial são expressivos, em razão da inviabilidade de uma melhor avaliação – compram-se sobressalentes de qualquer jeito, serviços em regime de horas-extras etc.

Em razão da alta tecnologia do maquinário de produção, não são poucos os gastos em peças e contratação e/ou qualificação da mão de obra. Quando não há uma gestão de forma adequada, é inevitável o aumento de custos departamentais que acabam refletindo no preço final do produto. Portanto, há necessidade de um controle financeiro. Caso a organização invista muito dinheiro para aumentar os indicadores de desempenho, algo está errado e precisa ser corrigido o mais rápido possível.

O investimento em tecnologia requer disciplina e conhecimento. Explico: as novidades, indicadas na sequência, necessitam de análise crítica, sendo uma delas, avaliar a real necessidade para a organização. Seguir as novas tendências do mercado é positivo, mas sem avaliar os impactos desta aquisição pode ser um erro estratégico. A organização precisa estar preparada para utilizá-la, providenciando treinamentos adequados e conscientização de todos os envolvidos. Novidades, em geral, não são bem aceitas pelos colaboradores mais conservadores e isso, pode colocar em risco o sucesso da novidade. Essas são as minhas recomendações.

Uma série de mudanças fundamentais para a indústria de ativos chega a todo instante e irão moldar o futuro empresarial, tornando-os mais rentáveis. Utilizar e se beneficiar da modernidade que avança a passos largos, nos encanta diariamente. Todas essas transformações tecnológicas têm um impacto direto e a alta administração precisa estar preparada para os desafios futuros e, principalmente, para transformá-los em vantagens competitivas.

2.7.1 As Redes Inteligentes (*Smart Grids*)

Em tradução livre para português, *Smart Grids* significa "Redes Inteligentes". Tem aplicação direta nos sistemas de distribuição da eletricidade. A aplicação gera melhoria operacional e otimização de toda cadeia produtiva de energia elétrica, tornando-a mais confiável e sustentável. A tendência é que a aplicação desta tecnologia seja ampliada, pois cresce igualmente a necessidade de uma infraestrutura de "energia inteligente" nas modernas organizações que optam por melhor aproveitamento da eletricidade e confiabilidade. A continuidade do negócio, principalmente para as empresas que operam 24 horas em todos os dias da semana, é sem dúvida um diferencial competitivo.

The Smart Grid – a rede elétrica inteligente possibilita a transmissão e distribuição com robustez e confiabilidade, sendo fundamental para o desenvolvimento sustentável das megacidades. Esta tecnologia, com base na comunicação interativa atuante em todas as etapas, vem de encontro a esta necessidade, sendo um item imprescindível para um desenvolvimento seguro e econômico.

O ano de 2001 ficou marcado na memória do brasileiro pelos Blackouts, consequência de uma seca prolongada, fazendo as usinas hidrelétricas produzir menos que o suficiente de energia derivada das suas fontes renováveis de energia, além de demonstrar certas fragilidades no sistema de distribuição. Houve a necessidade da utilização das Usinas Térmicas a carvão e por serem poluentes, ocasionou impactos ambientais em todo o país, o consumo de energia elétrica precisou ser reduzido em 20%, dentro de um período muito curto. Os fabricantes de grupos geradores aumentaram sua produção a níveis nunca vistos, pois os empresários temiam ficar com seus negócios inoperantes.

As soluções, por meio das "*smart grids*", tendem a eliminar transtornos aos clientes de concessionárias, evitando a interrupção de seu fluxo operacional. Todos os setores da sociedade são afetados. Indústrias, comércio, os seguimentos de serviços, tais como, os hospitais, hotéis, edificações residenciais e comerciais, aeroportos, entre tantos outros.

O sistema *smart grid* funciona por meio de conexões com as unidades descentralizadas de geração, permitindo um controle eficaz na geração de energia. Evitam a "sobrecarga de rede", pois o princípio de funcionamento tem como premissa, fornecer a quantidade de eletricidade (consumo e demanda) em acordo com a necessidade contratada pelo usuário. Outro componente existente nas "redes inteligentes" é o medidor diferenciado o qual além das tradicionais funções, auxilia na coordenação (geração e consumo) de modo mais eficiente, tendo em vista a questão atual e preocupação para a humanidade que são as tratativas sobre "Energias Renováveis".

No mês de junho de 2012, a Siemens adquiriu uma empresa de soluções de "medição inteligente" no Brasil e trabalha junto com CEPEL (Centro de Pesquisas de Energia Elétrica) para desenvolver as soluções de alta tecnologia *Smart Grid.* Juntas irão ajudar o país a atender às suas necessidades crescentes de energia de modo eficiente e confiável ao longo dos próximos anos.

Mais Informações em:

http://www.siemens.com.br/desenvolvimento-sustentado-em-megacidades/smart-grid

2.7.2 A Tecnologia *Wearables*

Essa tecnologia tem como principal característica, a de manter uma constante conectividade entre diferentes tipos de objetos comuns no cotidiano, como óculos e relógios, sendo o caso da ***iWatch,*** o relógio inteligente que já se firmou no mercado. Em tradução livre para o português "Tecnologias Vestíveis", termo baseado em outra descrição, a "Computação Vestível", surgiu na distante década de 80, no meio acadêmico. Contudo, veio a ganhar notoriedade mundial em 2012, com o advento do "Google Glass" ("Óculos Inteligentes" que foi criado pelo Google e causou foco em cima da tendência ***Wearable Computing***, como também popularizou o conceito de ***Smart Glass*** ou "óculos inteligentes"), levando outros gigantes de tecnologia atentarem para esse mercado: "Óculos de Realidade Aumentada", "Relógios Inteligentes", pulseiras com sensores para medir atividade física, entre outros produtos, são algumas das tecnologias crescentes no mundo.

O mercado de aplicativos para essas plataformas é ainda mais promissor e já conta com conceitos e aplicações reais que podem transformar completamente áreas como: indústria, saúde, logística, construção civil, varejo, marketing e muitas outras. No Brasil, porém, esse mercado tão potencial ainda emerge de forma lenta e embrionária – isso pode mudar se houver forte aplicação, a partir dos benefícios obtidos.

A indústria pode se beneficiar em todas as etapas do seu processo produtivo – nos setores de montagem, movimentação e expedição, uma vez que o operador permanece com as mãos livres. O usuário do *Wearables* continua executando sua atividade laboral normalmente, enquanto executa, consulta informações, na web por exemplo, através de um simples comando de voz. Outra facilidade é a consulta (na tela dos óculos) do procedimento operacional. Essa aplicação se estende ao time de manutenção em suas atividades de conserto e/ou revisão de máquinas e equipamentos. O técnico pode, inclusive, realizar vídeo conferência remota com um especialista para tirar dúvidas sobre seu trabalho em tempo real. Tais funcionalidades podem gerar consideráveis ganhos de eficiência e redução de custos para as empresas, evitando viagens e deslocamentos desnecessários e acelerando em muito o treinamento e qualificação.

Muitas empresas ao redor do mundo já estão se beneficiando das "Tecnologias Vestíveis", com ganhos de performances consideráveis e melhorias em seus processos.

No Brasil, impacta diretamente no custo operacional e, portanto, há certa resistência em investir nesta inovação de ponta como os *Wearables*. O crédito se deve ao momento econômico brasileiro, certo receio sobre se é ou não, apenas uma tecnologia de momento. Na minha opinião, a implementação de "projetos pilotos" para avaliar a viabilidade e retorno, pode definir se a organização segue adiante. Não podemos negar que em longo prazo pode reduzir custos operacionais em razão das facilidades de comunicação e informação. As empresas, como a VISA (empresa especialista em tecnologia de pagamento por meio de cartões), já estão se adaptando à tendência. Na manutenção de ativos, as informações sobre alguma máquina podem ser transmitidas para o aparelho do gestor que não está no local no momento, reforçando ainda mais o impacto da mobilidade no setor.

Mais informações em: http://mediaglass.com.br

2.7.3 A Realidade Aumentada

Essa tendência, denominada também pela sigla "RA", permite que objetos reais interajam com as máquinas, e as máquinas com os seres humanos. A realidade aumentada mistura o mundo virtual com o mundo real possibilitando novas dimensões na maneira de execução das tarefas, ou seja, torna a aprendizagem muito mais simples. Em aplicações na gestão de ativos é possível utilizá-la para fazer o mapeamento dos problemas em algum equipamento, por exemplo, através de imagens transmitidas por uma câmera infravermelha a qual sabemos que não a vemos sem uso de equipamentos termográficos.

Ainda estamos longe de acontecimentos como os ilustrados em filmes como Matrix e Exterminador do Futuro – se realmente for possível algum dia. No momento, as máquinas estão ganhando mais "personalidade", mas isso só significa que elas estão cada vez mais cordiais e responsivas às ações humanas.

Em resumo, a "RA" é uma tecnologia que permite que o mundo virtual seja misturado ao real, possibilitando maior interação e abrindo uma nova dimensão na maneira como nós executamos as tarefas, ou mesmo as que nós incumbimos às máquinas.

Sua origem foi a partir dos códigos de barras, que não estavam mais cumprindo com perfeição a tarefa de carregar todas as informações que se queria obter através de sua leitura. Por isso, foram criados os códigos 2D (duas dimensões), ou "QR Code", nos quais permitem o armazenamento de muito mais informação do que os códigos de barras.

Imagem ilustrativa, exemplificando um "QR Code"
Fonte: https://www.tecmundo.com.br/

Os códigos bidimensionais são justamente os responsáveis pela possibilidade de projetar objetos virtuais em uma filmagem do mundo real, melhorando as informações exibidas, expandindo as fronteiras da interatividade e até possibilitando que novas tecnologias sejam utilizadas, bem como as atuais se tornem mais precisas. A Realidade Aumentada é utilizada combinando um código de duas dimensões, com um determinado software.

A Realidade aumentada é uma tecnologia que permite a projeção de figuras, objetos e cenários virtuais no mundo real. Assim, torna-se possível a coexistência do real e digital, gerando integração nossa com aquilo que está fora do alcance físico.

A Realidade Aumentada depende do uso de um software específico que recria virtualmente objetos com algum código de referência (QR Code) que permita sua identificação. Além disso, demanda o uso de uma câmera (que pode ser a de um celular) e de um dispositivo de saída, como o monitor de uma TV ou de um computador, e a tela de um mobile, como *smartphones e tablets*.

O processo de produção da RA é simples: o objeto referenciado é posicionado em frente à câmera, que o enxerga e manda suas imagens em tempo real para o software, que recria o objeto virtualmente. E então o objeto virtual criado é exibido pelo dispositivo de saída em sobreposição ao objeto real.

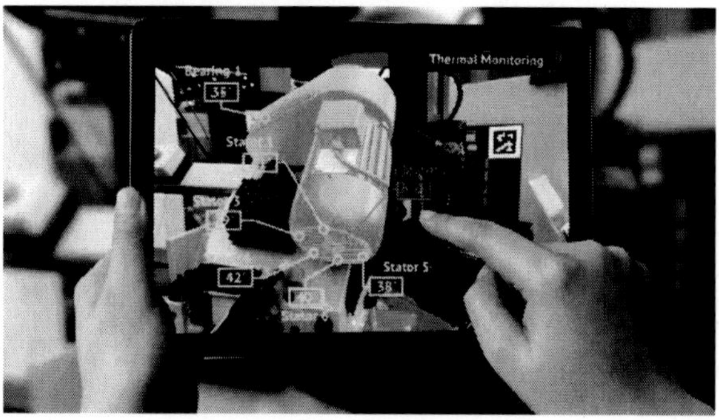

Exemplo de aplicação da Realidade Aumentada: Análise de um motor elétrico.
Fonte: https://tca.pt/iot/realidade-aumentada-no-mundo-industrial/

Entre os benefícios, podemos destacar:

a. Suporte visual específico – instalação e manutenção.

b. Economia de tempo.

c. Retenção de custos – redução de despesas de formação e documentação em papel.

d. Melhoria de qualidade – controlando visualmente todos os processos.

e. Disponibilidade online de peritos e especialistas

2.7.4 Gestão de Manutenção através de Aplicativos

Em minhas pesquisas em busca de novidades para gerir a manutenção de ativos me deparei com esse aplicativo, o "SIGMA Android". Quando na 1ª edição deste livro, em 2008, ainda estávamos caminhando a passos largos para uma dependência dos celulares, mais precisamente os smartphones. Este aplicativo vem de encontro a esta modernidade presente e para os próximos anos da humanidade. A Rede Industrial passa a oferecer a seus clientes, aplicativos SIGMA – Sistema Gerencial de Manutenção, desenvolvidos em JAVA para uso em Tablet e Smartphone, no sistema operacional mais popular do mundo para estes aparelhos: é 100% integrado com o "SIGMA Desktop". Permite alta mobilidade para engenheiros e técnicos de campo em suas atividades. O usuário tem um sistema útil para o gerenciamento da manutenção: Solicitação de Serviço, Consultas a dados armazenados, *QR Code response*, Cadastro de sobressalentes e Solicitação, Cadastros gerais, Indicadores (MTBF, etc.), dentre outras funcionalidades.

Mais Informações em: http://www.sigmaandroid.com.br/

2.7.5 As Máquinas Intuitivas

A tecnologia, denominada por "máquina intuitiva", possui sensores, os quais possibilitam a certos dispositivos alertar sobre falhas de ativos, até mesmo dados de infraestrutura fabril.

As máquinas automatizadas estão cada vez mais presentes e em maior número nas indústrias, e por isso, a tendência é aumentar sua capacidade de processar todos os dados referentes ao processo operacional. Nesta tecnologia, a manutenção do ativo está baseada em aplicações automatizadas, nas quais estão contidas as informações referentes aos serviços que estão sendo monitorados. Um *software* precisa estar em consenso com as transformações tecnológicas, sendo capazes de promover serviços inteligentes. O crescimento contínuo do avanço tecnológico mundial é a razão pela qual surgem, a cada dia, novidades que irão facilitar a manutenção de ativos. O ser humano está rodeado de tecnologia em sua vida pessoal, nos ambientes empresariais eles não são só necessários, são úteis, e cada vez mais acessíveis e de fácil utilização. Aos que já passaram dos 50 anos de idade, a recomendação é que não tenham receio das mudanças e da adaptação aos equipamentos automatizados e tecnologia inserida no contexto. Se manter moderno e atual é imprescindível para continuar a ser útil para a companhia em que atua.

O equipamento *MODULA* possui uma interface *touchscreen* com o usuário (operador) de fácil interação, pois o console permite esta facilidade – têm um display colorido e ícones intuitivos, assim, permitindo uma fase de aprendizagem bem mais rápida. Possui a ergonomia adequada junto à baía, onde as mercadorias são retiradas e abastecidas. A posição também impede quebras acidentais da barreira de luz e interferência com os componentes e bens, algo que aconteceria se ela fosse colocada em outras partes da máquina.

O equipamento MODULA LIFT. Possui altura de 14m e capacidade de armazenamento de até 70 T.
https://www.modula-brasil.com

Uma das principais características funcionais, é que os operadores não precisam se deslocar para obter as peças, durante a operação de montagem. Elas permanecem na parte anterior do *MODULA*. Num ambiente fabril de alta produção, essa tecnologia permite que o processo seja muito mais rápido e preciso, e as peças estarão em um espaço identificado, corretamente apresentadas e iluminadas para a retirada e principalmente em um lugar seguro, através de "barreira de segurança física" (cortinas de luz que fazem com que a estação de trabalho seja 100 % segura). Outro aspecto sobre segurança se refere à rastreabilidade – tem acessos por meio de senha/identificação individual (crachá), permitindo total monitoramento. Esta particularidade evita erros operacionais e acessos indevidos por terceiros.

É sem dúvida, um equipamento altamente moderno e, em acordo com a necessidade facilitar e aumentar a produtividade fabril. Portanto, a engenharia de manutenção tem pela frente um árduo trabalho para montar um plano de manutenção adequado, cuidando para que os técnicos sejam treinados e qualificados. Quanto mais tecnologia embargada, mais complexa se torna a gestão da manutenção. É o dilema permanente ter aos seus cuidados o "velho maquinário" e, em paralelo, equipamentos de alta tecnologia que avançam a passos largos.

2.7.6 Os Aplicativos de Voz

Esses aplicativos oferecem novas possibilidades para a comunicação, impactando positivamente na produtividade departamental. Uma solicitação de serviço (OS), por exemplo, pode ser feita por meio do um comando de voz. Outro detalhe, é que permite memorizar processos, descartando processos manuais. É o caso do *Connect Tracbel*, aplicativo inovador produzido pelo **Grupo Tracbel** – dispõe de diversas linhas de maquinário para atender o mercado de equipamentos para construção, mineração, agrícola e florestais. Foi desenvolvido para os clientes, quando estes necessitarem de Assistência Técnica durante o trabalho em ambiente externo.

O aplicativo é obtido a partir de um download, mediante solicitação e autorização para uso. O *Connect Tracbel* está disponível nas versões Android e iOS – acessando o Apple Store e/ou Google Play. O aplicativo também permite que o cliente possa anexar uma foto do equipamento, do painel ou de qualquer peça da máquina que possa estar danificada, detalhando ainda mais o problema ocorrido. Outro destaque é que o cliente também poderá permitir a geolocalização exata da máquina, o que agiliza o atendimento, caso seja necessário deslocar um consultor técnico.

Alguns dos itens disponíveis neste aplicativo são:

1. Solicitações de Serviços, contendo informações e inclusive fotos.
2. Mantém histórico dos serviços, mantendo a segurança dos dados e usuário.
3. Filtros eficientes ajudam a encontrar a informação a qualquer momento.

Mais informações em: http://www.tracbel.com.br/

2.7.7 A Impressão 3D

A impressão 3D é uma tecnologia inovadora que permite criar um objeto físico, a partir de um modelo digital. Foi desenvolvida na década de 80 sob o nome de "prototipagem rápida", pois este era o objetivo: protótipos mais rápidos e de baixo custo. Desde então, houve evolução, na qual as impressoras 3D oferecem possibilidades surpreendentes.

Existem diferentes tipos de "Impressão 3D", sendo cada tecnologia focada em algumas aplicações específicas, os principais tipos são:

1. Por Extrusão (sigla: FDM) – É o método mais comum de impressão. O processo utiliza equipamentos denominados por Extrusoras, na qual o ferramental libera camadas subsequentes de materiais plásticos, em temperatura específica, tais como: ABS, PLA e PETG. O nível de detalhamento da peça é uma das limitações. Contudo, é de baixo custo e é excelente para desenvolvimento de protótipos funcionais e peças robustas.

2. Por Estereolitografia (sigla: SLA) – Neste processo, a impressora utiliza "laser de alta precisão" para endurecer uma resina, a qual é sensível à luz. Em geral, as peças impressas necessitam de operações de acabamento, numa fase posterior.

3. Impressão Direta por Luz (sigla: DLP) – Processo similar à Estereolitografia. Neste, o laser não é utilizado fonte de luz para enrijecer o material.

4. Síntese a laser – Neste método, a impressão ocorre numa câmera vedada, onde o material (na forma de pó) é enrijecido a laser. Essa necessidade de vedação é a grande limitação, pois já a temperatura alta e constante precisa ser mantida, internamente, durante todo o processo para garantir as especificações da peça.

5. Impressoras SLS – Utilizam lasers poderosos para fabricar peças em materiais bem variados, tais como vidro, cerâmica, nylon e até mesmo em alguns metais, como alumínio. Sua limitação está no alto custo operacional (laser de alta potência que incrementa o consumo de energia elétrica) e de manutenção.

Há outros tipos de tecnologia de "Impressão 3D" em fase de desenvolvimento, um deles é de tecido humano, a qual se encontra numa fase bem experimental, mas deve se tornar uma realidade em breve.

6. As expectativas em relação à Impressão 3D.

6.1 Impressão 3D em metal:

Não é bem uma novidade, mas ainda não podemos dizer que é uma tecnologia acessível. Uma das causas é a complexidade deste processo e alto custo destas impressoras capazes de trabalhar com a fundição do metal. A tendência é que esses modelos sejam mais acessíveis, já a partir do ano de 2022. Além disso, com aplicações cada vez mais necessárias nos ambientes industriais, a própria demanda do mercado fará com que o desenvolvimento das máquinas e materiais acelere. Os processos de fabricação que utilizam conformação de metais (estamparia, usinagem etc.) são usuais, mas requerem a tecnologia disponível a partir de máquinas operatrizes e mão de obra qualificada. Há a opção de processos automatizados, mas os de aquisição e manutenção ainda são altos, ficando fora do alcance de organizações de pequeno porte. O certo é que a impressão 3D em metais deverá ser um grande passo em direção a uma nova revolução industrial neste novo século.

6.2 Impressão 3D Subaquática:

Uma das tendências, bem interessante e até inovador, é a Impressão Subaquática. Será de grande auxílio para os profissionais que atuam em alto mar. A companhia Kongsberg Ferrotech (presta serviços robóticos revolucionários para Inspeção, Reparo e Manutenção (IRM) de instalações submarinas no setor energético e marítimo. Em certas situações utiliza robôs, operados remotamente os quais realizam operações de IRM em uma única operação) depois de cinco anos de estudo e desenvolvimento, pretende utilizar a impressão "3D subaquática" para reparar dutos de instalações no fundo do mar.

6.3 Impressão 3D aplicada na construção civil – Infraestrutura predial:

A construção civil é outro segmento a usufruir desta tecnologia. Em Austin, no estado do Texas, EUA, um projeto que tem data para iniciar as operações a partir de 2022, é o de construir um bairro com casas impressas. Em sites e mídias especializadas, temos acesso a notícias sobre residências, pontes e estruturas (vigas) sendo construídas a partir da tecnologia. Trazendo esta modernidade para nossa realidade, demandaria profissionais com qualificação e capacitados em projetar a partir desta tecnologia. Reformas, manutenção predial, na sequência, terão um novo formato de trabalho.

Conclusão:

A utilização da Impressão 3D cresce "a passos largos". Um exemplo se refere a sua aplicação na produção de Resina, em razão da larga utilização deste material em vários segmentos além do industrial, cito como exemplo, o mercado da odontologia. A partir de 2022 veremos um grande desenvolvimento não só nas impressoras de resina, mas também nos próprios insumos, com materiais específicos para mais aplicações. Esta evolução ocorre igualmente nas Impressoras 3D, sendo o caso da Impressora "Ender 3" (fabricada pela companhia chinesa Creality, www.creality.com). O novo modelo "Ender 3S1" apresenta novidades no setup mais rápido, nivelamento automático, tensores de correia otimizados etc.

No Brasil, a USP faz cirurgias com o auxílio dos impressos 3D. Em 2021, o procedimento foi a Mandibulectomia – cirurgia de alta complexidade que envolve "a remoção total ou parcial do osso do queixo" e, além disso, a substituição da estrutura original por um conjunto de próteses produzidas a partir de impressão 3D.

Engenheiros da "Universidade Politécnica de Valência", na Espanha, desenvolveram vigas de plástico com impressão 3D, mais resistentes do que as de aço e concreto. Além da resistência elevada, a criação também apresenta maior versatilidade. Isso porque as vigas são fabricadas em pequenos blocos fáceis de transportar e que são montados no local — lembrando um pouco blocos de Lego. Esse fator gera inúmeros benefícios técnicos, o principal deles é o peso: 80% menor do que vigas metálicas ou de concreto, dispensando a necessidade de guindastes e caminhões para o transporte e instalação. Isso, por si só, gera economia de tempo e dinheiro, tanto em material quanto em mão de obra.

Por fim, a aplicação na produção de tela OLED, totalmente flexível. Este desenvolvimento poderá resultar em telas de baixo custo, podendo ser amplamente produzidas em impressoras 3D por qualquer pessoa e em sua própria residência. A tecnologia OLED – LEDs orgânicos – é baseada na conversão de eletricidade em luz usando uma camada de material à base de carbono – por isso chamado orgânico – e que pode ser depositado como uma tinta. *"Os monitores OLED são geralmente produzidos em instalações de fabricação grandes, caras e ultra limpas,"* comparou Michael McAlpine, da Universidade de Minnesota, nos EUA. *"Queríamos ver se poderíamos basicamente condensar tudo isso e imprimir uma tela OLED em nossa impressora 3D de mesa."* (Fonte: Artigo: *3D-printed flexible organic light-emitting diode displays.* Autores: Ruitao Su, Sung Hyun Park, Xia Ouyang, Song Ih Ahn, Michael C. McAlpineRevista: Science Advances.Vol.: 8, Issue 1.)

Ainda há outras aplicações, algumas delas futuristas, tais como: motocicleta elétrica, partes impressas na fabricação de tênis e até no segmento Nuclear: Reatores Nucleares.

O caro leitor poderá obter mais informações e detalhes técnicos, acessando os sites:

https://3dlab.com.br/impressao-3d-em-2022/
https://www.tecmundo.com.br/impressora-3d/novidades
https://www.inovacaotecnologica.com.br/noticias/n

Algumas das Aplicações da Impressão 3D:

1. Desenvolvimento de Produtos Comerciais: Na produção de bens de consumo, para diversos setores da economia, por exemplo, joias, próteses, objetos decorativos e brinquedos. Muitos foram impressos diretamente sem a necessidade do maquinário industrial, quebrando paradigmas considerando os processos em industrial tradicional. Rapidez e baixo custo na geração de objetos de formatos simples e até os mais complexos.

2. Criação de Protótipos: Grande inovação em relação às atividades mais indústrias, quando o assunto é Impressão em 3D. Os protótipos são muito utilizados por engenheiros e projetistas na fase inicial de criação do produto final. A criação de protótipo, pelos processos tradicionais, leva mais tempo e o custo operacional é maior. As organizações de manufatura, de diversos seguimentos, convergiram para esse método. Outra grande vantagem, diz respeito ao fim do desperdício de matéria-prima. Há determinados protótipos, cuja fabricação, tem como objetivo de corrigir ou ajustar o desempenho do produto industrial. Erros funcionais ou de ergonomia, são mais facilmente corrigidos. Este ganho permite inclusive a validação de produto, facilitando às demais fases do processo de fabricação.

3. Impressão de Gabarito de Teste e/ou Montagem: Além das aplicações citadas anteriormente, isto é, produtos e protótipos, a indústria investe na Impressão 3D para fabricação de Gabaritos (dispositivo utilizado em máquinas e equipamentos, os quais servem para acomodar a peça durante o processo de fabricação). Este ganho se estende aos gabaritos aplicados para verificar se a

peça fabricada está ou não, dentro das especificações técnicas previstas pela engenharia de produto.

4. Fabricação de Pequenos Lotes: Nas indústrias que fabricam produtos, a partir dos mais diversos materiais plásticos, a planta conta com máquinas Injetoras, as quais por meio de ferramental denominado por molde, recebe o material a altas temperaturas para moldar peça. A Impressão 3D está sendo aplicada quando o lote de peças é reduzido. Isso implica numa considerável redução de custos produtivos, pois não se faz necessária fabricação de moldes para atender às necessidades pontuais da indústria, evitando recorrer a projetos e construção por parte da Ferramentaria, setor que sempre está muito serviço.

5. Carro Elétrico a partir de Impressão 3D: O LSEV (*Low-Speed Eletric Vehicle*, numa tradução livre seria algo "veículo elétrico de baixa velocidade") é um veículo obtido a partir de Impressão 3D e fabricado pela XEV Limited (X Electric Vehicle) empresa de Hong Kong, mas com sede na Itália. Já a companhia Polymaker é a empresa responsável pela máquina 3D. Este modelo leva cerca de 3 dias para ser fabricado. Incrivelmente, caro leitor, e todos os componentes visíveis, por exemplo, portas, painel, carcaças e para-choques são impressos (a exceção são os materiais em vidro, os pneus, motor, chassi e assentos). Este modelo pode chegar até 69 km/h e tem autonomia de bateria de 150 km. Para garantir o bem-estar do motorista e do passageiro, o carro é equipado com materiais seguros para dirigir na estrada ou em locais com variações drásticas de temperatura. Outra característica que reduz o impacto ambiental, é o fato do número de componentes em material plástico instalados no veículo terem sido reduzidos de 2 mil para apenas 57 itens. O peso do LSEV também é um diferencial – apenas 450 kg, se comparado aos carros elétricos semelhantes que estão atualmente no mercado. De acordo com a XEV, a previsão é que cada unidade do LSEV deva custar cerca de US$ 10 mil.

Veículo LSEV impresso em 3D (Foto: Divulgação/Polymaker)
Mais informações em: https://www.techtudo.com.br

Lembre:

"O conhecimento é uma riqueza que não se esgota. É um valor agregado que diferencia o indivíduo na sua trajetória profissional."

Ditado popular

Capítulo III
Técnicas de Manutenção

INTRODUÇÃO

As técnicas de manutenção fazem parte do processo de Gestão da Manutenção. Necessitamos conhecê-las bem para aplicá-las aos ativos de forma eficaz. Outro fator importante a ser observado é a capacitação dos mantenedores, pois, de acordo com a técnica, se faz necessário determinar o nível de qualificação exigida. Neste contexto, o Engenheiro de Manutenção é fundamental para a implantação com base em análise e definições. O objetivo é o aumento de confiabilidade e disponibilidade, mas sem deixar de lado o controle dos gastos departamentais. Portanto, use critérios rígidos de implantação.

Glossário

Manutenção: conjunto de ações que permitem restabelecer um bem para seu estado específico ou medidas para garantir um serviço determinado. (AFNOR NF 60-010); medidas necessárias para a conservação ou permanência de alguma coisa ou de uma situação; os cuidados técnicos indispensáveis ao funcionamento regular e permanente de motores e máquinas. (Aurélio, 1986); combinação de todas as ações técnicas e administrativas, incluindo as de supervisão, destinadas a manter ou recolocar um item em um estado no qual ele possa desempenhar uma função requerida. (NBR 5462/1994 (2.81))

Defeito: não atendimento de um requisito de uso pretendido ou de uma expectativa razoável, inclusive quanto à segurança. (ABNT NBR-ISO - 8402-1994)

Falha: término da capacidade de um item de realizar sua função específica. (NBR-5462-1994)

Pane: estado de um item caracterizado pela incapacidade durante a ação requerida, excluindo a incapacidade durante a manutenção preventiva ou outras ações planejadas, ou pela falta de recursos externos. (NBR-5462-1994)

Conceito geral: a FALHA é um evento e a PANE um estado.

Classificação dos ativos em relação a sua importância para a Organização:

1.Importância quanto à Manutenção:

Ativos Classe "A"

Ativos cuja parada interrompe o processo produtivo ou o negócio da empresa, podendo levar a perdas de produção ou faturamento. Nesta classe podem ser incluídos, além dos equipamentos críticos para operação, os denominados "Utilidades", tais como compressor, subestação, grupos geradores, bombas fornecimento de água etc.Incluímos também as instalações e infraestrutura da organização, se aplicáveis.

Ativos Classe "B"

Ativos cuja parada não interrompe o processo produtivo e não induz a perda de produção ou faturamento, pois quando necessita de reparo, o tempo deste serviço é reduzido e a frequência de ocorrência, ambos não tem influencia nas perdas da Organização. Em geral, ativo com back up (reserva).

Ativos Classe "C"

Ativos que não participam do processo produtivo. Isso significa que sua condição operacional, não tem influência na operação da Organização. Pode ser reparado sem preocupação de tempo.

2. Importância quanto ao Processo:

Ativos Classe "A"

Ativos vitais e únicos, isto é, sem back up e que participam diretamente do processo produtivo. Sua parada ocasiona perda de função, de produção ou de faturamento. Acrescentam-se a esta classe os ativos denominados, no ramo metal-mecânico, "máquinas gargalo" (equipamentos com baixa eficiência). Incluímos ainda, instalações e/ou infraestrutura, quando aplicáveis.

Ativos Classe "B"

Ativos vitais e únicos, como no subitem anterior, mas que possuem back up.

Ativos Classe "C"

Ativos não vitais ao processo produtivo, cuja parada não interrompe o processo produtivo, nem acarreta perda de faturamento ou interrupção do negócio.

Ativos Classe "D"

Ativos que não pertencem ao processo produtivo.

3. Importância quanto à Qualidade do Produto ou Serviço:

Ativos Classe "A"

Ativos cuja operação afeta diretamente a qualidade do produto. Como exemplos, cito as situações na indústria automobilística em que existem máquinas com características especiais a serem resguardadas para atender a determinadas especificações dimensionais, bem como, os equipamentos na indústria farmacêutica, alimentícia e que precisam de validação e seguem normas especificas e demais particularidades.

Ativos Classe "B"

Ativos cuja operação não afeta diretamente a qualidade do produto ou serviço

Nota: Todas essas classificações não consideraram aspectos da Segurança e/ou Meio Ambiente, bem como Responsabilidade Sócio-Ambiental. Portanto, ao utilizar a classificação descrita, se aplicável, considere estas duas importantes condições em sua avaliação.

3.1 A Manutenção Corretiva

"Manutenção corretiva: manutenção efetuada após a ocorrência de uma pane destinada a recolocar um item em condições de executar uma função requerida." (ABNT-NBR-5462-1994)

O termo "manutenção corretiva" é amplamente conhecido no ramo industrial e ainda é a forma mais comum para reparo de um equipamento com problema. Teve sua denominação conhecida lá pelo ano de 1914. Sua principal característica é que o conserto se inicia após a ocorrência da falha, dependendo da disponibilidade de mão de obra e material necessários para o conserto. Também se caracteriza pela falta de planejamento e custos necessários, bem como desprezo pelas perdas de produção. Alguns especialistas dividem a manutenção corretiva em emergencial e programada, isto é, a primeira é a que ocorre sem nenhuma previsão, já a segunda exige estudos estatísticos que comprovam a frequência de ocorrências ou ainda serviços corretivos programados com antecedência. Portanto, adotar a corretiva como modo de gestão não é uma atitude totalmente descartada. A manutenção preventiva por vezes é de alto custo. Assim, adotar a corretiva em ativos não é um absurdo.

Casos em que a manutenção corretiva pode ser aplicada:

1. Em ativos de baixo custo operacional:
   Ex.: furadeira de bancada, torno mecânico etc.

2. Em ativos que possuem backup (mais de um equipamento que executa a mesma operação).
   Ex.: células de fabricação com vários equipamentos com a mesma característica técnica.

3. Em ativos que possuem operação mais rápida que as posteriores.
4. Em ativos <u>não</u> considerados gargalos.
   Ex.: Em ativos que fazem parte de uma linha "<u>não crítica</u>" para o processo produtivo.

5. Em ativos de fácil manutenção (alto índice de mantenabilidade).
6. Em ativos cujos técnicos de manutenção são bem treinados para pronto reparo, após evidência de qualquer falha ou pane.

Como vemos, não é assustador aplicar a corretiva em determinados equipamentos ou utilidades que se enquadram em uma das situações anteriormente descritas. Por isso é uma situação perfeitamente aceitável numa empresa que não dispõe de recursos para adotar sistemas preventivos.

O Engenheiro de Manutenção precisa elaborar um sistema, estabelecendo para cada ativo da empresa uma criticidade em relação ao grau de importância para o negócio ou a organização.

A partir da análise crítica da classificação, vista anteriormente, a adoção da melhor técnica de manutenção passa a ser mais facilitada. Os ativos pertencentes a "Classe A", em ambas as situações de importância para a organização, obrigatoriamente devem estar no Plano Preventivo. Os demais serão monitorados e sua classificação avaliada a frequências predeterminadas. As instalações e/ou infraestrutura da organização passou recentemente a estar presente no contexto da Manutenção, bem como fortalecimento da condição de segurança e meio ambiente. Aqui vale ressaltar que a Manutenção deve observar as exigências das Normas: Qualidade, Técnicas, específicas do ramo automotivo e/ou especificações especiais de Clientes.

Um detalhe importante é quando se determina que o ativo não vá constar no plano preventivo, ele passa a ter sua condição mantida pela técnica de Manutenção Corretiva. Estes ativos tendem a ser monitorados pelos indicadores MTTR e o MTBF. Sendo assim, o Engenheiro de Manutenção pode monitorar o seu desempenho e avaliar a necessidade de algum deles fazer parte do sistema preventivo e/ou preditivo. Perceba como é flexível o monitoramento da condição.

A aplicação da corretiva exige algumas premissas para se ter bons resultados:

- Gestão das ordens de serviços, por meio de software específico de manutenção;
- Gestão sobre itens de controle, monitoramento e ações necessárias;
- Gestão de peças de reposição (itens sobressalentes);
- Qualificação da equipe e com treinamentos atualizados.

Portanto, uma boa estrutura de gestão pode dar as condições exigidas para que a manutenção corretiva possa ser aplicada com certa segurança. Geralmente, ao citarmos serviços corretivos, nos remetemos a pensar em correria e desorganização. Se os gestores montarem uma boa estrutura, podem executar serviços corretivos em ativos a partir de sua criticidade, apesar da evolução das outras técnicas de mantenimento. Sendo assim, minimizar os efeitos de uma falha não prevista se torna fundamental.

Toda essa análise não significa esquecer a preventiva e adotar a corretiva como boa prática. Defendo a ideia de que implementar um sistema preventivo, sem critérios bem definidos, elevam os custos e o resultados nem sempre são eficazes, como, por exemplo, equipamentos parados por excesso de preventiva. Outro detalhe é que muitas das máquinas operatrizes, com algum tempo em uso, possuem elementos de deslizamento (mesa) ou rotação (eixo) com ajustes por calços ou outro sistema de fixação. Após a execução de um serviço considerado de prevenção, acaba-se por alterar esta situação e a máquina não volta a operar como anteriormente, gerando paradas sucessivas para novos ajustes. Outra consequência interessante é que este dinheiro investido poderia ser gasto em outra atividade importante deixada de lado.

Ainda dentro da manutenção corretiva podemos incluir a chamada reforma de máquina, conhecida por Retrofitting (processo de modernização de algum equipamento, já considerado ultrapassado ou fora de norma. O termo é utilizado principalmente em engenharia e diz a respeito à atualização do algotermo em inglês) ou ainda denominada recuperação de ativo. Este tipo de conserto dá bons resultados quando a empresa não tem condições de investir na aquisição de um novo ativo e acaba optando por modernizar determinado equipamento para aumentar sua produtividade ou ainda melhorar a qualidade do produto. Muitos dos antigos equipamentos perdem o poder de gerar peças dentro de determinadas especificações. Isso acontece em razão do desgaste natural dos elementos de máquinas e da obsolescência dos sistemas de comando elétrico ou eletrônico. Existe uma expressão futebolística que diz: "Em time que está ganhando, não se mexe", o que pode ser aplicado às máquinas e equipamentos industriais. Assim, salvo condições extremas, a melhor saída é não reformar!

Mas, então, qual deve ser a opinião do Engenheiro de Manutenção? Ou quando se deve optar por uma reforma?

A seguir, uma sugestão de etapas para responder a esta questão.

3.1.2 Manutenção Corretiva através de Retroffiting (Reforma Total ou Parcial)

a. Análise Preliminar

Execute um levantamento minucioso das condições do equipamento, como componentes mecânicos com desgaste e comandos elétricos ou eletrônicos obsoletos. Registre com fotos. Ouça operadores e técnicos de manutenção. Consulte os históricos e, principalmente, se encontrar, estude bem o manual do equipamento.

b. Proposta Técnica para o Retroffiting

Liste as necessidades básicas e não esqueça as sugestões dos demais envolvidos (nem sempre se consegue realizá-las, mas não custa analisar e tentar). Verifique a viabilidade técnica de substituição por elementos de máquinas com materiais mais robustos e confiáveis. Inclua os demais sistemas auxiliares, se aplicáveis, como refrigeração, pneumática, hidráulica, exaustão etc. Em relação aos componentes elétricos de comando, analise a situação atual e, junto com os mantenedores, proponha alterações utilizando a mesma tecnologia ou similar. Acrescente adequações de segurança, **ergonomia**[1] e meio ambiente. Investir nestes itens,

[1] A Associação Internacional de Ergonomia divide a ergonomia em especializações. A mais conhecida e aplicada na área industrial é a **Ergonomia Física**, que lida com as respostas do corpo humano à carga física e psicológica.

além de estar de acordo com normas regulamentadoras, é respeitar as leis dos órgãos governamentais e a sociedade como um todo. Não tenha a preocupação de automatizar. O equipamento precisar melhorar para atingir as metas de produção, e a conformidade com as especificações de produto e qualidade, além de possibilitar maior durabilidade para novos sistemas mecânicos e facilidade de conhecimento para os elétricos.

c. Análise de Investimento – Retroffiting Interna ou Terceirizada

De posse da proposta técnica, siga para a análise dos investimentos necessários para este processo de reforma. Dependendo da análise de mão de obra e materiais necessários, a reforma pode ser abortada se comparada com a aquisição de um ativo novo. Via de regra, não existe um percentual ideal, mas entendo que uma reforma é seja viável quando os custos ficam entre 30% e 40% de um ativo similar. Grande parte das indústrias metal-mecânicas extinguiram os setores de reforma, que geralmente faziam parte do Departamento de Manutenção. Ao longo dos anos 90, as empresas construtoras de máquinas e também as técnicos demitidos (em razão da extinção dos departamentos de reforma) abriram seus próprios negócios. Atualmente, no Rio Grande do Sul, existem diversas opções para este tipo de trabalho.

Na minha concepção, o termo "reforma" é um modo de "manutenção corretiva de grande porte". Portanto, dificilmente é feita internamente, sendo melhor optar por fornecedores deste serviço. Certamente, ele terá que ter uma boa experiência no equipamento que deverá ser reformado. É arriscado contratar, dependendo da criticidade, um principiante ou um reformador que não tenha experiência neste tipo de equipamento. A probabilidade de insucesso é muito grande. Portanto, tenha atenção, pois você deverá assumir os riscos desta decisão. Como é de praxe, obtenha os valores totais de até três empresas reformadoras. Revise as propostas e encaminhe-as ao seu superior imediato para análise.

d. Contratação do Fornecedor que executará o Retroffiting

Tópicos relevantes incluem manipulação de materiais, arranjo físico de estações de trabalho, demandas do trabalho e fatores como repetição, vibração, força e postura estática relacionadas com lesões músculo-esqueléticas. Veja também assunto sobre a **LER** (Lesão por Esforço Repetitivo).

Definida a empresa e o escopo da reforma, registre em cartório o contrato formalizado entre as partes: contratante (sua empresa) e contratada (empresa reformadora). As áreas de assessoria jurídica lhe darão a ajuda e apoio necessários, bem como as áreas comerciais de sua empresa (geralmente os setores de Compras, Controladoria ou Financeiro).

Este é um processo "chato" e pode demorar, mas servirá de apoio para questões dúbias ao longo do processo e, principalmente, irá definir responsabilidades para ambas as partes, bem como formas de pagamento, cumprimento de prazos e outros requisitos legais.

e. Contratação – Gestão das Etapas do Retrofitting

Aqui está um ponto importante deste processo, que determina seu sucesso ou fracasso.

Portanto, muita atenção!

Solicite ou elabore junto com a empresa reformada um cronograma, o mais detalhado possível, contendo todas as etapas e tarefas. Use o método que achar melhor (sugiro o uso do MS Project). Se não o tiver instalado em seu PC, use outro mais adequado, como, por exemplo, o "bom e velho" Excel (adaptando o cronograma a uma planilha).

Ao longo da execução, faça visitas ao fornecedor (reformador) em frequências determinadas e verifique como está o andamento da reforma. Tenha austeridade para cobrar etapas em atraso!

Próximo do final da reforma, defina os testes necessários para aprovação do equipamento. Para isso, convoque os demais setores, como os de Engenharias de Processo ou Manufatura, de Produção, Qualidade etc. Elabore atas de reunião, registre ações, prazos e responsáveis.

f. Etapa Final do Retrofitting

Evidentemente, apesar dos seus esforços, problemas e imprevistos ocorrerão. Se você fez um bom planejamento e a documentação pertinente está organizada, eles terão pouco impacto. As áreas de Produção e Qualidade possuem seus procedimentos para aprovação, por meio dos estudos estatísticos. A Manutenção terá papel importante neste contexto, como principal responsável pela união do time e para que o equipamento retorne à empresa em melhores condições do que quando saiu para os serviços de reparo.

Conclusão

Espero ter dado uma ideia básica e até diferente da manutenção corretiva. Tenha em mente que num processo de Gestão de Manutenção, esta técnica lhe será útil. Basta o departamento estar estruturado. Como Engenheiro de Manutenção, você será responsável por prover informações, como relatórios e gráficos demonstrando o desempenho dos equipamentos em tratamento corretivo. Se houver mudança de prioridade ou criticidade, analise e indique à equipe a utilização de outra técnica: a manutenção preventiva, que veremos a seguir.

3.2 A Manutenção Preventiva

> Manutenção Preventiva: a manutenção efetuada em intervalos pré-determinados, ou de acordo com critérios prescritos, destinada a reduzir a probabilidade de falha ou a degradação do funcionamento do item (ABNT-NBR-5462-1994).

A origem se deu nos anos 1930, no segmento aeronáutico e no intuito de evitar acidentes aéreos, quase sempre fatais. Com o tempo, migrou para o setor industrial sendo hoje bem conhecida pelos profissionais que atuam neste segmento. Os objetivos clássicos são: maior Disponibilidade possível e, principalmente, Confiabilidade dos ativos empresariais. Torna-se uma ferramenta importante para manter o negócio em pleno funcionamento e competitivo.

Não se iluda, a preventiva não "restabelece as condições originais do equipamento".

Ela visa evitar a probabilidade de falhas. Implementar sistemas preventivos em ativos com sérios problemas funcionais, conforme aquele ditado, é "*dinheiro jogado fora*". Reforço ao leitor para que aprenda bem os conceitos e dessa forma, obtenha um completo entendimento das possibilidades de sua ampla aplicação. Outro fator importante é em relação à quantidade de planos (Diário, Semanal, Mensal etc.) em excesso. Dê preferência à qualidade: "menos é mais!". Lembre–se que os custos em preventiva não são baixos. Técnicos executando diversas revisões (algumas em duplicidade, com freqüências reduzidas e até troca desnecessária de componente), afeta os custos de mão de obra e principalmente os indicadores, como a Disponibilidade. Uma dica é considerar aspectos "fora do manual", conversando com operadores, mantenedores mais experientes e se aplicável, o fabricante.

A Preventiva visa aumentar a vida útil do maquinário, evitar falhas "não previstas" e garantir a sua operação de forma eficiente. Por isso, envolve ações de caráter técnico, administrativo (PCM) e de gestão eficiente de todo o Sistema de Manutenção, acrescido de uma Engenharia de Manutenção. Com essas diretrizes alinhadas, os custos de manutenção estarão sendo bem administrados.

3.2.1 Introdução à MCC – Manutenção Centrada na Confiabilidade

A MCC (Manutenção Centrada na Confiabilidade) é uma metodologia utilizada para assegurar que quaisquer componentes de um ativo ou um sistema operacional mantenham suas funções, sua condição de uso com segurança, qualidade, economia e ainda que seu desempenho não degrade o meio ambiente. Esta metodologia não substitui o enfoque da manutenção tradicional (preventiva, preditiva, reformas etc.), porém é mais uma ferramenta para auxiliar a gestão.

Essas são algumas das suas principais características:

- Redução de manutenção preventiva por meio de tarefas mais eficazes, isto é, foco nos pontos críticos do equipamento;
- Análise de falhas: reduzir a possibilidade de ocorrência da falhas;
- Manutenção preventiva prevendo substituição de componentes (<u>não consertar</u>), como forma de redução da taxa de falhas;

- Garantia de que o equipamento execute suas funções a custos mínimos (execução de grandes reparos ou reformas somente quando extremamente necessário);
- Uso da metodologia FMEA aplicada à manutenção;
- Redução dos custos de manutenção por meio da redução de manutenção preventiva, peças de reposição, rastreamento das decisões etc.

A "Manutenção Centrada na Confiabilidade" é a tradução literal da sigla **"RCM"** (*Reliability Centered Maintenance*). Teve início na década de 60, com o aumento da complexidade dos sistemas das aeronaves, os custos desta prática de manutenção levaram as empresas a uma análise crítica desta metodologia. Além disso, a nova geração de aeronaves exigia padrões de confiabilidade mais elevados, em função do número de passageiros transportados e percursos de voo. Então, os fatores como o desgaste, corrosão, fadiga, fenômenos físico-químicos e acidentes, que ocorrem nas partes ou componentes de qualquer equipamento, alteram as suas condições normais. Esses fenômenos e eventos que ocorrem durante o uso podem degradar essas condições o suficiente para que os componentes e equipamentos não mais apresentem o desempenho requerido, atingindo a falha.

O processo de falha em equipamento precisa ser analisado, documentado, corrigido e divulgado para evitar a recorrência. A manutenção se caracteriza, seja por correção/ajuste ou troca do componente danificado. Na **RCM** gerou o conceito de que os equipamentos se tornam menos confiáveis à medida que o tempo de operação, ou idade, aumenta. Assim, a grande preocupação da manutenção era conhecer a idade na qual os itens iriam falhar – vida útil – para estabelecer ações de manutenção que se antecipasse a quebra. Este conceito estabelecia que a confiabilidade estava diretamente relacionada com o tempo de uso. Desta forma, a quantidade dos "modos de falha" foi reduzida.

A metodologia **RCM** foi amplamente utilizada no setor aeronáutico durante muitos anos. Dentro de uma sistemática bastante regulamentada, a manutenção de aeronaves obedecia a um rígido calendário de tarefas de inspeção, trocas e revisões e após, devido aos melhores resultados, migrou para outros segmentos, entre eles o automobilístico.

Em um dos itens relevantes da **RCM** ficou constatado que os vários tipos de falhas não eram evitados, mesmo com o aumento da execução de manutenção (alta frequência de Manutenção Preventiva). Os modos de falha aumentavam na proporção da evolução tecnológica, tornando incertas sobre o comportamento dos componentes. Em razão disso, os projetistas decidiram pela proteção das funções essenciais através de Sistemas Redundantes, conseguindo altos índices de confiabilidade. Historicamente, o primeiro programa de manutenção desenvolvido, com base nos conceitos iniciais de confiabilidade, foi o fabricante de aviões Boeing. Foram obtidos resultados como alta confiabilidade operacional e um custo de manutenção adequado ao mercado. Mas foi no ano de 1978 que surgiu a denominação ***Reliability Centered Maintenance*** – **RCM**, consolidando os conceitos desta nova metodologia.

A **RCM** e o **Estudo da Probabilidade de Falha X Tempo (Vida Útil)** têm como objetivo observar qual influência da frequência (alta ou baixa) das revisões, em relação à Confiabilidade de Máquinas, Equipamentos e Utilidades.

É importante salientar que estes estudos tiveram origem na observação do comportamento de itens de aeronaves. O nível de automação dos nossos processos e a tecnologia aplicada nos leva a deduzir que cada vez mais esses padrões e seus níveis de ocorrência aconteçam nos demais equipamentos e maquinários existentes nas indústrias.

Os Estudos de Confiabilidade visam identificar os modos de falha, possibilitando a Gestão de Manutenção elaborar um plano de manutenção mais preciso. Em geral, estes são alguns dos itens relevantes para o levantamento dos dados, podendo variar em razão da organização e seus padrões operacionais:

- Seleção do sistema: máquinas ferramentas, equipamento/utilidades;
- Definição das funções (componentes) e de desempenho (confiabilidade);
- Determinação das falhas funcionais (interrompe o funcionamento);
- Análise dos modos e efeitos das falhas;
- Análise do histórico dos reparos (corretivas) e dos manuais técnicos;
- Determinação do plano preventivo – tarefas, frequência, "hh" necessário etc.

Os resultados esperados, utilizando a metodologia RCM, são:

- Melhor entendimento do funcionamento do sistema, o que possibilita uma gestão de manutenção mais eficiente;
- Conhecimento dos modos de falha dos componentes críticos do sistema, o que resulta num plano de manutenção mais enxuto e eficaz;
- Permite a Engenharia de Manutenção planejar reformas, melhorias, automações no sistema, com mais precisão. Na gestão de peças de sobressalentes, irá possibilitar que somente marcas com padrões rígidos de qualidade sejam adquiridas, bem como auxiliam na padronização dos componentes (evitar alto índice de variações de tipos e marcas, facilitando a reposição);
- Permite que a gestão de manutenção, como base em falhas que não ocorre por desgaste (queima de fusível, por ex.), desenvolva os sistemas redundantes mais precisos (maquinário em *stand by*), os quais entram em operação, caso o sistema corrente apresente falha e deixe de funcionar;
- Estudos de Confiabilidade permitem que a organização desenvolva um plano de produção mais ajustado, conhecendo suas fraquezas e fortalezas. Assim, desenvolve ações e mecanismos que evitem falhas que ocorrem espontaneamente ou causadas por atos das pessoas (erro operacional, corrigido sempre por treinamento e folhas operacionais no posto de trabalho).

Concluindo, podemos dizer que RCM gera maior índice de confiabilidade dos sistemas, mas igualmente maiores percentuais de disponibilidade e demais indicadores de performance. Garante uma significativa redução nos custos de manutenção e permite um melhor planejamento de manutenção preventiva.

Em tempo, cito ainda outra metodologia recente: **RBM (*Reliability Based on Maintenance*)** que na tradução literal temos "Confiabilidade Centrada na Manutenção". A incorporação das técnicas preditivas criou a manutenção baseada na condição, isto é, permite o monitoramento das condições reais do equipamento e, desta forma, o mantenedor consegue a identificação prematura de sintomas que podem levar o equipamento até a falha. Esta identificação torna possível a tomada de decisões que podem evitar a falha ou informar o momento ideal de atuação da manutenção. Deve ser aplicada em combinação com o **TPM** e a **RCM,** para atingir os níveis máximos de desempenho dos sistemas. O monitoramento da condição é obtido através da Análise de Vibração, Termografia, Monitoramento da Corrosão, Análise de Água Industrial, Técnicas de Lubrificação, dentre outras.

O Engenheiro de Manutenção não pode, simplesmente, sair montando planos preventivos e distribuindo-os para que os mantenedores os executem. Antes de mais nada, é necessário entender bem a manutenção corretiva e procurar melhorar a atuação do grupo conforme vimos no item anterior. Em seguida, como base na análise de importância, define-se a técnica de manutenção mais adequada e rentável. Portanto, o ideal é justificar aos gestores a necessidade de implantar a preventiva em determinado ativo. Caso contrário, existem outras técnicas, dentro da gestão preventiva, que podemos usar. A MCC é quase um sinônimo para o termo "prevenção", se não houvesse os estudos estatísticos, como a Análise da Taxa de Falhas, FMEA etc., que auxiliam e muito na identificação do "Por quê?" e "Como?" para evitar a ocorrência da Falha.

Mais adiante, vou abordar os estudos da falha nos equipamentos, pois é uma grande ferramenta estatística a ser usada na Engenharia de Manutenção. Como base nestes estudos, pode-se evitar, na maioria das vezes, a parada de um equipamento, seja por falha elétrica, mecânica ou ainda por erro humano.

Importante

Você já passou pela seguinte situação? Gestores ou técnicos de manutenção, quando questionados sobre o porquê das tarefas de um determinado plano preventivo, já obtiveram como resposta: "O fabricante disse que deveríamos fazer assim!" Pois é, este tipo de serviço ou tarefa específica pode ter uma base não racional, isto é, uma recomendação de fabricante que não leva em consideração situações como condições de operação de carga, tempos de processo, condições ambientais etc. Logo, tenha muita atenção.

A **Air Federal Administration (A.F.F.)**, ou **Administração de Aviação Federal** dos Estados Unidos da América exige que os planos preventivos tenham uma base documentada para certificar a consistência e justificar todas as tarefas preventivas. Isso significa dizer que custos e confiabilidade são exigidos para assegurar que as falhas em operação sejam evitadas. No segmento da aviação, uma falha pode determinar terríveis efeitos, como a morte de pessoas.

3.2.2 Implementação da Manutenção Preventiva

Como sugestão, apresento cinco etapas a serem seguidas:

1. Classificação dos ativos (observar as peças críticas de reposição: sobressalentes).
2. Criação dos planos e instruções para a execução.
3. Cadastros e demais registros em software de manutenção.
4. Definição dos itens de controle para monitorar o desempenho.
5. Decisão: Criação do Planejamento e Controle de Manutenção (PCM).

3.2.2.1 Classificação dos Ativos

Quando utilizo o termo "ativo", posso me referir às seguintes denominações:

1. **Máquina operatriz ou ferramenta**: possibilita a transformação, através de movimentos axial, radial vertical e/ou ainda horizontal, de metais ou não metais em peças ou produtos manufaturados, utilizando ferramental de usinagem, injeção, estamparia etc. Ex.: tornos, fresadoras, injetoras, prensas excêntricas etc.

2. **Ferramenta e dispositivo**: subconjuntos (subsistemas) de máquinas ou equipamentos que possibilitam a execução de determinada operação.

3. **Equipamento**: sistemas ou união de subconjuntos que possibilitam

operações de montagem ou submontagem, soldagem, envase, empacotamento, testes de aprovação etc.

Observação: algumas vezes a denominação "equipamento" pode indicar, também, a máquina operatriz ou ferramenta/dispositivo, dependendo do enfoque.

4. **Utilidade**: termo usado para denominar os equipamentos que fornecem energia ou fluido para movimentação de máquinas e equipamentos: compressor e secador de ar comprimido, bombas para fornecimento de óleo ou água, subestações elétricas (transformadores, barramentos etc.), grupos geradores, centrais ar condicionado, centrais de compressores, centrais de fornecimento de vapor, água gelada, água quente, entre tantos outros.

5. **Área fabril ou industrial**: conjunto de máquinas e/ou equipamentos que podem ou não incluir as utilidades, necessários para a produção industrial.

6. **Estação de trabalho**: conjunto de máquinas ou equipamentos que podem ou não executar a mesma operação. Podem incluir também apenas ferramentas e/ou dispositivos dispostos em bancadas para execução de operações de montagem ou testes denominadas "manuais" (depende da aptidão do operador).

A identificação e classificação dos ativos de uma organização são consideradas primordiais para a decisão de implantar ou não os sistemas preventivos. Isto significa conhecer suas características técnicas e sua importância para o processo produtivo (continuidade do negócio). Portanto, é necessário o levantamento de todas as informações e seu cadastro em sistema computadorizado, incluindo as suas principais peças de reposição. É necessário ter em mãos os manuais e as demais especificações, não deixando de ir até o local de instalação para identificar particularidades que muitas vezes não estão registradas na documentação do ativo. Aliás, isso é muito comum, dada a falta de uma sistemática de atualização de dados.

O ativo, ao longo do uso, sofre alterações em razão de reparos ou melhorias, e, aos poucos, a documentação técnica se torna obsoleta. O Engenheiro de Manutenção deve tomar todos os cuidados nesta fase, pois ela exige atenção e muita paciência, tanto para tarefas de leitura quanto para os trabalhos no local de instalação. Acrescenta-se a isso a inclusão dos principais itens de reposição e análise de estoque estratégico (armazenar os itens devidamente identificados, para facilitar a compra, em regime urgência). Aqui, é bom lembrar-se de observar as recomendações do fabricante e ouvir as opiniões dos mantenedores, cuja experiência adquirida é válida.

Manter estoque de materiais gera custos para a empresa. Por isso, é melhor ter segurança nesta informação e adquirir somente aqueles itens mais críticos e importantes. Nesta fase, não se esqueça das técnicas de padronização de componentes, por exemplo, mecânico ou eletro-eletrônico, que pode ser aplicado a mais de um equipamento. Lembre-se de reduzir ao máximo os custos, mas não deixando de buscar a maior confiabilidade (ou MCC).

O software deve permitir que você defina os critérios e importância dos ativos, conforme vimos no capítulo anterior. Em minha opinião, aplique as técnicas ou sistemas preventivos aos ativos que são classe "A", conforme a importância do grau de mantenimento, processo e qualidade de produto. Entendo ser um bom começo, pois haverá outros, e este serve como critério inicial.

3.2.2.2 Elaboração dos Planos e Instruções para a Execução

Esta fase exigirá mais trabalho da equipe de manutenção. Você terá que buscar todas as informações possíveis sobre o equipamento para elaborar o plano, que deve conter as tarefas preventivas e suas respectivas frequências. Observando a metodologia MCC, é importante um plano bem enxuto, com tarefas importantes, isto é, ações de revisão em pontos que são fundamentais para o bom funcionamento, deixando de lado tarefas não objetivas que não servem para nada. Tente definir tarefas com a maior eficiência possível para que o ativo esteja disponível e com maior confiabilidade.

Outra fonte de informação é o histórico (expressão usada para denominar as ocorrências de manutenção que o ativo teve desde sua instalação). Se as informações não estiverem armazenadas num software específico, busque-as nos registros existentes (relatórios de atendimento, anotações etc.). Adicione também as "entrevista", isto é, conversas com usuários e mantenedores que conhecem bem o ativo. Eles podem fornecer informações exclusivas e precisas sobre a real condição operacional e as necessidades preventivas.

3.2.2.3 Cadastros e Demais Registros em Software de Manutenção

Aqui começam as atividades de digitação. É ideal o engenheiro de manutenção iniciar estes cadastros no software, de forma a identificar dificuldades e solucioná-las antes de passar esta tarefa a um auxiliar ou estagiário. Tenha a certeza de que o padrão de cadastro foi obtido, e seja quem for que dê continuidade seguirá a mesma sistemática de trabalho definida. Elimine as dúvidas e outras ocorrências, caso contrário poderão surgir divergências nesta continuidade de cadastro, acarretando dificuldades para deliberar esta tarefa.

Primeiramente, inicie pelos dados dos ativos, atribuindo números de registro (TAG) de acordo com o software. Uma boa dica é usar o número de registro patrimonial, que facilita a localização tanto para a manutenção como para as áreas de controle. Existem softwares que podem ser adequados à sua necessidade. Por exemplo, se for necessário registrar uma sequência alfanumérica, como:

- FH4500 – Fresadora horizontal
- FV3500 – Fresadora vertical
- FN4560 – Fresadora a comando numérico
- CO3450 – Compressor
- ET5607 – Estação de trabalho
- PH3550 – Prensa hidráulica
- IJ4360 – injetora

Após a denominação, é melhor indicar o nome do fabricante, o que facilita a identificação do ativo. Esta fase não tem muito "mistério", isto é, dependerá do software que a organização tiver adotado. Após a finalização desta etapa, segue o cadastro dos planos, a partir dos quais serão geradas as ordens de manutenção.

Entenda bem o software e boa sorte!

3.2.2.4 Definição dos Itens de Controle

Os controles de desempenho devem ser de fácil entendimento para toda a equipe de manutenção. Estes, por sua vez, precisam ter basicamente um método de monitoramento das atividades do departamento e possibilitar ações para pontos fora de controle. Sugiro que você adquira conhecimentos básicos de estatística. Com base nisso, defina, junto com os gestores, os indicadores mais apropriados.

A estatística inclui os estudos de confiabilidade, análise de falhas etc. Existem bons livros e também empresas que ministram cursos sobre técnicas aplicadas à manutenção. Como engenheiro, você tem condições de estudar, analisar bem os recursos disponíveis – tanto de software quanto de estrutura necessária para obter os dados – e, assim, sugerir várias opções aos gestores. Nas empresas já certificadas em Programas de Qualidade Total, faz-se necessário criar indicadores que atendam a todas as exigências da norma adotada. Além disso, acrescentam-se as exigências de cliente (termo usado, no ramo automotivo, para definir as orientações específicas em relação ao produto e seus processos de manufatura). Principais clientes podem exigir determinados indicadores que afetam não só a manutenção mas as demais áreas da organização. Exigência bem conhecida é o indicador "Sistemas Preventivos", para os quais são exigidos aplicação em ativos críticos e monitoramento dos resultados. Como boa prática, adote os indicadores que demonstrem o desempenho departamental. Disponibilidade dos ativos, custos sob controle e produtividade da mão de obra, são alguns controles aceitáveis.

Eis alguns itens de controle, considerando ambientes de Qualidade Total:

(1) Produtividade ou controle de mão de obra

Um departamento de mantenimento deve manter sob controle as atividades dos técnicos, com objetivo de não deixar que a equipe tenha longos tempos de ociosidade. A partir da experiência adquirida e observando indicadores mundiais, acredito que de 70 a 75% seja um bom índice de uso de mão de obra. O cálculo é simples, bastando obter o somatório dos "valores de horas trabalhadas" (apontamentos em horas dos mantenedores) e dividi-lo pelas "horas disponíveis" (o tempo de registro de ponto ou horas obrigatórias contratuais que o trabalhador precisa executar diariamente). Depois, basta multiplicar o resultado pelo número "100", que resultará em um valor em percentual (%).

Desta forma, você pode manter um controle diário ou mensal, usando métodos estatísticos para obter médias, desvios padrão etc.

(2) Disponibilidade de Máquinas e Equipamentos

Representa o tempo entre a abertura de um chamado de reparo para manutenção até a sua liberação para retornar à operação.

O cálculo é feito por meio do "somatório dos tempos de indisponibilidade" do ativo divido pelo "tempo previsto de funcionamento ao longo de um período", sendo mais usual o mensal. Este tempo, geralmente, é previsto e divulgado pelos setores de planejamento ou programação da produção ou, ainda, por software corporativo (mediante interfaces entre os módulos de manutenção e produção).

(3) MTBF (Mean Time Between Failures): Tempo Médio Entre Falhas

Indicador que representa o "tempo médio entre a ocorrência de uma falha e a próxima". Mede, também, o tempo de funcionamento do ativo diante da necessidade de produção até a próxima constatação de pane técnica.

(4) MTTR (Mean Time to Repair): Tempo Médio para Reparar

Esse indicador representa o "tempo que o mantenedor leva para reparar o ativo". Considera o momento da solicitação até a liberação para produzir. Neste evento consideramos os tempos, se aplicáveis, de compras de materiais, medição em áreas de metrologia, ferramental em recuperação, construção de peças mecânicas etc.

(5) Custos de Manutenção por Produto

É um dos mais importantes indicadores. As formas de cálculo e apresentação são diversas. Podem ser o "somatório de todos os gastos envolvidos no processo de mantenimento", comparados aos "valores das previsões orçamentárias", ou ainda quando se procura saber o "custo de manutenção" em relação ao "volume produto manufaturado".

O leitor irá obter maior detalhamento sobre "Indicadores de Controle", no **Capítulo V** deste livro.

Conclusão

Penso que criar indicadores é muito fácil e, se buscarmos literaturas que tratem deste assunto, vamos encontrar outros que também possuem importância. Alerto o engenheiro de manutenção que controles em demasia, ao invés de ajudar, acabam por atrapalhar o processo de monitoramento de desempenho. Então, defina poucos, num primeiro momento. Posteriormente, inclua outros, seja em razão de outras certificações, novas exigências de clientes ou se o próprio departamento entender que devem ser criados. Pude observar, nestes anos atuando em manutenção, gráficos desatualizados em empresas que visitei e outros com significados duvidosos, pois não medem desempenho e acabam servindo a nenhum propósito. Fato é que indicadores são úteis quando servem para medir e melhorar o desempenho de um departamento; fora isso, apenas confundem e poluem murais, terminando por agregar muito pouco.

3.2.3 Planejamento e Controle de Manutenção (PCM)

Após as fases anteriores, você deve propor a principal função de gestão do departamento: o PCM (setor ou função de Planejamento e Controle de

Manutenção). É com esta função ou neste setor que as atividades de gestão das Ordens de Serviço (geração e cadastro ou registro) e planejamento preventivo terão um responsável direto. A Engenharia de Manutenção dificilmente sobrevive sem uma pessoa dedicada a esta atividade. Desde o início dos treinamentos, implantação de software e cadastros de dados, o PCM é parte fundamental para o sucesso dos sistemas preventivos. Acrescentam-se, aqui, os relatórios e gráficos gerenciais com base nos indicadores de desempenho do departamento.

3.2.3.1 Fatores de Decisão:

1. O porte da Empresa (se pode suportar uma estrutura de gestão que pode incluir engenheiro(s) e técnico(s) em PCM, estagiário, auxiliar administrativo, entre outro.
2. Aceitação por parte dos gestores da necessidade de se implantar o PCM.
3. Ter mais eficiência na gestão das atividades de mantenimento.

3.2.3.2 Algumas das Tarefas do Programador PCM:

1. Gerar, receber e registrar as Ordens de Serviço.
2. Planejar a execução das Ordens de Manutenção Preventiva, por meio da interação com os setores produtivos e demais usuários.
3. Dar continuidade aos serviços de cadastro de novos equipamentos e atualização dos dados existentes.
4. Obter os dados, junto aos departamentos de produção, financeiro e de qualidade para geração de indicadores.
5. Gerar relatórios e gráficos gerenciais: diários, semanais e mensais.
6. Auxiliar e complementar as funções da Engenharia de Manutenção.
7. Emitir requisições de compras ou de almoxarifado, bem como controlar materiais de manutenção e peças de reposição dos ativos.
8. Determinar a capacidade de mão de obra para a execução de serviços diário, semanal e mensal.
9. Gerir entrada de Ordens de Serviço (evitar acúmulo de ordens sem atendimento ou análise de *Backlog*).

3.2.3.3 Possíveis Causas de Insucesso do PCM

O programador e os gestores devem estar atentos às ações tanto iniciais quanto no decorrer desta atividade. Veremos alguns itens que devem ser observados.

- Duplicidade de atribuições

Cuidar para que as pessoas envolvidas na programação tenham, claramente, descritas as suas atribuições e responsabilidades para que determinada tarefa deixe de ser executada porque "um pensou que o outro fez e acabou por não fazer".

- Plano preventivo inadequado ou malfeito

Um trabalho elaborado sem o devido conhecimento ou feito de forma inadequada, tendo como consequência as falhas de programação, pode afetar a execução da preventiva.

- Tempo insuficiente para a execução das tarefas

Elaborar um plano, sem levar em conta o tempo para a execução, pode frustrar a equipe e reduzir a eficiência da preventiva, pois, certamente, tarefas deixarão de ser executadas.

- Longo tempo de espera de componentes

Um bom planejamento deve considerar tempo de aquisição de peças de reposição. Tente imaginar a equipe, em meio à execução de um plano preventivo, tenho que parar o serviço por falta de componente <u>não</u> disponível.

- Equipe sem ferramental adequado

A equipe de preventiva deve identificar, com certa antecedência, as ferramentas necessárias para a execução do plano. Determinados componentes podem ser danificados se forem usadas ferramentas inadequadas (aqui devo frisar a farta imaginação de alguns técnicos para "construir" ferramentas, em vez de consultar catálogos de fabricantes).

- Descrição incorreta de uma determinada tarefa

Ao elaborar o plano, evite erros ortográficos para não gerar má interpretação. É primordial se certificar de que as tarefas estejam adequadas ao tipo e modelo do ativo. Desta forma, não haverá, por parte do técnico, perda de tempo na procura de determinado componente que inexiste no equipamento.

- Mau uso da disponibilidade do equipamento para a execução da preventiva

De nada adianta a equipe receber um plano altamente qualificado (em relação às tarefas e planejamento de tempo) se a equipe desperdiçar tempo com outras tarefas que não agregam à execução. Em muitos casos, a equipe é deslocada para outra atividade e o equipamento permanece indisponível para o usuário. A equipe deve manter o foco na execução para não sofrer críticas por parte dos setores de produção, principalmente se for um equipamento importante.

Importante

O perfil para este técnico em PCM deve incluir: senso de organização, responsabilidade, iniciativa e principalmente, formação técnica ou experiência mínima em áreas de manutenção, produção ou qualidade. A empresa estará fadada ao insucesso se optar por uma pessoa que não entenda a importância desta atividade.

Conclusão

O engenheiro de manutenção, como descrito anteriormente, deve iniciar estas atividades para depois treinar o técnico de PCM e, só então, permitir que este profissional venha a desempenhar suas atividades, com o conhecimento necessário e padrões estabelecidos.

Antes de concluir este item, gostaria de citar que na manutenção preventiva, além dos aspectos técnicos que envolvem este processo, também deve levar em conta os itens de segurança e consciência ambiental. Logo, deve observar o uso de EPI (Equipamento de Proteção Individual) e respeitar as determinações para executar o serviço. Institua o uso de elementos visuais (cartazes) que indiquem claramente: "Máquina em manutenção"; "Uso de cadeamento ou chaveamento dos botões de acionamento" etc. O Plano Preventivo deve conter informações necessárias referentes à segurança; caso não as contenha, o mantenedor deve obter a informação com seu superior imediato para discutir cuidados necessários no intuito de evitar acidentes de trabalho. Outro item importante é o aspecto ambiental que envolve este processo. Determine ações, descritas no próprio plano, sobre os cuidados para não derramar óleos no piso e como efetuar seu descarte (destino após o uso), só para citar um exemplo. Havendo uma tarefa que afetará o meio ambiente, procure informações junto aos departamentos de qualidade ou segurança e interaja para agir na prevenção ou ação de contenção.

3.3 A Manuntenção Preditiva

Manutenção Preditiva: manutenção que permite garantir a qualidade de serviço desejada, com base na aplicação sistemática de técnicas de análise, utilizando-se meios de supervisão centralizados ou de amostragem para reduzir ao mínimo a manutenção preventiva e diminuir a manutenção corretiva (ABNT-NBR-5462-1994).

Principais técnicas de Manutenção Preditiva:

- Termografia;
- Análise de vibração.

3.3.1 A Termografia

3.3.1.1 Princípio de Funcionamento

O princípio da termografia está baseado na medição da distribuição de temperatura superficial do objeto ensaiado, quando este estiver sujeito a tensões térmicas (normalmente calor). A medição é realizada pela detecção da radiação térmica ou infravermelha emitida por qualquer corpo, equipamento ou objeto. É uma técnica que estende a visão humana através do espectro infravermelho (frequência eletromagnética naturalmente emitida por qualquer corpo ou material com intensidade proporcional à sua temperatura). Esta frequência é captada por câmeras termográficas que permitem a visualização da distribuição de calor. As imagens são denominadas termogramas.

3.3.1.2 Aplicações

As técnicas termográficas geralmente consistem na aplicação de tensões térmicas no objeto, medição da distribuição da temperatura da superfície e apresentação da mesma, de tal forma que as anomalias ou descontinuidades possam ser reconhecidas. Duas situações distintas são definidas:

- Tensões térmicas causadas diretamente pelo próprio objeto durante a sua operação: equipamento elétrico, instalações com fluido quente ou frio, isolamento entre zonas de diferentes temperaturas, efeito termo-elástico etc.

- Tensões térmicas aplicadas durante o ensaio por meio de técnicas especiais (geralmente aquecimento por radiação ou condução) e certas metodologias a serem estabelecidas caso a caso, para que se possa obter boa detecção das descontinuidades.

Em ambas as situações, precisamos registrar, previamente, a temperatura superficial (ou pelo menos que possa ser assumida com certa segurança) como um referencial comparativo em relação à distribuição real obtida durante o ensaio. O caso mais simples ocorrerá quando a distribuição da temperatura for uniforme e as descontinuidades se manifestarem como áreas quentes (por exemplo: componentes com maior resistência elétrica em uma instalação) ou áreas frias (fluxo interno de ar nos materiais).

3.3.1.3 Limitações:

- As variações na distribuição das temperaturas podem ser muito pequenas para serem detectadas;
- Discrepâncias muito pequenas podem ser mascaradas, pelo "ruído de fundo", e permanecer sem detecção;
- As principais organizações de normalização ainda não reconhecem a termografia como um método confiável para avaliação e certificação dos produtos ensaiados.

3.3.1.4 Forma de Coleta dos Dados

- Pinturas sensíveis ao calor que alteram a sua cor de acordo com a temperatura (termografia por contato);
- Câmeras de vídeo termográficas que permitem a coleta de imagem no monitor (preto-e-branco ou colorida) da distribuição de temperatura da superfície focalizada pela câmera, de acordo com a sua temperatura (termografia infravermelha). O infravermelho é uma frequência eletromagnética emitida, naturalmente, por todos os corpos. Neste caso, as anomalias na distribuição da temperatura superficial que correspondem a possíveis descontinuidades serão mostradas como "manchas coloridas".

Os equipamentos variam em forma e tamanho, porém sempre com a mesma finalidade. A figura a seguir mostra alguns exemplos.

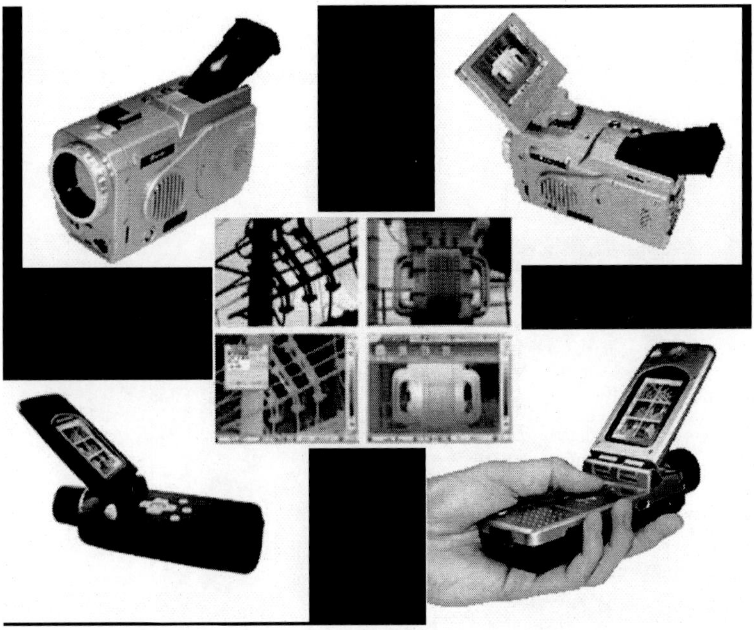

Exemplos de equipamentos usados para coleta de dados termográficos
(Fabricante: VAIBRO Ferramentas para Manutenção, Ensino & Pesquisa)

3.3.1.5 Desenvolvimento da Termografia

A evolução dos sistemas de termografia computadorizada e softwares específicos, para o processamento de dados termográficos, facilita a aplicação dessa técnica, na medida em que os ensaios ficam mais precisos.

Considerando-se o numeroso potencial de aplicações do método, o desenvolvimento do ensaio termográfico em todos os níveis industriais pode ser até previsto. Atualmente, outras técnicas estão sendo pesquisadas e analisadas quanto aos fenômenos térmicos em amostras de laboratórios (misturas, têxteis, compostos), associadas com os ciclos de fadiga ou tensões de impacto. Recentemente, as indústrias automobilísticas e aeroespaciais passaram a usar a termografia para pesquisas de novos produtos, no equipamento de teste denominado "túnel de vento".

3.3.1.6 A Escala Monocromática

A escala monocromática vai do preto ao branco, através de suaves variações de tonalidades da cor cinza. É conhecida como *Escala Grey.*

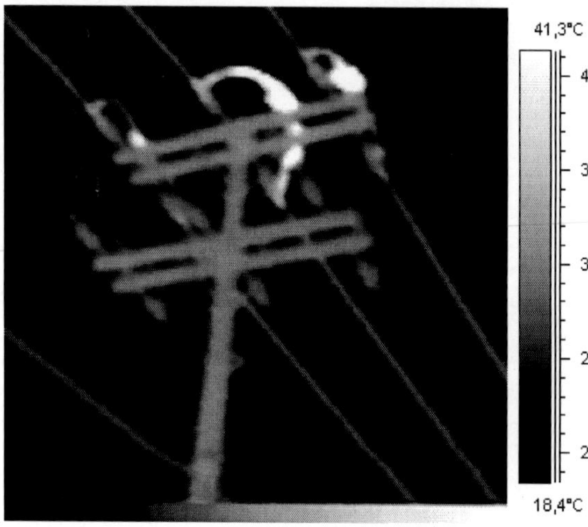

Exemplo de uma termografia feita de um poste e componentes de uma rede elétrica na Escala GREY.

3.3.1.7 A Escala Policromática

A escala policromática vai do preto ao branco através de suaves variações de tonalidades de cor, que dependem da escala usada. Em nosso caso, usamos a Escala Iron, que vai do preto ao branco através de tonalidades de violeta, azul, rosa, vermelho, laranja e amarelo.

Outro exemplo de Termografia de um poste e componentes, porém na Escala Iron.

A seguir, seguem alguns exemplos de relatórios termográficos. Os pontos "quentes" em evidência não são identificáveis pela visão normal. São causados por curto-circuito ou mau contato. A partir dos relatórios, a correção destes pontos deve ser programada com certa urgência, de forma a evitar paradas indesejáveis.

Nota

Estes relatórios foram emitidos pelas empresas Preditiva Sul & Termograf Dinâmica em Imagens.

Equipamento: Substação Elétrica.
Subconjunto: Cabos de alimentação do disjuntor do banco de capacitores.

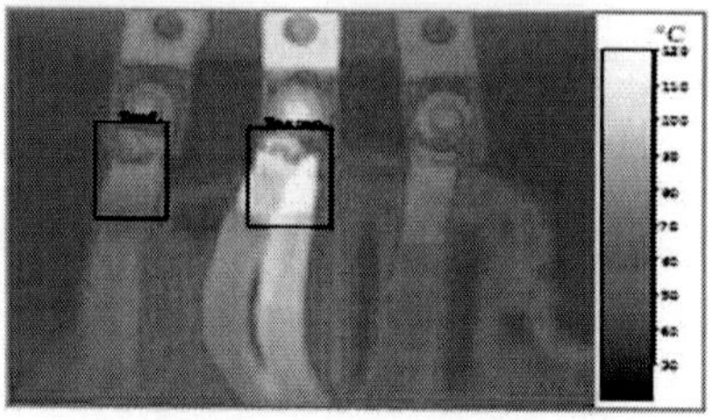

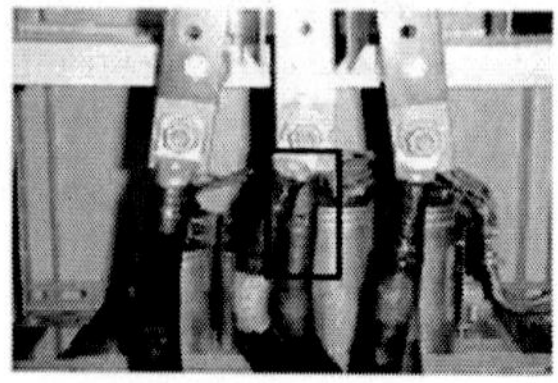

Resumo da Análise:
Temperatura de Referência: 33,3 °C
Temperatura medida: 77,9 °C

Problema: Possível mau contato no terminal prensado do Disjuntor.

Ação: conferir aperto de bornes de ligação

Equipamento: Fresadora Universal - Setor Usinagem, Celula "2".
Subconjunto: Painel de Comando - Componente: Disjuntor Q 1760.

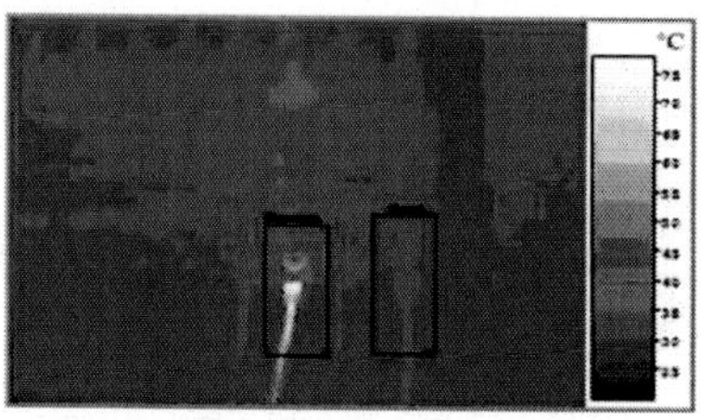

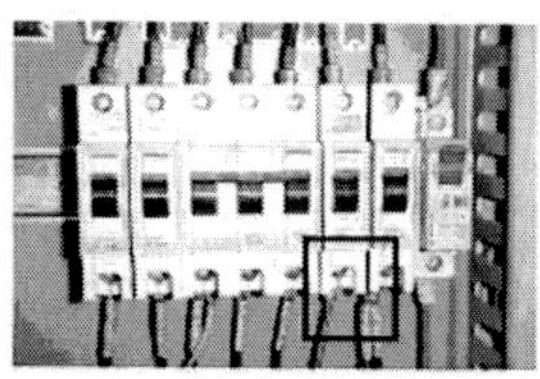

Resumo da Análise:
Temperatura de Referência: 33,3 °C
Temperatura medida: 77,9 °C

Problema: Possível mau contato no terminal prensado do Disjuntor.

Ação: conferir aperto de bornes de ligação

Item adicional: A análise preditiva por Ultrassom

Fonte: AW Strom Engenharia

Ainda dentro da revisão preditiva de sistemas elétricos, existe uma análise denominada ultrasom. Como mostrado na figura anterior, o equipamento é posicionado à frente dos painéis. Esta análise detecta sons emitidos por emissões ou descargas elétricas, como faiscamento, arco elétrico, efeito "corona" etc. O mecanismo de detecção é mesmo das fugas de pressão e vácuo. Quanto mais próximo, melhor será o sinal emitido.

É muito aplicado na detecção de anomalias em Subestação, Linhas de Transmissão e Distribuição de Alta Voltagem, tais como descarga parcial, arco elétrico, corrente de fuga, detecção de corona em isoladores poliméricos, interferência de áudio e vídeo (rádio e TV), falhas em escovas de motores, painéis de força em plantas industriais e componentes elétricos.

Outras aplicações, inclui detecção de vazamento em linhas de gases e líquidos, monitoramento de rolamentos, controle de lubrificação em mancais, inspeção de purgadores de vapor e linha de ar comprimido, vazamentos em válvulas, conexões e circuitos hidráulicos, cavitação em bombas, vazamentos em boilers, trocadores de calor, caldeiras e condensadores, detecção de mau funcionamento de compressores e mau funcionamento de engrenagens.

3.3.2 A Análise de Vibração

A aplicação da análise de vibração, no diagnóstico de defeitos em sistemas rotativos, é uma técnica aplicada há várias décadas, nos mais diversos segmentos industriais, para, por exemplo, detectar desbalanceamento de eixo e rolamento danificado. Na última década, a evolução tecnológica da informática e eletrônica permitiu o desenvolvimento de equipamentos portáteis para a coleta, análise e gerenciamento de um grande volume de dados de vibração. Pouco compreendida na prática, está técnica preditiva quando mal-empregada, não traz os resultados esperados. É denominada de "monitoramento pela condição" quando sensores instalados em subsistemas do equipamento acompanham a evolução do desgaste (vida útil) dos elementos girantes, como eixos e rolamentos.

3.3.2.1 Glossário

Amplitude: a medida da magnitude da vibração, que pode ser expressa em valor eficaz ou RMS (Root Mean Square), pico (P), pico a pico (P P) e valor médio.

Os parâmetros para exprimir a amplitude de vibração são:

- Deslocamento: mm
- Velocidade: mm.seg^{-1}
- Aceleração: m.seg^{-2}

Aceleração: a taxa de variação da velocidade em relação ao tempo.

Acelerômetros: também conhecidos como transdutores sísmicos, são bem mais resistentes do que os demais. Neste modelo, o medidor de vibração já inclui circuitos de integração de tal forma que os parâmetros como aceleração, velocidade ou deslocamento são definidos a partir de um simples comando. São aplicados para a medição de vibração de máquinas.

Ângulo de FASE: a variação relativa de posição de um ponto comparativamente a outro ponto ou a uma marca de referência. A medição do ângulo de fase é em graus, onde um ciclo completo possui 360°.

Frequência: o número de vezes que um impacto, oscilação ou contacto ocorre durante um determinado período de tempo.

Frequência de funcionamento (f): a velocidade de rotação em que o equipamento opera quando está produzindo uma peça.

Harmônicas: os múltiplos da frequência de funcionamento (1Xf, 2Xf, 3Xf,..., nXf). As harmônicas também podem ser expressas em relação à velocidade de rotação (1 X rpm, 2 X rpm, 3 X rpm,...), onde **rpm** é a unidade "rotações por minuto" e **"X"** é o sinal de multiplicação.

Modelos usados em vibração: transdutores de deslocamento ou de proximidade e os acelerômetros.

Período: o tempo necessário para completar um ciclo. O período é determinado pelo inverso da frequência (em Hz).

Transdutor: é um sensor que capta os sinais de vibração através da transformação de um tipo de energia em outra. Por exemplo, o sensor pode traduzir informação não elétrica (velocidade, posição, temperatura, pH) em informação elétrica (corrente, tensão, resistência).

Velocidade: a taxa de variação de deslocamento (variação da posição relativa de um ponto; no entanto, durante essa variação, ocorrem também variações de velocidade). A taxa de variação em que o deslocamento ocorre chama-se Velocidade de Vibração, sendo a unidade de medida o mm.seg 1 RMS (amplitude eficaz).

Vibração: oscilação de um corpo em relação a um ponto de referência.

3.3.2.2 Os Transdutores

Transdutores de deslocamento

Também conhecidos como sensores "eddy current" ou corrente de eddy, são muito aplicados em monitoração de eixos. São usados para medir o deslocamento do rotor a partir da variação da distância entre a ponta do transdutor e a superfície do veio.

Vantagens:

1. Capacidade de medir sinais vibratórios a partir de baixas frequências.
2. Não possuem componentes mecânicos sujeitos a envelhecimento ou desgaste.

Desvantagens:

1. Necessitam de fonte de alimentação externa.
2. São de alto custo, e uma falha de instalação pode influenciar as leituras obtidas.

Posicionamento do Transdutor

A posição é o modo como a informação da vibração é coletada, e é fundamental para o desenvolvimento de um Programa de Inspeção Periódica (Monitorização). Portanto, a posição é importante para que haja ampla confiabilidade. Normalmente, a coleta de dados é feita tanto na posição vertical como na horizontal. As figuras seguintes ilustram os cuidados para coletar os sinais com a utilização de acelerômetro no interior.

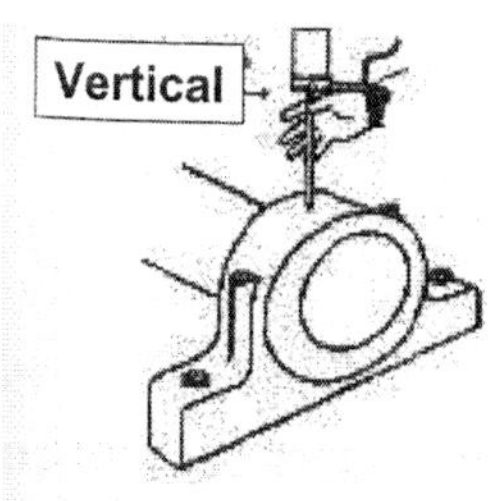

Leitura: Posição vertical

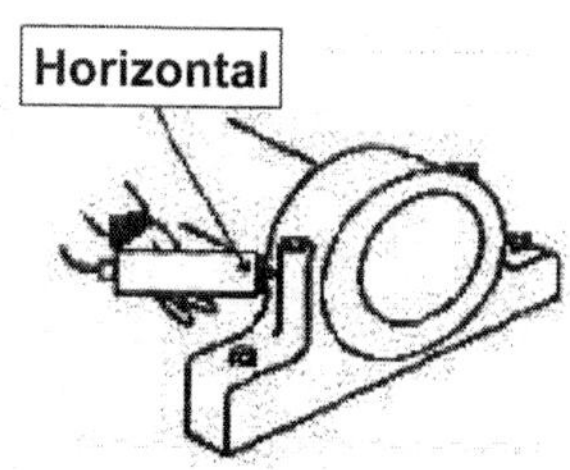

Leitura: Posição horizontal

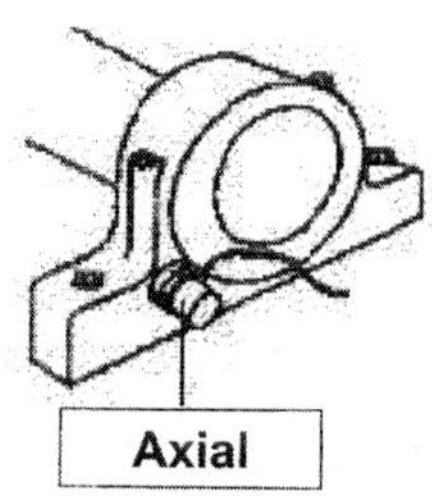

Leitura: Posição axial

O ponto de leitura deverá ser identificado corretamente, de maneira que sucessivas inspeções sejam asseguradas e sejam coletados os dados de vibração no mesmo ponto, como nos mostra a figura a seguir:

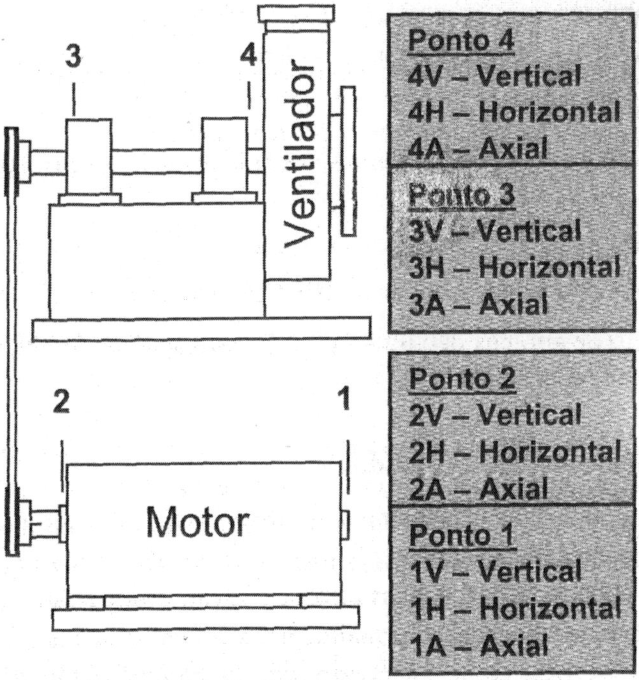

Exemplo de uma codificação dos pontos de leitura.

3.3.2.3 Detecção de Problemas

Critérios de Avaliação da Condição

As metodologias associadas à avaliação da condição de um equipamento envolvem um conjunto de procedimentos, onde se destacam:

- Comparação com normas técnicas ou recomendações do fabricante do equipamento ou ainda dos rolamentos;
- Comparações com leituras anteriores ou leituras consideradas padrão;
- Comparações estatísticas com a variação do nível global entre diversas inspeções (desvio padrão) ou bandas de frequências predefinidas.

3.3.2.4 Diagnósticos a partir da Análise de Vibração

Desbalanceamento: problema de vibração muito comum em eixos girantes. É predominante na direção radial (em torno do eixo). A frequência (f) registrada é de 1X(f).

Tipos de desbalanceamentos radiais:

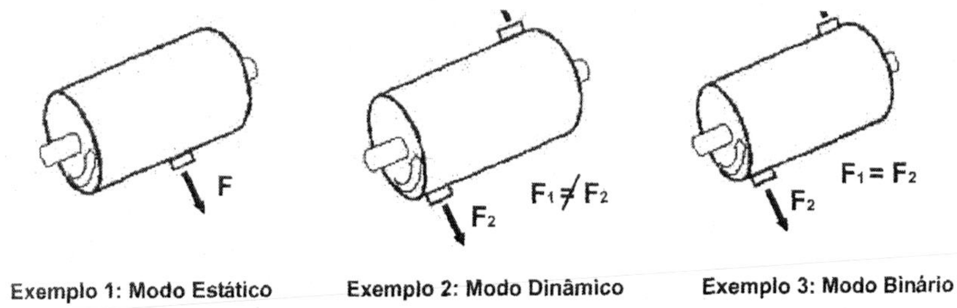

Desalinhamento: é segunda causa mais comum de vibração em eixos girantes, surgindo com a presença da própria frequência de funcionamento do equipamento e suas respectivas harmônicas. As frequências (f) registradas podem ser:

- 1X(f) sempre;
- 2X(f) muito comum;
- 3X(f) ou 4X(f) mais raramente;

Empenamento: se a localização deste empeno é próximo do acoplamento, o "pico" das curvas registradas se deve às leituras tanto na posição radial quanto na axial.

Folga: tem como causas o desalinhamento e o desbalanceamento. O diagnóstico da presença de folgas, em componentes rotativos, pode apresentar algumas dificuldades, uma vez que os espectros* (formas como se apresentam as ondas no gráfico, como nos mostra a figura a seguir) apresentam uma variação complexa conforme essa folga, se é ou não maior. Folgas entre mancais e alojamentos apresentam frequências de 0,5X(f) ou 0,33X(f) as demais folgas mecânicas apresentam múltiplos de velocidade de rotação do eixo, nX(f).

Vibração em motores elétricos: apresenta vibração com características de "batimento", devido à proximidade entre a velocidade de rotação do eixo e a do campo magnético, formado pelo giro do indutor e induzido.

Defeitos em engrenagens: a vibração em torno da frequência varia conforme o número de dentes do engrenamento e é obtida pela expressão nº de dentes X (f).

Problemas ou defeitos em rolamentos: o ciclo de vida de um rolamento depende fundamentalmente de dois conjuntos de fatores:

- Variáveis de processo: velocidade, carga aplicada, lubrificação e temperatura;
- Variáveis de projeto: desenho adequado para a aplicação, materiais construtivos e qualidade de fabricação;

Quando se analisam eventuais problemas em rolamentos, devemos considerar:

1. Frequências devidas a avarias em rolamentos, segundo a ordem: avarias nos anéis, esferas ou roletes e gaiola. Vibração em altas frequências: (f): 6 kHz até 60 kHz.

2. Falhas devidas a avarias no anel interior apresentam amplitudes baixas, em oposição a avarias no anel exterior. Este fato se deve ao amortecimento do sinal vibratório do interior do rolamento (anel interior) até o ponto de medida que é exterior ao rolamento.

3. A frequência de esferas ou roletes surge, normalmente, quando existem defeitos nas esferas ou roletes. Se existe mais do que uma esfera defeituosa, o espectro apresenta harmônicas.

4. Folga interna em rolamentos apresenta baixas frequências e um conjunto de harmônicas, podendo apresentar um pico de alta frequência e harmônicas superiores.

5. As vibrações aumentam com o agravamento da degradação do rolamento. No entanto, quando próximo da ruptura, as amplitudes vibratórias tendem a baixar.

Ressonância: quando se identifica o aumento repentino das vibrações, a determinadas velocidades, no processo de aceleração da turbina, por exemplo, isto significa uma frequência natural do equipamento (muitas vezes, é a frequência natural do sistema associado ao rotor). Uma das formas de identificar a frequência natural, de um rotor, é coletando sinais de vibração e ângulo de fase durante o arranque ou a parada.

Seleção dos Equipamentos de Monitoramento

A seleção do equipamento de medição e análise deverá estar subordinada a um conjunto de aspectos, de onde se destacam:

- Identificação da carga de inspeção;
- Identificação dos custos do programa de inspeção;
- Medidor de nível global.

Atualmente, a grande maioria das empresas com sistemas de inspeção por vibração utiliza o chamado medidor de nível global, de baixo investimento e fácil manuseio. Porém, a informação obtida é "pobre" e não se aplica aos equipamentos de baixa rotação.

Coletores de Dados

Os coletores de dados, para o caso de obtenção de dados acima da coleta e do nível global de vibrações, possuem capacidade para coleta de espectros e de sinal em tempo e técnicas de detecção precoce de avarias nos rolamentos.

Vantagens:

1. Capacidade para armazenar maiores quantidades de informação, sendo sua transferência automática para software específico de gestão.
2. Qualidade e confiabilidade da informação obtida.

Desvantagens:

1. Alto custo.

3. Sua utilização requer cuidados especiais no modo de operação, na coleta de dados e nas técnicas de tratamento e diagnóstico.

Exemplo de um técnico realizando análise de vibração em eixo girante, utilizando um transdutor e o aparelho coletor das medições (Fontes: Tecnologia Preditiva Ltda e www.hottec.com.br)

Após a medição, o coletor é conectado a um computador (na foto um notebook) e dados são transmitidos para um software que analisa e gera as interpretações gráficas (Fontes: Tecnologia Preditiva Ltda e www.hottec.com.br)

Métodos de Balanceamento (ver também as Normas ISO 1940 e NBR 8008):

1. Balanceamento Estático: neste tipo de balanceamento a compensação de massas é feita num mesmo plano. É comumente utilizado em rotores em forma de disco e rotores montados externamente aos seus dois mancais. No balanceamento estático a linha de centro do rotor e a linha de centro da rotação devem estar paralelas e excêntricas para que o equipamento esteja balanceado.

2. Balanceamento Dinâmico: neste caso, a compensação das massas é feita em planos distintos. A característica principal do balanceamento dinâmico é que a linha de centro do rotor não é paralela à linha de centro de rotação, podendo ou não se interceptarem. Existem dois tipos de equipamento para este tipo de balanceamento: um deles é instalado em oficinas onde o rotor é balanceado fora do conjunto; o outro é portátil e próprio para execução desse trabalho no campo, onde as máquinas encontram-se instaladas, evitando a necessidade de desmontá-las, deixando um desbalanceamento residual mínimo.

Nota: Para rotores especiais, normalmente com múltiplos estágios, são utilizadas técnicas especiais de balanceamento, assim como para bombas de multe estágio, turbinas a vapor, compressores e outras máquinas rotativas que operam a altas rotações. Normalmente o balanceamento de oficina das máquinas é efetuado em rotações inferiores à rotação da máquina, podendo ser aplicado com sucesso para os rotores rígidos. Aplicações especiais podem necessitar do balanceamento na rotação da máquina. Neste caso, são utilizadas máquinas de balanceamento especiais, com câmaras de vácuo e alta potência para permitir a realização de balanceamento na rotação. Atualmente existem instrumentos que podem fazer o balanceamento em um ou dois planos de forma bastante rápida e precisa.

Métodos de Alinhamento

A escolha do método a ser utilizado depende do grau de precisão necessário ao perfeito funcionamento do equipamento e da disponibilidade de pessoal treinado para a aplicação do método.

1. Método da régua e calibre de lâminas: neste método, os desalinhamentos Paralelo e Angular são medidos diretamente nas extremidades do acoplamento. Este método é bastante limitado com relação à precisão, pois até as tolerâncias de fabricação dos componentes do acoplamento influenciam no resultado. Portanto, este método pode ser aplicado em pequenos equipamentos e como método preliminar para o alinhamento da máquina.

2. Método do relógio comparador: é o método de alinhamento mais utilizado na prática. A aplicação correta deste método garante o alinhamento do equipamento dentro dos limites indicados em tabelas específicas.

3. Método do alinhamento a laser: existem vários tipos de sistemas para alinhamento a laser. Os equipamentos podem utilizar três princípios básicos: laser/prisma, duplo laser/duplo detector e laser/separador/duplo detector.

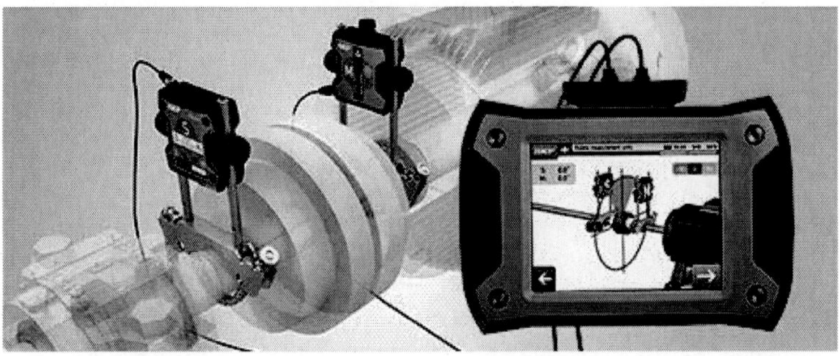

Ilustração de alinhamento a laser, por ferramenta TKSA 31. Fonte: http://www.skf.com

Tipos de Medição e Análise de Vibração

Basicamente, existem dois métodos de medição: Nível Global e Análise Espectral.

1. Medição por Nível Global: é o método mais utilizado. Não há necessidade de alto grau de capacitação pessoal e pode ser feito com instrumentos de

fácil operação, e onde a leitura dos valores é feita de forma direta. Tem ampla aplicação nos ambientes industriais, em equipamentos como: motores elétricos, bombas de circulação de fluidos, ventiladores e sistemas mecânicos com mancais de uso geral.

Existem normas e especificações que permitem associar o valor do nível global da medida de vibração com as condições do equipamento, as quais definem critérios preliminares para os níveis de normalidade e anormalidade registrados na medição. Este método permite estabelecer a Curva de Tendência (que constitui na aplicação típica da vibração como tecnologia de monitoramento da condição), porém não é suficiente para definir a causa da vibração.

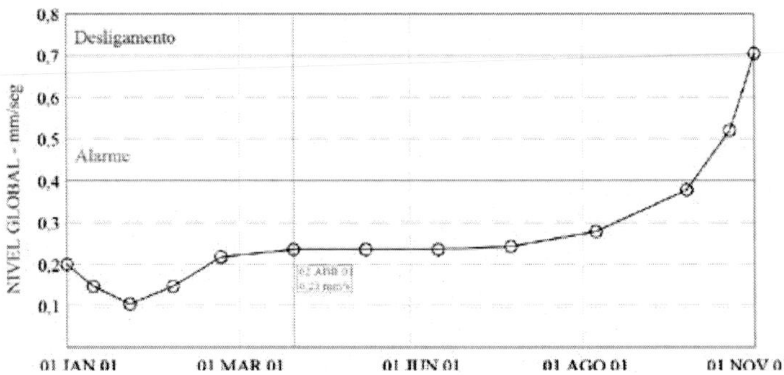

Escala de tempo das medições, demonstrando a evolução das Medidas de Vibração, pelo Nível Global da Vibração, e na qual apresenta a evolução dos valores do nível global de uma medida de vibração, onde foram estabelecidos os diversos níveis de vibração correspondentes ao valor normal, valor de alarme e valor de desligamento.
Fonte: Universidade Jean Piaget de Angola, Disciplina: Manutenção.

2. Análise Espectral ou Medição pelo Espectro de Vibrações: este método exige instrumentos mais sofisticados e técnicos capacitados. A medição é feita no sinal, no domínio da frequência, que é obtido aplicando-se a **FFT (Fast Fourier Transform – Transformada Rápida de Fourier)** no sinal do tempo. Esta é uma definição relativamente simples, pois os instrumentos existentes já possuem recursos para análises específicas, com tratamento mais sofisticado do sinal.

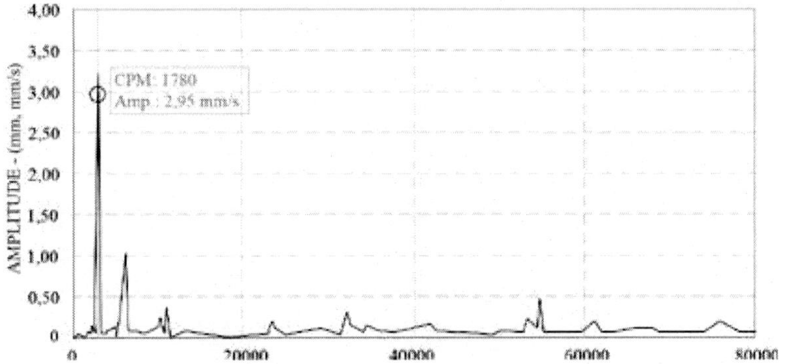

Escala de frequências (cpm).
O gráfico representa uma Medição pelo método da Análise Espectral.
Fonte: Universidade Jean Piaget de Angola, Disciplina: Manutenção.

Métodos de Medição da Vibração

Estas são as formas de medição mais conhecidas:

- Medição executada no local: medição instantânea do sistema. Pode ser executada pelos métodos de Nível Global ou por Análise de Espectro; irá depender dos recursos tecnológicos disponíveis;

- Coleta de dados: consiste na determinação de uma rotina de medição, a partir de uma seleção dos sistemas devidamente cadastrados (descrição de todos os pontos de medição). Os dados coletados podem ser anotados manualmente ou gravados nos instrumentos (depois os dados são "descarregados" para um software para geração de gráficos). A fase de análise é feita através da evolução dos níveis de vibração (método de Nível Global ou por Análise Espectral). A partir da evolução da vibração (normal ou anormal) e a experiência dos técnicos, é possível estabelecer os planos de ação requeridos;

- Monitoramento Contínuo: é um método de alto investimento, portanto, é destinado aos sistemas críticos, cuja falha coloque em risco a continuidade do negócio ou segurança. Igualmente, por ser feito pelo Nível Global ou

Análise Espectral. Normalmente, os sinais permanecem gravados para obter um histórico das medições. A facilidade para a aquisição de Transdutores e a possibilidade de interface com sistemas computadorizados possibilitam excelentes resultados em relação ao monitoramento da condição.

Exemplo de balanceador dinâmico (propriedade da empresa TECNIKAO Indústria e Comércio Ltda.)

Relatórios de Análise de Vibração

Os resultados das análises são passados conforme a forma de apresentação adotada pela equipe interna ou pela empresa contratada. A seguir está um exemplo de relatório após a coleta de vibração de uma série de máquina operatriz.

Evolução das medições de mancal e rolamento (Fresadora Universal)

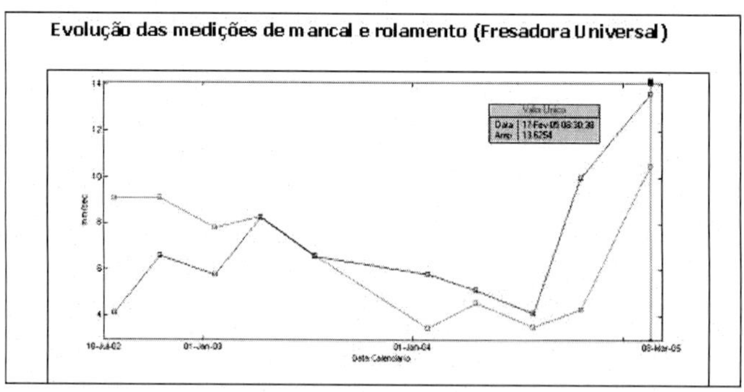

Este é relatório gráfico gerado a partir da coleta de dados. É um exemplo da "monitoração da condição", isto é, ao longo de um determinado período. Neste caso específico, o equipamento apresentou um aumento de vibração em seus pontos de medição.

Conclusão

O processo de implantação da preditiva segue o mesmo raciocínio e sistemática da manutenção preventiva. Também se torna viável implantar em ativos críticos, sendo a meta um alto índice de disponibilidade. Geralmente, opta-se por contratar empresas especializadas neste tipo de serviço, em vez de adquirir equipamentos de medição e análise. Acrescenta-se a isso a necessidade de manter técnicos qualificados em Vibração e Termografia. Estas empresas executam as medições, avaliam os resultados, fornecem os relatórios e indicam as ações necessárias. Creio ser mais rentável esta opção. Por outro lado, as indústrias de processo contínuo, pelo volume de pontos de monitoramento, possuem equipe interna para a realização da Análise de Vibração. Nas empresas em que atuei na Termografia aplicada às subestações elétricas, é fundamental detectar problemas e, desta forma, se antecipar, atuando preventivamente. As revisões convencionais (inspeção visual) não são detectáveis, além de serem extremamente perigosas para os eletricistas. Portanto, não se deve questionar a importância, mas analisar sua aplicação e frequências.

As empresas que executam Análise de Vibração propõem, inicialmente, uma frequência mensal para utilidades (compressores, bombas etc.) e bimensal para máquinas ferramentas (fresadoras, centros de usinagem, tornos etc.). Todavia, elas podem ser alteradas conforme parâmetros definidos para os resultados. A partir de relatórios de manutenção preditiva (vibração e termografia), o engenheiro de manutenção elabora sua programação de ações corretivas e preventivas, tendo alto índice de acerto em sua estratégia para obter alta confiabilidade dos ativos.

Este tipo de manutenção é de alto custo, sendo muitas vezes contestado justamente por isso. Ainda mais se os fatores que levam uma organização a adotar estiveram claramente baseados em **custo x benefício.**

Outros benefícios, principalmente para as áreas de Produção, podem incluir:

- Eliminação de trocas de componentes desnecessários, justamente por monitorar o tempo adequado para sua substituição;
- Conhecimento dos defeitos antes da ocorrência;
- Mais segurança operacional, bem como maior Disponibilidade e Confiabilidade (MCC);
- Redução drástica das "quebras" de ativos;

Nota

Estudos revelam que há uma redução em 2/3 dos prejuízos com paradas de produção por "quebras" e uma redução em 1/3 dos gastos em manutenção corretiva.

3.3.3 A Análise de Óleo

Este método preditivo teve início nos anos 1950. A crise do petróleo intensificou o uso da análise de óleo, que passou a cumprir uma nova função na manutenção das máquinas ferramentas, permitindo o monitoramento das condições do óleo lubrificante e identificar a necessidade de troca ou apenas reposição parcial. Neste período foram introduzidas técnicas preditivas que permitiam, através da análise de óleo, diagnosticar problemas nos equipamentos. A legislação ambiental torna ainda mais rigorosa as medidas de controle relacionadas com a utilização do óleo na indústria, sendo necessárias ações, tais como estações de tratamento (ETE), métodos eficazes de descarte e igualmente reaproveitamento dos lubrificantes.

A contaminação ocorre em razão de acúmulo de partículas resultantes do desgaste dos componentes, ou ainda agentes externos. A água é um dos contaminantes mais comuns, pois facilmente entra em contato com a lubrificação. Outro fator se deve à degradação das propriedades, afetando sua principal característica, que é a viscosidade, necessária para evitar o atrito entre as partes em contato. Portanto, o monitoramento reduz as deficiências de lubrificação, protege os mecanismos dos desgastes excessivos ou prematuros, aumenta a confiabilidade do sistema e ainda permite um controle mais eficaz da necessidade de troca de óleo, reduzindo igualmente custos operacionais e de manutenção. Através da avaliação da composição química, quantidade e forma dos contaminantes, foram desenvolvidas técnicas de acompanhamento e análise que permitem definir mecanismos de falha de componentes da máquina.

Para o procedimento da coleta da amostra, certas determinações são necessárias:

- A coleta deve ser feita, mas o sistema deve estar operando;
- Não pode haver contaminação no local de retirada da amostra;
- O recipiente de coleta deve estar higienizado, isto é, isento de contaminação;
- O ponto de coleta, para fins de monitoramento, deve ser sempre o mesmo;
- Deixar escoar um pouco de lubrificante antes da coleta;
- Finalmente, identificar o recipiente devidamente, seguindo padrões existentes.

As análises dos lubrificantes podem ser divididas em quatro grupos: Análise Físico-Química, Análise de Contaminações, Espectrometria e Ferrografia.

Análise Físico-Química

Pode ser executada de forma pontual, ou seja, medidas isoladas; ou análise periódica, ao longo do tempo, para o acompanhamento das condições do lubrificante. Estes são os principais métodos de análises físico-químicas:

- Viscosidade Cinemática: a viscosidade é a medida de resistência ao escoamento de um fluido, é a principal propriedade dos óleos lubrificantes. A medida é feita a 40ºC ou 100ºC. As principais normas utilizadas para a definição dos ensaios de viscosidade são: ASTM D445 e NBR 10441. A viscosidade aumenta devido à oxidação, presença de insolúveis, água e contaminação por óleos de maior viscosidade. O Índice de viscosidade é um número adimensional que mede a intensidade de variação da viscosidade em relação à temperatura. Quanto maior o Índice de viscosidade, menor é a variação da viscosidade em função da temperatura. Os ensaios para determinação deste valor são previstos pelas normas ASTM D2270 e NBR 14358;

- Ponto de Fulgor e Ponto de Inflamação: o Ponto de Fulgor representa a temperatura que o óleo deve atingir para que uma chama passada sobre a superfície inflame os vapores. O ensaio é definido pela ASTM D92, e o valor é medido em Graus Centígrados. O Ponto de Inflamação representa a temperatura que o óleo deve atingir para que uma chama passada sobre a superfície inflame os vapores formados e sustente a combustão. O ensaio é definido pela ASTM D92, e o valor é medido em C°.

- Total Acid Number (TAN) e Total Base Number (TBN): o **TAN** representa o número de acidez total e este valor indica a quantidade total de substâncias ácidas contidas no óleo. As substâncias ácidas geradas pela oxidação do óleo podem atacar metais e produzir compostos insolúveis. As normas que definem este ensaio são ASTM D664 e ASTM D974, a unidade é mgKOH/g;

- Corrosão em Lâmina de Cobre: este valor define as características de proteção corrosiva do óleo lubrificante. Este ensaio determina o comportamento do óleo em relação ao cobre e às suas ligas. As normas para este ensaio são: ASTM D130 e NBR 14359.

Análise da Contaminação

A contaminação do lubrificante ocorre devido à presença de substâncias externas que se infiltram no sistema, seja pelo desgaste do equipamento ou por reações que ocorrem no próprio lubrificante. Os principais ensaios para detectar a presença de contaminantes são:

- Karl Fisher e Destilação: estes ensaios são utilizados para identificar a presença de água. A água provoca a formação de emulsões, falha da lubrificação em condições críticas, precipitação dos aditivos, formação de borra e aumento da corrosão. As normas ASTM D1744 e a ASTM D95 definem os procedimentos para este ensaio, sendo o valor definido pelo percentual de presença de óleo na amostra;

- Insolúveis em Pentano: este ensaio determina a saturação do lubrificante por presença de insolúveis em pentano. Estes contaminantes são constituídos por partículas metálicas, óxidos resultantes da corrosão, material carbonizado proveniente da degradação do lubrificante e material resinoso oxidado (lacas, vernizes).

A Espectrometria

A espectrometria pode ser feita pelo método da absorção atômica ou de emissão óptica. Em termos gerais, este ensaio identifica todos os elementos químicos presentes no lubrificante. A amostra é introduzida numa câmara de combustão e, após, os materiais são "desintegrados" até o seu nível atômico. Cada elemento químico possui frequências particulares, como impressões digitais, tornando possível a identificação. Estes tipos de ensaios fornecem informações sobre o desgaste do equipamento, com dados precisos do conteúdo de substâncias metálicas (Fe, Cu, Al etc.), assim como contaminações externas, por exemplo, o elemento Silício. Além disso, podem avaliar os aditivos presentes no lubrificante.

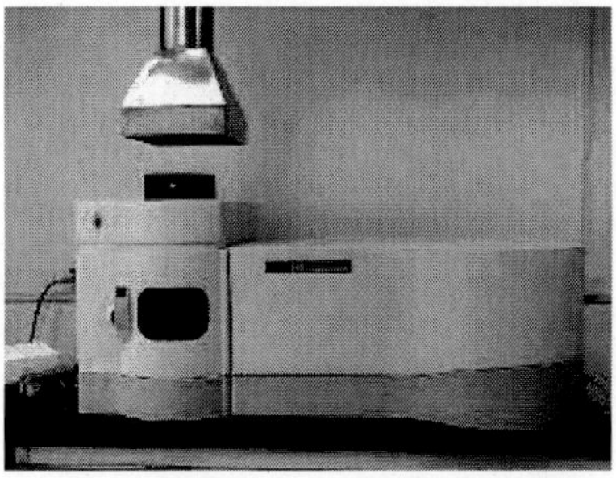

Exemplo de Equipamento para Espectrometria (Conforme Norma ASTM D 5185).
Fonte: http://www.mgmdiag.com.br

A Ferrografia

Este método de monitoramento da condição de óleo lubrificante foi desenvolvido para aplicações militares pelo *Naval Air Engineering Center* (EUA), com a finalidade de aumentar a confiabilidade no diagnóstico de condições das máquinas. Esta técnica procurava superar as limitações de outras análises na identificação do mecanismo de desgaste dos componentes das máquinas. No ano de 1982, a Ferrografia foi liberada para o uso civil, sendo introduzida no Brasil por volta de 1988. Os princípios que regem a Ferrografia são de que os sistemas mecânicos em contato por atrito apresentam desgaste e, consequentemente, geram partículas metálicas. O tamanho e quantidade das partículas indicam a severidade do desgaste. A morfologia e o acabamento superficial das partículas indicam o tipo de desgaste.

As Análises Ferrográficas podem ser divididas em dois grupos: Analítica e Quantitativa:

1) Analítica: permite a observação visual das partículas de desgaste, para que sejam identificados os tipos de desgastes presentes. No ensaio analítico as partículas são classificadas em função das suas características quando observadas no microscópio. Esta classificação pode ser:
   - Tipo: esfoliação, abrasão, corrosão etc.;
   - Formato: laminares, esferas etc.;
   - Natureza: óxidos, polímeros, contaminantes, orgânicas etc.;

2) Quantitativo: este exame permite a classificação das partículas de acordo com o tamanho e a quantidade. O acompanhamento da evolução destes valores permite avaliar as condições de deteriorização do equipamento. Classificação das Partículas: Large = L: maiores do que 5 microns e Small = S: menores ou iguais a 5 microns. Interpretações: L + S = concentração total de partículas; PLP = (L-S)x(L+S)x100 = modo de desgaste; IS = (L2-S2)/diluição2 = índice de severidade.

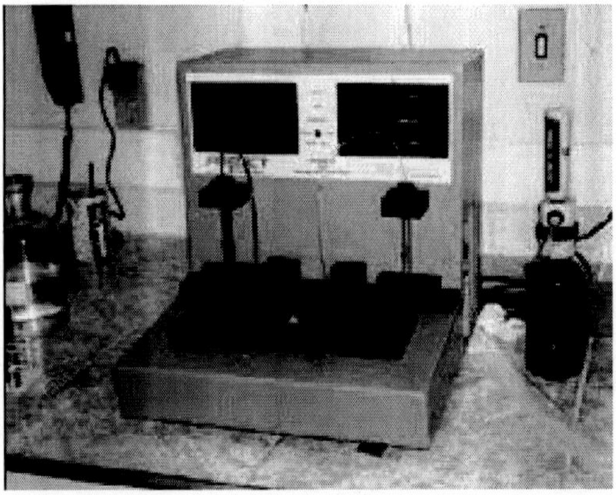

Exemplo de equipamento Ferrógrafo, utilizado para o Exame Analítico.
Fonte: http://www.tecem.com.br

Capítulo IV

Qualidade Aplicada à Manutenção

INTRODUÇÃO

Os itens das normas de qualidade aplicados à Manutenção se resumem a poucos capítulos, mas importantes no contexto do processo de manufatura. A ISO TS 16969 nasceu a partir das exigências existentes no segmento automotivo. É uma norma originada dos requisitos da IS0 9001, somando-se às chamadas Exigências de Cliente. Normalmente, as empresas disponibilizam treinamentos, e alguns representantes de departamento são convocados. Geralmente, o Engenheiro de Manutenção é o representante formalizado e responsável pelo entendimento e adequação dos itens relacionados às atividades de Manutenção.

4.1 Breve Histórico da Qualidade nas Organizações

As Normas, de uma maneira geral, surgiram pouco após a Segunda Guerra Mundial, em razão da necessidade de padronização da munição usada pelo armamento militar. Desde então, a indústria bélica deu início a um processo de normatização dos processos até os dias atuais. A migração para as indústrias de artefatos comerciais se deu também em função da necessidade de elaborar padrões de fabricação para que a qualidade e segurança fossem asseguradas.

4.1.1 Antes da ISO 9000

Durante a Segunda Guerra Mundial (WWII – Second World War), as empresas Britânicas de alta tecnologia, como de munição, estavam tendo diversos problemas com a qualidade de seus produtos. Na época, muitas bombas acabavam explodindo dentro das empresas no momento da fabricação ou durante o transporte. A solução adotada foi solicitar aos fabricantes procedimentos documentados de fabricação, garantido que seriam obedecidos. O nome desta norma era BS 5750, conhecida por ser norma de gestão, pois especificava como produzir e gerenciar o processo de produção. Em 1987, o governo britânico, convencido pela Organização Internacional de Padronização, aceitou a BS 5750 como uma norma padrão internacional. Assim, a BS 5750 tornou-se a ISO 9000.

4.1.2 ISO 9000 - Versão 1987

A ISO 9000: Versão1987 tinha a mesma estrutura da norma britânica BS 5750, mas com três modelos de gerenciamento do sistema da qualidade. A seleção do modelo era baseada no escopo das atividades da Organização:

- **ISO 9001:1987 – Modelo de garantia da qualidade para projeto, desenvolvimento, produção, montagem e prestadores de serviço:** era destinada a organizações que tinham, em suas atividades, a criação de novos produtos.
- **ISO 9002:1987 – Modelo de garantia da qualidade para produção, montagem e prestação de serviço:** tinha basicamente o mesmo material da ISO 9001, mas sem abranger a criação de novos produtos.
- **ISO 9003:1987 – Modelo de garantia da qualidade para inspeção final e teste**: abrangia somente a inspeção final do produto e não se preocupava com a forma como o produto era fabricado.

A ISO 9000:1987 era também influenciada por outras normas existentes nos Estados Unidos da América e outras normas de defesa militar **("MIL SPECS")**, todas adaptadas para os processos de fabricação.

4.1.3 ISO 9000 – Versão 1994

A ISO 9000:1994 enfatizava a garantia da qualidade por meio de ações preventivas, em vez de inspeção final (permanecia a exigência de evidencias de conformidade com processos documentados). Esta primeira edição, com este foco, acabou ocasionando um problema para as empresas, que acabavam por criar seus próprios requisitos, gerando diversos manuais e procedimentos e, consequentemente, burocratizando demais esta norma. Isso, na prática, atrapalhava o sistema da Qualidade.

4.1.4 ISO 9000 – Versão 2000

A ISO 9001:2000 combina a três normas – ISO 9001, ISO 9002 e ISO 9003 – em apenas uma, denominada ISO 9001. Os processos de projeto e desenvolvimento são requeridos apenas para empresas que de fato investem na criação de novos produtos. A versão 2000 procura fazer uma mudança radical na forma de pensar, estabelecendo o conceito de controle de processo antes e durante o processo (o controle de processo era monitorado, e melhorava as atividades e tarefas somente no instante da inspeção final do produto). A versão 2000 também exige o envolvimento da alta direção da empresa, para fazer a integração da qualidade dentro da empresa, definindo um responsável pelas ações da qualidade. Outro objetivo era melhorar o processo por meio de medição de performance, isto é, indicadores para medir a efetividade das ações e atividades desenvolvidas. Mas a principal mudança na norma foi a introdução da visão foco no cliente. Antes, o cliente era visto como externo à organização. Agora o **SGQ**[1] considera o cliente dentro do sistema da organização. A qualidade é considerada uma variável de múltiplas dimensões e definida pelo cliente, a partir de suas necessidades. Além disso, não são considerados clientes apenas os consumidores finais do produto, mas todos aqueles envolvidos na cadeia de produção (fornecedores e parceiros).

4.1.5 ISO 9001 – Versão 2015

A NBRISO 9001:2015, a mais recente, apresenta alterações que incidem no Sistema de Gestão da Qualidade (SGQ). As alterações na norma foram feitas em setembro de 2015, no entanto, as organizações tinham até setembro de 2018 para efetuar a transição.

A nova estrutura apresenta alterações que a tornam mais flexível, oferecendo benefícios não tão somente como ferramenta da qualidade, mas também para

[1] O órgão internacional SGS é o pioneiro em certificação automotiva e tem desenvolvido experiência incomparável em certificação de pequenas, médias ou grandes organizações ao redor do mundo. É um dos poucos organismos certificadores mundialmente creditados (ou acreditados) para realizar auditorias de certificação em conformidade com a ISO TS 16949. "Nossa dedicada equipe automotiva de auditores registrados, localizados em 15 países, está pronta para atender suas exigências mais severas".

melhoria de negócios e consequentemente, aumento da satisfação do cliente. Proporciona facilidades para todas as organizações, independente do tamanho de sua estrutura.

Um item a destacar, é em relação à definição de "Registro e Controle". A partir do tópico 7.5 – Informação Documentada, onde consta o termo: "Apoio". Dessa forma, a norma quando se refere à "manter a informação documentada", significa "manter uma rotina ou instrução de trabalho, de forma a regulamentar a prática". Observamos o fortalecimento de documentar as ações, bem como registrar e divulgar as alterações quando ocorrerem. Em hipótese alguma, devemos manter documentação e registros só porque a norma exige. Tenha em mente sobre a importância de manter um SGQ operante e a Certificação conquistada. Outro benefício é ter a gestão de processo alinhada e assim trazendo grandes benefícios ao bom funcionamento da empresa. Há inserção de novas frentes de ação para organização, tais como, Planejamento e Gestão de Recursos, Infrastrutura adequada à produção de serviços, Gestão de Riscos, entre outros.

4.1.6 Programa Brasileiro da Qualidade e Produtividade – PGQP

Este programa da qualidade foi criado em 1990, no então governo do Presidente Collor. A finalidade era difundir os novos conceitos de qualidade, gestão e organização da produção que estão revolucionando a economia mundial, sendo indispensável à modernização e competitividade das empresas brasileiras. Foi um passo muito importante para o Brasil. Reformulado, a partir de 1996, para ganhar mais agilidade e abrangência setorial, o programa vem procurando descentralizar suas ações e ampliar o número de parcerias, com o setor privado. Para fortalecer essa nova diretriz no âmbito do setor público, foi instituído o "Comitê Nacional da Qualidade e Produtividade", (Decreto nº 99.675, de 07.11.90), responsável pela administração do Programa, presidido pelo Secretário-Geral da Presidência da República.

O PGQP foi fundamental para dar início à "Gestão da Qualidade Total", sendo considerado um programa tecnológico modernizante. Capaz de produzir mudanças qualitativas, por meio de um processo reeducacional nas empresas nacionais e em setores estratégicos da economia; Também permitir ao País superar certa estagnação industrial vigente à época. Isso, sem dúvidas, permitiria às diversas organizações alcançarem competitividade frente à concorrência do mercado externo.

Um breve comentário, é que em 1991, tive a grande oportunidade de iniciar um projeto inovador, na qual incluía implementar novos conceitos de gestão estratégica na Manutenção Industrial (Sistema Preventivo, Controle de Ordens de Serviço, Indicadores de Desempenho e Manutenção Autônoma. Recém-formado, iniciava a carreira como engenheiro de manutenção na então denominada Forjas Taurus S/A (atualmente, Taurus Armas). Foi um grande desafio. Sinceros agradecimentos ao Engenheiro Cícero Palma.

4.2 Princípios da ISO 9001:2015

A NBRISO 9001:2015 apresenta sete princípios da qualidade. Assim como nas versões anteriores, a norma serve como guia para a obtenção de processos padronizados, mas sujeitos a alterações seja por não conformidade, ou para melhorias – processo este, importante para o crescimento contínuo das organizações. Para você que atua na área de Manutenção e vai atuar na implementação de documentos e/ou atuar em grupos multifuncionais, precisa ficar atento! A dica é participar ativamente dos treinamentos, ler e interpretar a norma devidamente.

Veja as exigências revisitadas nessa nova versão, já bem conhecidas nas versões anteriores:

Foco no cliente: conhecidamente principal objetivo da gestão de qualidade, isto é, proporcionar o melhor produto e/ou serviço a seus clientes.

Liderança: o organograma contendo gestores e sua equipe em sintonia de modo a contribuir para os melhores resultados. Independe do estilo de liderança, desde que os objetivos sejam alcançados. Os colaboradores, com a motivação certa, impactam positivamente na qualidade de produtos e serviços.

Comprometimento: colaboradores de todos os departamentos da organização engajados em atuar em suas atividades da melhor forma possível. Treinados e capacitados eles estão mais propensos a superar desafios e construir um ambiente de trabalho produtivo, seguro e saudável.

Abordagem de processos: estabelecer fluxos de processos que funcionem de maneira assertiva e eficiente. Manter padrões de atuação, por meio de planejamento, engajamento e disciplina com foco no melhor para o cliente.

Melhoria: o termo complementar "contínua" foi subtraído, mas o entendimento é que a melhoria seja uma das atividades constantes. Aperfeiçoar processos, investir em tecnologia e capacitar colaboradores são algumas das maneiras de se desenvolver constantemente. Lembramos aqui da ferramenta: Ciclo PDCA.

Tomada de decisão baseada em evidência: as decisões devem ser tomadas de forma mais assertiva possível. Portanto, elaborar estudos, juntar dados e emitir relatórios para que as lideranças possam traçar metas alcançáveis, mantendo a rentabilidade da companhia, sem por em risco o negócio.

Nota: Vale ressaltar que é importante prever cenários, com base no máximo de informações possíveis.

Gestão de relacionamentos: importante requisito para o crescimento e crucial para a sobrevivência, organização diante de graves crises econômicas. Uma adequada gestão de pessoas é estratégica para alcançar estas situações descritas. O surgimento de conflitos é, praticamente, inevitável. Então, gerir esses contratempos se torna um diferencial para a organização. Torna-se importante a adoção de métodos para mitigar conflitos internos e externos (fornecedores e parceiros de negócios). A qualidade só se obtém num ambiente saudável. Tende a fortalecer a marca, aumentar a produtividade e estabelecer laços duradouros. As pesquisas "internas de clima" são uma das ferramentas importantes neste contexto. Paralelamente, líderes devem estar atentos no rendimento de seu time. Atuar o mais rápido para conter não conformidades na gestão de pessoas. Esse capital humano deve estar em constante monitoramento.

Em acréscimo aos requisitos da ISO 9001:2000, é necessário definir e implementar uma política da qualidade e um manual da qualidade (isto não quer dizer estes são os únicos documentos necessários, cada organização deve avaliar seu processo por inteiro).

4.3 Relação entre a ISO 9001:2015 e a Manutenção

O objetivo desta análise é a de referenciar ao leitor os itens da norma que estão relacionados à Gestão da Manutenção. A norma requer pleno entendimento para que na Auditoria, seja interna ou de Certificação, todos os itens estejam em conformidade. Importante salientar, quem determina ativos críticos e planos de manutenção correspondente, é a Organização. Treinamentos e algumas literaturas auxiliam na interpretação, portanto, esteja atento e bom trabalho!

A seguir, citações da nova versão da ISO 9001:2015 onde o Setor de Manutenção está inserido seja de forma clara ou intrínseca.

6.1 Ações para abordar riscos e oportunidades 6.1.1 Ao planejar o sistema de gestão da qualidade, a organização deve considerar as questões referidas em 4.1 e os requisitos referidos em 4.2, e determinar os riscos e oportunidades que precisam ser abordados para: a) assegurar que o sistema de gestão da qualidade possa alcançar seus resultados pretendidos; b) aumentar efeitos desejáveis; c) prevenir, ou reduzir, efeitos indesejáveis; d) alcançar melhoria.

6.1.2 A organização deve planejar: a) ações para abordar esses riscos e oportunidades;

Análise Crítica: O item foca em planejamento e requer ações da Manutenção quando se refere a "ações para abordar riscos e oportunidades", também contra "efeitos indesejáveis e alcançar melhorias". Podemos citar planos preventivos, programas de melhoria contínua como a Manutenção Autônoma, e Kaizen. Com a adição do termo "Infraestrutura", a Manutenção amplia seu portfólio de ações a serem registradas e documentadas. Ações tais como, mitigar uma provável falta de energia elétrica (um dos grandes efeitos indesejáveis para a continuidade do negócio).

6.2.2. Ao planejar como alcançar seus objetivos da qualidade, a organização deve determinar: o que será feito; quais recursos serão requeridos; quem será responsável; quando isso será concluído e como os resultados serão avaliados.

Análise Critica: Novamente a Manutenção será requisitada, quando os objetivos da qualidade forem planejados, no quesito "recursos serão requeridos". Entenda que o funcionamento do maquinário, utilidades e da infraestrutura faz parte destes recursos necessários para os melhores resultados.

6.3 Planejamento de mudanças. Quando a organização determina a necessidade de mudanças no sistema de gestão da qualidade, as mudanças devem ser realizadas de uma maneira planejada e sistemática (ver 4.4). A organização deve considerar: a) o propósito das mudanças e suas potenciais consequências; b) a integridade do sistema de gestão da qualidade; c) a disponibilidade de recursos; d) a alocação ou realocação de responsabilidades e autoridades.

Análise Critica: As mudanças nas organizações demandam recursos. O planejamento destas mudanças, igualmente, demanda envolvimento de grupos multifuncionais, com determinação de responsabilidade e autoridade, respectivamente. O representante da Manutenção, certamente, estará presente em todas essas etapas, seja mudança em processos e/ou física (novo ou alteração de layout).

7. Apoio 7.1 Recursos 7.1.1 Generalidades - A organização deve determinar e prover os recursos necessários para o estabelecimento, implementação, manutenção e melhoria contínua do sistema de gestão da qualidade. A organização deve considerar: a) as capacidades e restrições de recursos internos existentes; b) o que precisa ser obtido de provedores externos.

Análise Crítica: As organizações, internamente, implementam programas importantes no contexto, no Sistema de Gestão da Qualidade. Eles contam com a participação de seus colaboradores, fornecendo ideias inovadoras para melhorar suas atividades operacionais. Contudo, boa parte deles necessita de recursos, seja interno ou por meio de "provedores externos" (empresas prestadoras de serviços). Quando a melhoria for, por exemplo, em processo de produção (produto e/ou serviço) ou na infraestrutura, a Manutenção tem participação fundamental, por vezes, liderando projetos.

7.1.3 Infraestrutura – a organização deve determinar, prover e manter a infraestrutura necessária para a operação dos seus processos e para alcançar a conformidade de produtos e serviços. NOTA Infraestrutura pode incluir: a) edifícios e utilidades associadas; b) equipamento, incluindo materiais, máquinas, ferramentas, etc. e software.

Análise Crítica: É uma das importantes inclusões. Com o advento da Gestão de Facilities, a infraestrutura das organizações passa a fazer parte do plano de manutenção, agora mais formal. Então, podemos incluir no termo "Infraestrutura" além dos equipamentos de produção, a estrutura predial e utilidades associadas (prédio, instalações elétricas, água, gás, ar condicionado, tecnologia da informação e comunicação, transporte de colaboradores, portaria, limpeza e conservação etc.).

Nota: Sobre Manutenção de Infraestrutura, o leitor poderá obter informações mais detalhadas no livro, de minha autoria, **"Facilities – Manutenção de Infraestrutura".**

7.5.1 Generalidades

O sistema de gestão da qualidade da organização deve incluir: Informação documentada requerida por esta Norma; Informação documentada determinada pela organização como sendo necessária para a eficácia do sistema de gestão da qualidade.

7.5.2. Ao criar e atualizar informação documentada, a organização deve assegurar como apropriado: identificação e descrição (por exemplo, um título, data, autor ou número de referência); formato (por exemplo, linguagem, versão do software, gráficos) e meio (por exemplo, papel, eletrônico) e análise crítica e aprovação quanto à adequação e suficiência.

7.5.3 Controle de informação documentada

Análise Crítica: Obviamente este item trata da documentação. Todos os registros das atividades, desde emissão até o arquivamento, todos devem ser geridos devidamente e a Manutenção está inserida neste processo administrativo. Em geral, áreas de suporte, tais como, PCM e Engenharia de Manutenção ficam responsáveis por estas atividades. Dependendo do porte da organização, estes importantes e estratégicos setores não existem. Neste caso, é interessante dispor de equipes multifuncionais que agreguem às suas respectivas tarefas. Colaborador (es) da Qualidade, Consultor contratado e/ou da Manufatura, são boas soluções.

8.5 Produção e provisão de serviço 8.5.1 - Controle de produção e de provisão de serviço - A organização deve implementar produção e provisão de serviço sob condições controladas. Condições controladas devem incluir, como aplicável: d) o uso de infraestrutura e ambiente adequado para a operação dos processos; e) a designação de pessoas competentes, incluindo qualquer qualificação requerida; g) a implementação de ações para prevenir erro humano;

Análise Critica: Item 8.5 trata da produção de produto e/ou serviços. Ao referir uma fábrica de produtos manufaturados, a Manutenção tem sua responsabilidade bem definida e em destaque, como visto na letra "d". Portanto, é requerido mantenimento adequado do Maquinário, Instalações, Utilidades e Infraestrutura. A letra "g", também em destaque, "prevenir o erro humano" é uma das ações mais importantes no contexto, produtividade e segurança no trabalho. Evita retrabalhos, perdas irreparáveis, aumento de custos de produção e índices de sucata. Os dispositivos denominados "prova-de-erro" (do original "poka-yoke), são os mais usuais. Podem ser simples, como um dispositivo "passa-não-passa" até ferramentas sofisticadas, utilizando componentes eletro-eletrônicos, como sensores de presença/movimento.

10. Melhoria 10.1 Generalidades - A organização deve determinar e selecionar oportunidades para melhoria e implementar quaisquer ações necessárias para atender a requisitos do cliente e aumentar a satisfação do cliente. Essas devem

incluir: a) melhorar produtos e serviços para atender a requisitos assim como para abordar futuras necessidades e expectativas; b) corrigir, prevenir ou reduzir efeitos indesejados; c) melhorar o desempenho e a eficácia do sistema de gestão da qualidade. NOTA Exemplos de melhoria pode incluir correção, ação corretiva, melhoria contínua, mudanças revolucionárias, inovação e reorganização.

Análise Critica: Item da norma que tem como objetivo o de não deixar as organizações inertes. A melhoria contínua torna a organização mais competitiva e em certos casos, é responsável pela sua sobrevivência num mercado mais competitivo. Felizmente, nas indústrias, já há certo tempo os Programas de Melhoria são bem usuais e constantes. Contudo, destaco dois termos nessa versão da ISO 9001, "mudanças revolucionárias" e "inovação". Significa, no meu ponto de vista que a organização necessita implementar grupos de trabalho multifuncionais com atividades exclusivas, analisando situações atuais na empresa em busca de melhorias inovadoras, bem como mitigar os "efeitos indesejáveis". Se aplicável, o representante da Manutenção tem muito a contribuir, principalmente quando necessita de recursos, seja interno ou provido por terceiros (fornecedores de serviços de manutenção, utilidades, instalações e/ou ainda em infraestrutura).

Conclusão: Obviamente, é uma análise do meu ponto de vista, podendo ter temas que ficaram de fora. De qualquer forma, serve como orientação para o caro leitor. Há outros termos que foram alterados e podem ser encontrados acessando a norma NBR ISO 9001:2015.

4.4 A Norma ISO/TS 16949 – Especificação ISO para sistema da qualidade automotivo.

É o pré-requisito para acesso à Indústria Automotiva no mundo. A ISO TS 16949, desde 1999, é uma norma automotiva mundial elaborada conjuntamente pelos membros do IATF (International Automotive Task Force – Força Tarefa Internacional Automotiva) que é um grupo de fabricantes automotivos (General Motors, Ford, Daimler Chrysler, BMW, PSA Citroën, Volkswagen, Renault e Fiat) e suas respectivas associações. Esse grupo foi formado para fornecer produtos com a qualidade melhorada aos clientes automotivos.

A ISO TS 16949 define requisitos do sistema da qualidade baseados na ISO 9001:2000, AVSQ (Itália), EAQF (França), QS-9000 (USA) e VDA 6.1 (Alemanha). É aplicável às plantas de organizações onde produtos especificados pelo cliente são manufaturados para produção e/ou reposição.

Certificar o sistema de Gestão da Qualidade, de acordo com ISO TS 16949 e SGS, irá impactar positivamente o sucesso da organização e proporcionar os seguintes benefícios:

1. Reduzir o número de múltiplas certificações de auditorias de terceira parte para uma certificação.
2. Melhorar a produção e a qualidade dos processos.
3. Reduzir a variação da produção e aumentar sua eficiência.
4. Proporcionar maior credibilidade quando da participação em concorrências de contratos mundiais.
5. Reduzir o número de auditorias de segunda parte.
6. Facilitar a compreensão dos requisitos de qualidade para toda a cadeia de fornecimento (fornecedores e subcontratados).

4.5 Termos da ISO TS 16.949 Aplicados À Manutenção

(1) **Item 7.3.3.2 – Confiabilidade**: traduz-se como MTBF (Tempo Médio entre reparos), isto é, monitoramento e ações sobre a frequência de quebra dos ativos.

(2) **Item 7.3.3.2 – Mantenabilidade ou Manutenabilidade**: traduz-se como MTTR (Tempo Médio para o Reparo), isto é, monitoramento e ações sobre o tempo de conserto dos ativos.

(3) Disponibilidade: traduz-se como tempo efetivo de uso de um ativo, não considerando as perdas por set up, balanceamento de linha e outros tempos de manufatura.

(4) **Mensurabilidade:** é a capacidade de monitoramento sobre um determinado item de controle.

(5) **Requisitos do cliente**: são as exigências específicas do cliente para determinado processo do fornecedor. Pode-se se estender também à manutenção, se o cliente exigir, como por exemplo, a implementação da manutenção autônoma, visto que esta metodologia não é um requisito específico da Norma.

(6) **Plano de contingência:** esta é uma exigência muito importante para toda a organização, pois trata de ações específicas para processos fora de controle ou eventos não previstos. Na manutenção, mesmo que a empresa não seja certificada, é interessante manter procedimentos indicando ações e responsáveis para determinados eventos que podem parar um determinado negócio, como, por exemplo, contingência para falta de energia elétrica. O plano pode ser no estilo 5W1H e, após concluído e documentado, deve ser divulgado a todos os envolvidos. Em determinada ocorrência, todos sabem o que e como fazer.

(7) **Melhoria contínua**: é um termo bem amplo. Pode estar se referindo aos diversos programas de melhorias, como aperfeiçoamento de ativos (com o objetivo de aumentar a produtividade ou segurança), dentre outras atividades que a Manutenção executa por iniciativa própria ou por solicitação dos departamentos usuários. O termo melhoria contínua é traduzido, na metodologia japonesa, como KAIZEN, e é muito difundido por consultorias especializadas neste assunto. Estas atividades precisam ter um procedimento contendo padrões de execução (processo de "entradas e saídas"). Também, um plano de ação contendo responsáveis e prazos, de forma a demonstrar que algo está sendo implementado e que possui um fluxo. Todavia, executar ações de melhoria sem análise de custo-benefício (retorno financeiro) pode ser infrutífero. Sendo assim, a empresa perderá o controle, poderá ter gastos desnecessários em processos e a melhoria não trará benefícios. Existe uma expressão que traduz bem esta falta de critério, que é algo como "asfaltar o caminho da roça". Então, muito cuidado com as solicitações. Uma análise critica é fundamental para o sucesso global do programa.

(8) **Projetos de ferramentas:** este item está vinculado às áreas de Engenharia de Produto, Manufatura ou de Processo. Se for o caso, uma área de Ferramentaria (local de construção e correção de elementos de máquinas) estará a encargo

da Manutenção, e precisará ter uma sistemática bem organizada, contendo, no mínimo:

1. Controle por meio de arquivos físicos e/ou eletrônicos de desenhos.
2. Software específico para novos projetos e alterações.
3. Sistema de arquivamento eficiente que permita pesquisa e retorno da informação ao local de origem.
4. Desenhista projetista capacitado para a execução dos desenhos e, em certos casos, registra os "croquis" elaborados pelos mantenedores.

(9) **Itens de controle**: item extremamente importante para a Manutenção. Este controle deve comprovar que existe monitoramento e ações corretivas e preventivas. Uma das questões polêmicas durante a auditoria da qualidade são justamente os gastos departamentais relativos ao mantenimento dos ativos. Portanto, o engenheiro de manutenção deve manter os dados sempre atualizados (até, no máximo, o quinto dia útil do mês seguinte, ele deve estar com todos os dados do mês anterior registrados). Se forem fechados muito tardiamente, não há razão para gerar e monitorar dados, visto que tomar ações sobre ocorrências passadas há muito tempo cai no esquecimento e faz transparecer a todos certo desleixo. Estipule datas – o chamado "Encerramento do Mês" –, pois os problemas registrados ainda estão recentes na memória do grupo, que pode auxiliar em uma análise para a obtenção da melhor solução para estes eventos. Itens de controle devem ser divulgados em reuniões ou painéis (técnica denominada Gestão Visual). Logo, toda e qualquer informação que diga respeito ao desempenho do departamento deve ser divulgada. Assim, criamos um ambiente na equipe de responsabilidade e comprometimento com os resultados.

Alguns itens de controle usuais, em relação às exigências de Normas da Qualidade:

1. MTBF & MTTR.
2. Custos de manutenção por produto produzido.
3. Consumo e gastos com energia (elétrica, água, óleo etc.).
4. Índice de manutenção preventiva X manutenção corretiva.
5. Número de ordens de serviço atendidas e tempo médio para

atendimento (Backlog).

6. Eficiência Global de Equipamento (OEE – Overall Equipment Efficiency).

Dica

Identifique os itens de controle que mais se adaptem ao setor. Se for para implementar e não monitorar, bem como não ter ações, é melhor não tê-los.

4.6 Normas para Gestão, Qualidade, Meio Ambiente e Projetos

As normas visam assegurar uma gestão mais eficiente e em acordo com padrões estabelecidos. O controle das atividades, por meio da padronização, é uma das premissas para manter o departamento sob condições de assegurar que as melhores práticas estão estabelecidas e postas em prática. Os benefícios são estendidos aos gastos departamentais sob controle, bem como o atendimento à legislação vigente.

Em relação aos investimentos, a gestão deve obter padrões para seguir à risca, o orçamento departamental previsto para o ano vigente. Todas as atividades de manutenção deveriam ser regradas por normas e assim, assegurar a qualidade dos serviços e cuidados ambientais. Segue, para referência, outras normas já conhecidas (ou não pelo leitor), além das já vistas neste capítulo, as quais devem ser observadas numa Gestão pela Qualidade Total e são aplicadas a qualquer seguimento.

A data, a descrição da norma, se refere à última versão até o fechamento desta edição.

- NBR ISO 9001 – "Sistemas de gestão da qualidade – Requisitos". 09/2015;
- NBR ISO 10001 – "Gestão da qualidade — Satisfação do cliente — Diretrizes para códigos de conduta para organizações". 08/2013;
- NBR ISO 10004 – "Gestão da qualidade — Satisfação do cliente — Diretrizes para monitoramento e medição". 08/2013;

- NBR ISO 10018 – "Gestão de qualidade — Diretrizes para envolvimento das pessoas e suas competências". 02/2022;
- NBR ISO 12006-2 – "Construção de edificação — Organização de informação da construção Parte 2 –Estrutura para classificação de informação". 02/2018;
- NBR ISO 14001 – "Sistemas de gestão ambiental – Requisitos com orientações para uso". 10/2015;
- NBR ISO 14051 – "Gestão ambiental — Contabilidade dos custos de fluxos de material — Estrutura geral". 01/2013;
- NBR ISO 21500 – "Gerência de Projeto, Programa e Portifólio — Contexto e Conceitos". 12/2021.

Aconselho ao caro leitor, ver outras normas contidas na ABNT que são extremamente úteis. Na Engenharia de Manutenção, não há espaço para erros. Porém, quando houver, que sejam minimizados. No dia a dia, nossa tendência é agir por extintos na busca por soluções. Na verdade, isso irá ajudar numa situação de emergência, mas não quando está numa fase de planejamento e/ou análise de um problema. O ideal é ter "a mão" fonte de consulta para identificar qual norma técnica trata do objeto de análise.

Abaixo, veja os itens que possuem série de normas ABNT. A você, cabe apenas buscar a consulta e orientação:

- Projetos e Especificações: Máquinas, Equipamentos, Utilidades e para Edificações;
- Sistemas Térmicos e Acústicos: Equipamentos e Edificações;
- Instalações Elétricas: Dispositivos de Baixa/Alta Tensão, Transformadores, Geradores, Iluminação, Cabeamento, Aterramento etc.
- Interruptores e Disjuntores;
- Instalações Hidráulicas: Tubulação, bombas, válvulas/registros, reservatórios, sanitários/chuveiros etc.
- Telecomunicações;
- Elevadores;
- Lazer e Paisagismo
- Redes de Gás, Óleo e demais fluidos;

- Impermeabilização de Telhados
- Prevenção e Combate a Incêndio;
- Segurança e Ergonomia no Trabalho;
- Cores para identificação de Tubulação;
- Condicionamento de Ar/Aquecimento Solar;
- Dentre tantas outras.

Portanto, podemos concluir que quando acessamos padrões normativos mitigamos os riscos, seja acerca da condução de processo ou na gestão dos recursos humanos. Profissionais que atuam em manutenção, para estarem confortáveis em relação a informações como foi descrito, deverão possuir arquivos físicos e/ou eletrônico das Normativas CLT e as Normas Técnicas (NBRs), no mínimo as sugeridas pela ABNT. Organizações internacionais tendem a conduzir suas operações com base em padrões adotados no país de origem.

Conclusão

Creio ter dado a você uma ideia sobre o universo que envolve os ambientes de Qualidade Total, em termos das normas de qualidade e sua importância atual para as organizações de manufatura e serviços. O Engenheiro de Manutenção precisa entender isso de uma forma ampla para avaliar os itens que são aplicáveis à Manutenção, conforme norma adotada pela organização e sob orientação do Departamento da Qualidade.

Toda implementação de um sistema de gestão da qualidade gera estresse em toda a organização; portanto, é importante a união dos departamentos para a obtenção da certificação. Estejam certos de que trará para a empresa não só benefícios comerciais, mas grande melhoria em seus processos administrativos e produtivos.

É importante frisar que, além do comprometimento de profissionais de nível intermediário, é preciso que a alta administração dê o apoio e autoridade (cuja expressão que se traduz do inglês: empowerment) aos condutores do processo. A qualidade, tratada de maneira séria, é o diferencial para os clientes, sejam eles internos (entre departamentos) ou externos (empresas e clientes).

Portanto, a Gestão em Qualidade determina posturas comportamentais, como:

1. Foco no cliente.
2. Liderança participativa.
3. Envolvimento de todos.
4. Abordagem sistemática dos processos.
5. Melhoria contínua em todos os níveis da organização.
6. Relacionamento de mútuo benefício com os fornecedores.

Algumas das empresas automotivas envolvidas com a TS 16.949

Capítulo V

A Gestão em Manutenção

5.1 Sistemas Informatizados para a Manutenção

A Informática vem em constante evolução, trazendo benefícios tecnológicos a todos os seguimentos de nossa sociedade. Os sistemas informatizados substituíram as máquinas de datilografia e equipamentos de comunicação, como o Telex. O Fax igualmente uilizado para transferência remota de documentos, deixou de ser útil. Muitas empresas ainda não possuem um software específico para gestão de suas atividades de manutenção. Os custos de aquisição e implantação de um programa são elevados; então, boa parte das organizações acaba por adquirir um programa corporativo, partilhado em módulos, dentre os quais está o de manutenção ou serviços.

A seguir descrevo, uma sequência básica para o levantamento das necessidades e demais características de um modelo para informatizar uma área de mantenimento e demais interfaces departamentais numa empresa.

5.1.1 Objetivo

O objetivo deste memorial descritivo é servir como referência técnica para você ter uma base sobre sistemas informatizados de gerenciamento das atividades de manutenção, uma vez que as empresas de tecnologia em softwares possuem larga experiência e bons produtos no mercado. Caso venham a apresentar proposta de aquisição, deverão atender aos requisitos mínimos a serem estabelecidos nos itens apresentados a seguir.

5.1.2 Tipologia de Intervenções

São as seguintes as intervenções de manutenção a serem consideradas no sistema:

- **Emergência**: atendimento logo após a ocorrência. Existe perda de resultado.
- **Corretiva**: atendimento logo após a ocorrência com perda de alguma característica de qualidade (total ou parcial), mas não há perda de resultado.
- **Preventiva**: a intervenção programada, a partir de um plano.
- **Preditiva**: intervenção a partir do acompanhamento de indicadores monitorados por instrumentação e condicionada a um diagnóstico.
- **Reforma**: intervenção necessária quando há perda muito grande das características de qualidade, a ponto de exigir parada total e revisão e/ou reposição de grande quantidade de componentes. O equipamento deverá voltar à condição inicial, podendo ou não ter nova tecnologia em seu funcionamento.
- **Confiabilidade**: a intervenção baseada em modelos teóricos, como MCC ou RCM, Análise de Falhas, FMEA, entre outros.

5.1.3 Cadastro dos Recursos

5.1.3.1 Equipamentos

O sistema deve ser capaz de cadastrar os equipamentos em bases hierarquizadas, com ao menos as seguintes hierarquias:

- Sistema;
- Equipamento (todos os ativos da empresa, sujeitos a manutenção);
- Subsistema ou subconjunto;
- Componente ou peça de reposição(sobressalente);

O cadastramento deve suportar, ao menos, as seguintes características:

- *Tag number* (número de registro do ativo no software);
- Fornecedores: serviços e materiais;
- Peças de reposição (sobressalentes) associadas ao ativos;
- Serviço interno ou terceirizado;
- Documentação dos ativos (manuais, desenhos, planos de preventiva, inspeções etc.);

5.1.3.2 Recursos Humanos

O sistema deve ser capaz de registrar todos os usuários, com as seguintes hierarquias:

- Gerentes, supervisores;
- Grupo técnico-administrativo: engenheiros, analistas, planeja-dor, estagiários etc.;
- Líderes de equipe;
- Profissional (mecânico, eletricista, operador de utilidades, predial);
- Aprendizes;
- Usuários-chave (serão multiplicadores para os demais);

O cadastramento deve suportar, ao menos, as seguintes características para cada usuário:

- Número de matrícula na empresa;
- Níveis de acesso: senha de usuário conforme sua importância na estrutura;
- Horários de trabalhos (turnos);
- Salários por hora (HH);
- Histórico de férias e afastamentos (doença, licenças etc.) ;
- Histórico de treinamentos: internos e externos;

5.1.3.3 Gerenciamento das Intervenções

Emergência ou Corretiva:

O sistema deverá suportar a seguinte rotina:

- Usuário comunica à Manutenção, acionando diretamente o líder ou executor, mediante "abertura de Ordem de Serviço (OS);
- Usuário deve descrever a criticidade do evento;
- Líder identifica a OS no sistema e usuário: por meio de procedimento visual, alarme sonoro, email, mensagem ao telefone etc;
- Líder planeja esta e outras OS, de acordo com a prioridade e/ou demanda de serviço e disponibilidade de mão de obra (informações obtidas on line);

- Técnico designado verifica ferramentas, EPI e materiais necessários ao conserto;
- Após o serviço concluído, técnico digita a ocorrência e encerra a OS;
- OS encerrada migra para histórico do ativo;

Preventiva:

O sistema deve suportar planos de Manutenção Preventiva (MP):

- Mediante acesso do planejador, que executa um procedimento denominado "comparação de datas", o sistema verifica, automaticamente, quais Planos Preventivos estão vencendo no dia ou semana e devem ser executados;
- O Sistema emite as OS modelo preventiva e o planejador reúne a documentação, elabora o plano diário, semanal (ou outra frequência determinada);
- A partir deste plano, as lideranças farão a programação de atividades da semana, alocando recursos nas turmas de trabalho, por meio de formulário informatizado e que considera os horários de trabalho cadastrados e situação de férias e afastamentos;
- Os controles das tarefas preventivas serão feitos pela devolução do plano de trabalho semanal, que será informado ao sistema para atualização de dados e reprogramação;
- O plano deve conter estimativa de HH (hora-homem), ferramentas, sobressalentes, EPIs, cuidados ambientais etc.
- Após o serviço concluído, o técnico digita a ocorrência e encerra a OS;
- A OS encerrada migra para o histórico do ativo;

Preditiva:

O sistema deve suportar um plano de inspeções, emitido mensalmente:

- Aplicação de sistemas de monitoramento das condições do equipamento; o sistema recebe os dados de instrumentação de monitoramento dos dados preditivos (vibração, por exemplo), e, após abertura de OS preditiva, repassa aos técnicos e lideranças;

- A partir destas análises, as lideranças planejam a execução, seguindo a mesma rotina da preventiva;
- Após o serviço concluído, o técnico digita a ocorrência e encerra a OS;

  OS encerrada migra para histórico do ativo;

Confiabilidade

O sistema deve:

- Dispor de um módulo para inserção de dados, obtenção de modelos de distribuição estatística capazes de resultar em MTBF e MTTR, taxa de falhas etc.
- Possibilitar ao grupo técnico adminstrativo analisar os dados e, junto com gestores, definir estratégia para tratamento dos itens estatísticos "fora de controle" (fora dos padrões estabelecidos para os itens de monitoramento das falhas dos ativos).

Reformas de Máquinas:

O sistema deve:

- Conter um modelo eficaz para gestão da reforma desde seu início, com detalhamento das atividades e data de conclusão da reforma;
- Dispor de um módulo para inserção de dados históricos das alterações mecânicas e elétricas no ativo, gastos "planejado x realizado", dados da empresa reformadora, plano de reação, acompanhamento dos prazos, dentre outros necessários para a gestão;

5.1.3.4 Controle das Intervenções

O sistema deverá ser capaz de emitir relatórios e/ou gráficos, contendo, ao menos, a armazenagem instantânea e acumulada das seguintes variáveis:

- Tempo de equipamentos parados por tipo de manutenção;
- Alocação de mão de obra, por equipe e individual;
- Equipamentos sob intervenção;
- Percentagem de intervenções em cada equipe;
- Histórico de equipamentos;

- Sinalização de retrabalho em equipamentos;
- Sinalização de ociosidade em preventiva;
- Controle de peças em almoxarifado, estoque mínimo, máximo e valores estocados;
- HH reservados para treinamentos;
- Cálculo de eficiência de Manutenção;
- Viabilidade de emissão de relatórios gerenciais, como gastos departamentais (HH + materiais); OS realizadas, OS pendentes, entre outros definidos pelos gestores;

5.1.3.5 Base Informatizada

O sistema deverá operar em base composta por máquinas distribuídas em rede e software básico adequado. Deve ser disponível uma integração com os sistemas de áreas, como Materiais, Financeiras e Recursos Humanos.

5.2 Apresentação de Cases

5.2.1 Processos de Informatização em Ambientes de Manutenção Industrial

O período para se começar a tirar proveito é longo. Não espere que o projeto, cujo período compreende estudos iniciais de aquisição até uso em rotina, dure poucos meses. Por duas vezes tive a oportunidade de iniciar estes projetos em empresas de grande porte, e o trabalho ultrapassou um ano, sendo que os primeiros dados totalmente confiáveis foram coletados a partir de um ano e meio.

5.2.2 Informatização da Gestão Manutenção I

Ocorreu numa empresa, do ramo metal-mecânico, de fabricação de armas. Era outubro do ano de 1991, ano da minha formatura. Esta empresa buscava no mercado um analista de manutenção (atualmente, talvez fosse um Engenheiro) para dar início a um projeto denominado Qualidade em Manutenção, que incluía implementação de software de Manutenção para registros de todas as atividades de mantenimento (corretivo, preventivo, preditivo, reformas etc.) de todos os ativos, incluindo relatórios gerenciais. Evidentemente isso era apenas uma frase para definir o escopo do projeto, pois nele estavam incluídas diversas etapas. Naquela época, não havia o "Pacote Office" e todas as demais facilidades atuais. O disquete era novidade; portanto tente imaginar o que vinha pela frente... Na época, poucas empresas arriscavam informatizar uma área de manutenção. O registro das atividades era feito em formulários, de "2" ou até "3" vias, com o uso de carbono etc.

A empresa de consultoria, contratada para divulgar e executar este projeto de forma a abranger toda a companhia, também apresentou o módulo de Manutenção. Após breves treinamentos, iniciamos o trabalho. Como todo começo, as dificuldades surgem a todo instante, seja por falta de recurso ou por indefinições. As alterações são naturais num projeto deste porte. A Fase "1" foi a de entendimento do Software e testes de simulação. Cadastramos alguns ativos, que denominados "pilotos". Após cadastrados, eram migrados por digitação para o programa, assim como os registros de mantenimento. Também, geramos e cadastramos planos preventivos e, ao final, fizemos o "programa rodar". O software não estava em rede, os PCs da época permitiam salvar os registros e gerar os primeiros dados, a partir de longos procedimentos de atualização que duravam entre 6 até 12 horas. Então, algumas vezes, passamos a noite acompanhando esta rotina, para o caso surgir algum imprevisto.

Bem, o parágrafo anterior foi para lhe dar o panorama do ambiente informatizado. Vamos às demais fases do projeto, pois após diversos testes conseguimos certificar e aprovar o sistema para o inicio de cadastro dos demais ativos.

A Fase "2" se caracterizou pelo levantamento de dados de todos os ativos, como:

- Número de patrimônio que seria o registro principal de cadastro.
- Descrição detalhada do ativo;
- Dados do fabricante, modelo, série etc.;
- Características técnicas: potência, tensão, corrente, frequência etc.;
- Subconjuntos: unidade hidráulica, sistemas pneumáticos, sistema

elétrico de força e comando etc.;

- Componentes comerciais: cilindros, válvulas, mangueiras hidráulicas ou pneumáticas, botoeiras, contactoras, relés, fusíveis e demais elétricos, comandos a CLP ou CN, quando aplicáveis etc.;

O trabalho de levantamento de dados era feito de duas maneiras:

1. Consultando os manuais dos fabricantes;
2. Indo ao "chão-de-fábrica", anotando os dados de placa, disponíveis no "corpo" dos ativos, e visualizando outras particularidades.

Dica "1": "Levante o traseiro da cadeira!". Ao longo do tempo, em razão dos reparos, os mantenedores podem utilizar materiais similares e quase sempre não atualizam os manuais. Evidentemente, quando for o caso de ativos novos ou recém-reformados, cujos dados de manuais estão atualizados, há um bom grau de fidelidade dos dados.

A Fase "2", dependendo do parque industrial e da quantidade de pessoas envolvidas, pode se estender por um bom tempo, até porque o crescimento da empresa segue. À medida que os dados vão sendo coletados, você pode ir digitando-os. Ao mesmo tempo, novos equipamentos chegam substituindo velhos ativos; portanto, corra atrás desta informação, denominada de descarte, pois nem sempre a informação de que um ativo vai virar sucata chega até você. Então, avise os principais envolvidos nestes processos e peça que insiram seu nome na lista de "recebimento de informações de ativos descartados". Outra forma de coleta de dados é quando ocorre um grande reparo ou uma reforma geral. Grande parte de subconjuntos e componentes ficam expostos, sendo desta forma, uma grande fonte de informações para o Engenheiro de Manutenção. Alguns componentes comerciais só são identificáveis em situações como essa; é o caso de rolamentos, polias e correias, além de componentes de precisão, como fusos, réguas, guias lineares, patins e outros sistemas usuais para deslocamento em máquinas de usinagem de precisão (estes dados são referências, pois existem diversos itens num ativo que não foram citados, levando em conta que o termo também inclui compressores, grupos geradores e outros equipamentos denominados utilidades). Foi um trabalho árduo, mas me foi muito útil. Até então, eu havia atuado em áreas de Processo. Foi um grande aprendizado e agradeço a todos os mantenedores que com paciência e coleguismo me ensinaram na prática o que vi nas disciplinas acadêmicas, como Elementos de Máquinas, Hidráulica, Pneumática, entre outras. Para um recém-formado, poder conhecer "o interior" de Máquinas e Equipamentos de Manufatura foi uma riqueza à qual poucos têm acesso. Sendo minha formação na área de Mecânica, o conhecimento de Componentes Elétricos e Eletrônicos também foi útil para a minha carreira como Engenheiro de Manutenção, que se iniciava.

Concluída uma boa parte da Fase "2", iniciamos a Fase "3", que consistia em definir o Setor Piloto, isto é, aquele em que todos os ativos já estavam cadastrados e os dados estavam com precisão acima dos 90% (já havia passado 4 meses). Após a definição (realmente não lembro em qual setor da fábrica), iniciamos com um treinamento dos mantenedores que atuavam neste setor e no novo sistema de registro de dados. Por uma decisão gerencial, as ordens de serviço (OS) permaneceriam sendo registradas nos formulários existentes. O registro foi modificado, de forma a possibilitar que os dados de mantenimento fossem digitados para o software. O gerente de manutenção foi uma pessoa importante neste processo. Ele me deu a chamada "carta branca" para atuar, também grande apoio na fase inicial e no decorrer das minhas atividades. Não é muito fácil você chegar num local e iniciar mudanças comportamentais. Volta e meia ele chamava um mantenedor que teimava em <u>não</u> registrar suas tarefas diárias. Passei por vários conflitos, mas obtive a blindagem necessária para contornar a situação. Agradeço também à empresa, por ter me proporcionado a oportunidade deste trabalho. Também recebi diversos treinamentos necessários para exercer as minhas atividades, o que foi fundamental para esta fase inicial de qualificação profissional em Manutenção. Como era de se esperar, esta "fase protótipo" nos serviu de base para a próxima fase, que seria dar início (também por setores) aos registros dos demais ativos já cadastrados. Nesta etapa, o mais difícil foi fazer o pessoal escrever, isto é, descrever a situação atual do conserto, o reparo feito e os materiais usados (normalmente os softwares utilizam duas fontes básicas para definição do custo de manutenção: mão de obra e materiais). Os mantenedores são técnicos de "ação", isto é, "colocam a mão na massa" e não ficam confortáveis em trabalho administrativos (atualmente, isso está bem diferente, mas não naquela época difícil); portanto, escrever não era muito o forte da turma. Aconselho a você dar o apoio necessário. Muitos tinham apenas o ensino fundamental e uma formação na escola técnica do SENAI. Dependendo do segmento em que você atua, ou atuará, pode se deparar com antigos mantenedores, então tenha paciência e seja proativo. Em resumo, conseguimos obter o sucesso esperado para esta fase e demos início à próxima. Havia se passado, três meses, totalizando sete desde o início do projeto.

A Fase "4" foi também trabalhosa, pois precisamos apresentar o sistema aos gestores dos departamentos usuários, primeiramente os de Produção. A dificuldade maior foi convencê-los de solicitar os serviços de manutenção, por meio das ordens de serviço impressas (na fase protótipo, o próprio mantenedor as preenchia, após uma solicitação verbal dos usuários da manutenção). Havia, então, encarregados de operação, com pouca instrução, que foram operadores; após um determinado período, eles foram gradualmente substituídos por líderes com cursos técnicos e também por engenheiros, recém-formados, que foram treinados para assumir cargos na produção. Como todo processo de mudança, isso foi aos poucos sendo sedimentado e o uso da OS para solicitação de serviço passou a ser importante também para os usuários, pois era uma forma de controle e cobrança. Em pontos estratégicos da fábrica, deixamos as caixas para coleta (construídas em madeira com um rasgo na parte superior (tampa) para inserir a documentação), onde o mantenedor depositava a OS devidamente preenchida, sempre ao final do seu turno. Quer dizer, nem sempre o preenchimento estava correto e, muitas vezes, tínhamos que procurar o executor para esclarecimentos ou mesmo fechamento dos tempos. Os gestores, a partir dos dados digitados, podiam comparar o tempo disponível do mantenedor com o tempo dos serviços registrados. Era aceita uma produtividade em torno de 70%, pois entendíamos que o restante do tempo era usado para limpeza e organização do posto de trabalho ou outra atividade não ligada aos serviços de reparo. Este processo de registro de OS seguiu desta forma até a minha saída, no ano de 1995.

A Fase "5", iniciada praticamente no início da Fase "3", foi um pouco mais tranquila. Tínhamos o projeto de informatização de ações corretivas que incluíam abertura, execução, registro, digitação, análise dos dados e primeiros históricos de equipamentos. Demos início ao "Sistema Computadorizado para geração das Ordens de Manutenção Preventivas". Volta e meia tínhamos que cadastrar equipamentos e demais dados, então não esqueça que este trabalho precisa ter um responsável, isto é, alguém que manterá o sistema, como um todo, em constante atualização. Os planos preventivos foram elaborados sob a ótica de três pontos fundamentais que acredito ainda aplicáveis:

1. Recomendações do fabricante.
2. Histórico corretivo.
3. Recomendações dos técnicos de manutenção.

A recomendação do fabricante é válida para ativos recentes. Os mais antigos, muitas vezes, como já foi citado, mantêm muito pouco das características de fábrica, então tenha muita atenção. Consulte o manual de operação e manutenção, identificando alguma característica importante. O histórico corretivo talvez seja o principal item de análise, pois ele nos mostra as falhas e suas causas, relacionando uso e desempenho.

> **Dica "2":** Veja bem, um manual é feito com base em "valores médios", situações previsíveis pelo fabricante e não pelo usuário. Portanto, somente em funcionamento um equipamento lhe trará as informações de durabilidade de seus componentes e produtividade.

Lembro que iniciamos pelas utilidades como compressores, passando por Máquinas a Comando Numérico (CNC) e outros equipamentos importantes tanto para manutenção como para produção. Os cadastros seguiram as formas definidas nas etapas anteriores, isto é, de validação. As ordens eram geradas automaticamente através de um procedimento denominado "Comparação de Datas" que o próprio sistema executava. Um plano mensal era gerado sempre ao completar 30 dias, os semestrais a cada 180 dias e assim por diante. O software possuía um contador interno que buscava as informações de datas nos planos cadastrados. Esta rotina de comparação era feita semanalmente e desta forma eram geradas as Ordens Preventivas.

Passado pouco mais de um ano desde a minha entrada nesta empresa, o projeto estava 80% concluído. Somente a partir de 1993 elevamos este percentual para 90%. Analiso isto de uma forma mais rígida, pois somente tendo dados fortemente sedimentados e confiáveis podemos determinar que algo está pronto. É preciso tempo para obter um histórico e traçar gráficos de tendência. Creio que seis meses pode ser considerado um bom começo. O trabalho seguiu em frente, informatizamos as atividades de reformas e uso de Peças de Reposição (sobressalentes). Em 1994, outra empresa de consultoria implantou um novo software de gestão e este possuía interfaces com o que estava instalado. A partir disso, outros relatórios gerenciais foram gerados para controle de serviços pendentes, níveis de hora extra, produtividade etc.

O projeto inicial incluía, além da informatização, outras técnicas de manutenção que estavam sob a minha responsabilidade, como manutenção centralizada (pequenas células de mantenimento junto aos setores de fabricação, contendo bancadas, ferramentas e materiais próximos dos equipamentos, reduzindo o tempo de reparo consideravelmente), projetos de melhorias (com o objetivo de reduzir o tempo de conserto) e um TPM bem rudimentar que incluía inspeção e lubrificação executadas pelos operadores.

5.2.3 Informatização da Gestão Manutenção II

Esse segundo *case* ocorreu numa empresa metal-mecânica do segmento automotivo (fabricação de motores a diesel). Foi diferente, em relação ao Case "1", por duas razões básicas. A primeira foi que os recursos de informática já eram similares aos atuais, e a segunda é que já haviam dado início ao processo de informatização. Quando entrei na empresa, ao final de 1999, o meu antecessor havia "desistido" (na verdade, pediu demissão) de seguir frente, então alguns cadastros e registros no sistema já estavam feitos. Cabia a mim entender a situação daquele momento e elaborar um plano para a retomada do "Projeto de Informatização da Gestão de Manutenção". Havia passado por uma situação similar em outra empresa do ramo metal-mecânico em 1996, então, tive apenas que fortalecer a importância do histórico e cobrar da equipe que registrasse suas atividades, sendo a base que usei para esse Case "2".

A situação atual era bem precária, em termos de registros. Havia Ordens de Manutenção (OM) impressas, mas estas informações não migravam para o software existente (como escrevi anteriormente, este processo havia sido deixado de lado). Ao final do turno, os registros eram recolhidos por um auxiliar administrativo e os dados eram digitados para uma planilha Excel (a planilha era simples e, mensalmente, uma nova era gerada). Ao final do mês, estes dados serviam para a elaboração dos indicadores MTTR e MTBF. O detalhe negativo é que somente de 20 a 30% dos serviços eram registrados; portanto, não eram úteis para que os gestores pudessem tomar ações. Os dados não eram confiáveis.

Na época, eu acumulava a função de coordenador do programa TPM (somente o Pilar Manutenção Autônoma); então, tive que me organizar para que ambos dessem um bom resultado. Como tinha experiência em ambientes de implantação, acreditei na minha principal característica pessoal: a determinação.

Como no Case "1", vou dividir esta apresentação em fases, para melhor entendimento.

Na Fase "1", fui até a área de TI para entender o processo e lá conheci o Analista de Sistemas que cordialmente relatou todo o histórico de implementação até o estágio daquele momento. Lembram das Fases "1" e "2" do case anterior? Pois é. Aqueles trabalhos já haviam sido efetuados. Fizemos alguns cadastros de "ativos piloto" e simulações no software Módulo Manutenção, mas em ambiente de teste. Algumas dessas informações haviam migrado para o ambiente de rede, sendo assim não poderiam ser deletadas. Logo, a importância de um software para testes era fundamental para a retomada do trabalho. Após algumas reuniões, decidimos apresentá-lo ao gestor e demais líderes do departamento.

Dica "3": Reuniões são importantes e não devem durar mais do que 45 minutos. Se forem longas demais, os envolvidos acabam por desviar o assunto ou mesmo retornar ao início. Como se diz por aí, "é ficar andando em círculos"; ao final, nada é decido. Então,

> cuidado com o tempo. Cabe a você elaborar uma ata deste evento, descrevendo as ações, prazos e responsáveis e registrando as decisões tomadas. A cada reunião do grupo sobre as pendências, finalize etapas e registre os novos passos. É um documento importante para melhorar seu planejamento e controle, e também é bem-vindo em ambientes de Qualidade Total.

Ficou decidido que o projeto de informatização da manutenção deveria ser retomado, cabendo a mim levantar as necessidades e os próximos passos a serem seguidos.

Uma das decisões importantes tomadas pelo gestor foi a de que não houvesse mais as OMs impressas, isto é, cada mantenedor digitaria suas atividades a partir de ordens geradas eletronicamente pelos usuários. Esta opção foi decisiva, se a considerarmos como uma opção estratégica para o futuro do projeto que envolveria muitas horas de treinamento e recursos de informática como a aquisição de mais computadores para atender a demanda. Também foram necessárias várias adaptações e alterações do software, o que é chamado, em ambientes de TI, de "Customização", de tal forma que o projeto alcançasse os objetivos traçados pelo grupo. Essa visão de negócio é creditada a este gestor. Eu discordava da ideia de responsabilizar os técnicos de mantenimento pela digitação dos dados, pois poucos tinham o domínio de informática. Soma-se o fato de que descrever atividades com a precisão requerida não era uma tarefa fácil para o pessoal de campo. Certamente diriam: "– Não tenho tempo" ou "– Este sistema é lento e complexo" etc. O resultado poderia ser históricos não confiáveis dos equipamentos, com informações confusas. Entretanto, hoje acredito que foi um belo desafio!

Na Fase "2", após traçados os objetivos, retomamos os cadastros de ativos que ainda estavam "de fora" e outros itens necessários, como:

- Cadastro dos usuários de sistema: nome e matrícula, ligados à função Eletricista, Mecânico, Afiador, Ferramenteiro etc.;
- Cadastro dos usuários solicitantes de OM eletrônica;

- Código de falhas ou defeitos, tipos de manutenção etc.
- Outras particularidades do sistema.

Junto ao Analista de TI, elaboramos os treinamentos necessários; além disso, junto ao departamento de Recursos Humanos (RH), buscamos os recursos didáticos para os eventos, como sala, uso de datashow, PCs com software de manutenção em ambiente de teste etc.

> **Dica "4":** Sempre envolva a área de treinamento para auxiliá-lo a montar um treinamento, seja ele qual for. É uma área importante e com a qualificação necessária para este tipo de atividade.

Era julho de 2000 quando decidimos, ainda na Fase "2", implantá-las em etapas. Iniciamos por informatizar os serviços denominados de reparos em utilidades, que compreendiam ativos como compressores, torres de resfriamento, subestação, aparelhos condicionadores de ar, incluindo todos os serviços prediais. O treinamento foi ministrado primeiramente para os principais líderes envolvidos. Ajustes feitos, demos continuidade treinando os mantenedores que executavam os serviços em utilidades (lá denominados mantenedores de instalações) e um representante de cada departamento, que centralizaria as solicitações. Esse "representante treinado" (ou usuário-chave), de uma área de Contabilidade, por exemplo, emitiria toda e qualquer OM para solicitar à Manutenção, o reparo de item, como conserto de mobiliário, pintura de parede etc. As OMs das utilidades geradoras de fontes de energia (elétrica, ar comprimido, óleo e água) eram geradas por qualquer mantenedor ou líder de manutenção. Evidentemente, as alterações nos softwares de manutenção já haviam sido feitas e, após os treinamentos, marcamos uma data para início deste processo.

Como eu era o principal responsável pelo projeto, ao iniciar esta nova sistemática, todas as dúvidas e correções eram direcionadas a mim. Como sempre acontece com novidades, surgiram as tais dúvidas e reclamações, mas como havíamos feito um bom planejamento e tínhamos a certeza de que o software funcionava, conseguimos superar este período inicial, que sempre é crítico para todos. Muitas vezes tivemos que sentar ao lado dos mantenedores, que tinham mais dificuldade, para acessar o sistema e digitar seus dados com sucesso. À medida que o tempo passava, percebíamos que a nova sistemática se fortalecia. O líder de instalações podia acessar, através de PC, as OMs que eram geradas pelos usuários e, desta forma, planejar, com a sua equipe, a execução; além disso, ele tinha o controle global de suas atividades. Como nada na vida é perfeito, havia usuários que ainda insistiam em solicitar os serviços de Instalações de forma verbal: pessoalmente, por telefone, por email. Foi quando decidimos que daríamos mais um período de adaptação e, após isso, nenhum serviço seria executado, caso o usuário não emitisse sua solicitação por meio eletrônico.

> **Dica "5":** Esta etapa do projeto é difícil e exigirá de você "jogo de cintura", isto é, que seja extremamente político para fazer as pessoas entenderem a importância do sistema. Elas precisam compreender que, em vez de ser um empecilho, ao longo do tempo, ele será útil para consulta de histórico. Essas informações podem ser úteis para os engenheiros de manufatura em projetos de aquisição de novos equipamentos, por exemplo. Use técnicas comportamentais adequadas e procure manter-se calmo. Lembre: mudanças sempre geram certo desconforto.

Passados seis meses da data de início deste processo (dezembro de 2000), começamos a obter os primeiros resultados positivos: disponibilidade da equipe, menos tempo gasto em determinadas atividades de conserto e, principalmente: "o sistema funciona!"

A Fase "3" (iniciada pouco após a Fase "2") se caracterizou por ser a retomada da manutenção preventiva de forma mais ampla, incluindo não só os ativos operacionais, mas outras utilidades que não participavam do processo ou simplesmente não tinham um plano tão eficiente. Demos início à revisão dos planos, atualizando-os no software e também incluindo outros novos. Normalmente, esses programas de gestão preventiva são similares; este aqui, por sua vez, possibilitava a abertura automática de ordens preventivas a partir da "comparação de datas" (como vimos no Case "1").

Podemos chamar a "Fase 4" de "aprovação da nova sistemática" (ordem de manutenção eletrônica). Repetimos as fases de treinamento, agora para os mantenedores de ativos operacionais (máquinas ferramentas, lavadoras de peças, cabines de pintura, demais estações de trabalho de montagem, de testes e demais ativos que compunham os setores de produção). Incluímos os principais líderes, engenheiros e demais técnicos envolvidos no processo. Também evidenciamos os mesmos problemas "na arrancada", mas conseguimos superá-los ao longo dos primeiros dias de implementação. Na Manutenção, eu centralizava as sugestões e críticas ao sistema. Em seguida, reportava-as à área de TI para ajustes e, desta forma, atender a todos os usuários.

Como comentei no início, estes processos de informatização, seja em Manutenção ou em qualquer outra área, demandam tempo e muita dedicação. Ao alcançarmos um ano de OM eletrônica (aproximadamente, de julho de 2000 a agosto de 2001), já podíamos obter resultados sobre histórico, isto é, os registros de falhas e consertos dos ativos, tendo usuários gerando ordens, líderes de manutenção fazendo a gestão e mantenedores executando serviços e registrando, por eles mesmos, atividades e tempos usados. Igualmente, os dados das Ordens Preventivas eram reportados pelos mecânicos e eletricistas. Relatórios gerenciais foram criados e migrados para planilhas em Excel, por meio de opções que o software permitia, cabendo ao pessoal de manutenção apenas formatar a melhor maneira de apresentação. Os relatórios eram entregues aos gestores de manutenção, e uma via ficava fixada em mural para que os demais envolvidos pudessem manter o controle visual. Inicialmente eu realizava esta tarefa, que depois foi repassada aos estagiários.

Dica "6": A partir de um sistema informatizado devidamente implementado, torna-se mais fácil fazer ajustes e detectar oportunidades de melhorias, como no caso de relatórios. Softwares atuais permitem a obtenção de dados diretos sem que seja necessário formatar a apresentação, gerar gráficos e demais informações estatísticas.

A Fase "5" se constituiu em permitir que a OM eletrônica agregasse informações de materiais envolvidos nos consertos de ativos. Este trabalho havia sido iniciado pela área de Materiais, denominado Ordem de Almoxarifado Eletrônica (anteriormente, a solicitação de itens era feita por intermédio de vias preenchidas manualmente). Também aqui houve uma pessoa fundamental para que a interface com a área de Manutenção desse certo, o supervisor do setor de Compras e Operações de Almoxarifado. Houve novos treinamentos com mantenedores. A partir disto, sempre que necessitassem de alguma peça de reposição, teriam que incluí-la na OM eletrônica. Outra customização no software possibilitou aos mantenedores este procedimento. A aprovação era feita pelos líderes. O mantenedor informava ao líder o número, mudando o status "L" deste documento; mediante a aprovação, o item poderia ser fornecido. Assim, o almoxarife conseguia visualizar a OM e desta forma, entregava o material ao mantenedor. O almoxarife ao fazer esta liberação, mudava novamente o status "E". O mantenedor, ao finalizar os serviços de reparo, reportava os dados e ao encerrar a OM, passava para o status final: fechada ("F").

Desta forma, tínhamos um documento formal para registro tanto de mão de obra quanto de material para conserto. Foi um grande marco para o departamento, pois a OM eletrônica passava a ser o principal documento operacional. Além de registrar serviços e tempos e materiais utilizados, permitia obter o real custo de reparo dos ativos.

Nas fases seguintes, continuamos a informatizar outras atividades na Manutenção, como:

- OM eletrônica para compra de peças de reposição (compra externa)
- Obtenção de indicadores: disponibilidade, OEE, MTTR e MTBF
- Tempo de espera para o atendimento da OS por parte do usuário (algo como Backlog (Estudo ou Teoria das Filas)

Ao final de 2005, tínhamos um sistema informatizado de manu-tenção em plena atividade com um percentual de credibilidade acima de 95% e usuários conscientes de sua necessidade. O medo do uso da informática foi superado. Houve exceções, mas não chegaram a prejudicar a credibilidade do sistema.

Conclusão

Ambos os eventos são bem extensos. Meu objetivo foi repassar ao leitor uma pequena ideia de quão difícil é conduzir um processo de mudança, principalmente comportamental. O ser humano é avesso a sair da rotina. Persistência, dedicação e muita aplicação para este tipo de atividade são algumas das características a serem observadas. Grande parte das organizações que possuem áreas de manutençãoinformatizadas tem ou teve a presença de um profissional de engenharia para seguir em frente com este projeto. Para aquelas que estão em busca disso, o ideal é ter um Engenheiro de Manutenção liderando a equipe.

Existe uma série de softwares específicos que oferecem diversas soluções, não só para a Gestão em Manutenção mas para outras áreas da organização, como Materiais, Produção, Financeiras etc. A aplicação é para todos os segmentos industriais:

- Máquinas: maquinário e ferramental metalúrgico;
- Automotiva;
- Alimentos;
- Serviços;
- Construção civil;
- Química;
- Siderúrgica;
- Petrolífera;
- Entre outros tantos.

A seguir estão algumas denominações que tive a oportunidade de conhecer mediante atividades em manutenção:

- IFS – Módulo de Manutenção, WWW.ifsbr.com.br
- SAP – Módulo PM, WWW.sap.com/brazil
- IBM Máximo Asset Management, WWW.306.ibm.com
- Engeman CMMS/EAM, WWW.engeman.com.br

Nota

Todos têm e excelente performance, e o usuário precisa se empenhar para aproveitar o que estes softwares disponibilizam.

5.3 Indicadores de Performance (KPI)

Os indicadores de performance (KPI, *Key Performance Indicators*) são necessários para monitorar os resultados, bem como corrigir tendências negativas de desempenho. Obviamente, metas devem ser definidas para que o departamento seja incentivado a buscar sempre melhorias.

Os indicadores se aplicam, praticamente, a todas às atividades de Manutenção e Operação e podem abranger:

- Qualidade no Atendimento: mede o cumprimento dos prazos que são fornecidos aos clientes, isto é, tempo de resposta;
- Satisfação do Cliente: a "Pesquisa de Satisfação dos Clientes", feita a frequências previamente definidas, é uma ótima ferramenta para melhorar os serviços para corrigir os pontos considerados fracos, identificados na pesquisa;
- Indicadores de Manutenção: medem diretamente o desempenho dos técnicos e gestores. A adoção dos tipos de indicadores segue particularidades do segmento da organização.

Um dos indicadores, acredito não ser considerado por diversos seguimentos, diz respeito à "Quantidade WO por Departamento ou Unidade", o qual irá avaliar a eficácia da Manutenção e identificar se há indícios de retrabalhos, isto é, recorrências. Em muitos casos, serviços são executados mais de uma vez, dando prova da ineficiência ou falta de capacitação da equipe em solucionar um determinado problema.

Principais Indicadores de Performances, mas não limitados a estes:

1. **MTBF**: é a média de tempo decorrido entre uma falha e a próxima vez em que ela ocorreu. É obtido pela fórmula: **MTBF=Tempo Total de Funcionamento (h) / número de falhas.**

Exemplo 1.1 Um equipamento deveria operar corretamente durante 9 horas. Durante esse período, verificam-se 4 falhas. Somando-se todas as falhas, temos 60 minutos (1 hora). Qual o MTBF?

Resultado: **MTBF** = (9 – 1) / 4 = 2 horas entre cada falha

2. **MTTR**: é tempo médio dos reparos, isto é, média de tempo que se leva para executar um reparo após a ocorrência da falha. É obtido pela fórmula: **MTTR = Total de Horas em Manutenção / número de falhas.**

Exemplo 1.2 Utilizando os dados do Exemplo 1.1, calcule o MRTTR.

Resultado: **MTTR** = 60 min / 4 falhas = 15 minutos

3. **Disponibilidade (DISP):** o cálculo da disponibilidade envolve os indicadores: **MTTR** e **MTBF**, sendo obtido a partir da fórmula: **DISP = MTBF/(MTBF + MTTR).**

Exemplo 3.1 Em uma análise específica são obtidas as seguintes informações de um determinado equipamento:
a) Tempo programado para operar = 36 h.
b) Tempo total não operando = 24 h.
c) Tempo em que esteve disponível =12 h.
d) Total de Falhas ocorridas = 4 Falhas.

DISP = (A-B/D) / [(A-B/D) + (B/D)] = (36-24/4) / [(36-24/4) + (24/4)] = 3 / 9

Resultado: **DISP** = 33%

Análise do resultado: Da prática sabemos que 33%, para Disponibilidade, é péssimo. Medidas urgentes precisariam ser tomadas. Gosto de citar que somente aplicar manutenção preventiva, como única solução, não é recomendável. É preciso avaliar questões de desempenho, tais como, se há desgaste e/ou obsolescência de componentes, erro na execução do reparo (por falta de qualificação), difícil acesso a determinados sistemas do equipamento (afeta o MTTR), má qualidade de sobressalentes e se há necessidade de reforma ou automação. Podemos concluir que uma análise, em relação à engenharia de manutenção, é requerida.

4. **Custo Total de Manutenção (R$) / Faturamento Bruto (R$)**: A composição que compõe o total de gastos em manutenção varia conforme o seguimento da organização. Contudo, os itens como recursos humanos, materiais de consumo, sobressalentes, EPI, terceiros contratados, ferramentas, treinamento, descarte, movimentação e transporte estão entre eles. Já o faturamento bruto, deverá ser obtido junto ao setor financeiro.

Fórmula: **% CTM = [CTM (R$ ou US$) / (Faturamento bruto (R$ ou US$)] X 100%**

No site da **ABRAMAN**, o caro leitor poderá obter os valores para referência e qualificar sua análise e obtenção de parâmetros para definir uma meta para o seu departamento. Acesse o site: http://www.abraman.org.br.

5. **Percentual de Preventiva Realizada (PM) X Programada**: este é um dos mais importantes indicadores que se destinam a medir o rendimento departamental. Para ter sucesso na gestão de ativos e de confiabilidade, você deve ter um programa de **PM** (*Preventive Maintenance*) disciplinado que produz resultados. Um plano preventivo, bem-sucedido, inclui todos os equipamentos críticos e este deverá ter seu percentual de preventiva realizada, o mais próximo de 99%. Evidentemente, ocorrem os contratempos

e por razões de mudança de prioridade (em ambientes industriais) ou por Indisponibilidade do equipamento, a preventiva não é realizada, conforme programação.

Exemplo 5.1: Determinada organização registrou, no período de um mês, o total de 31 WO de Manutenção Preventiva. O total previsto foi de 35 WO. Qual o percentual de **PM** realizado?

Fórmula: **% PM** = (31 WO / 35 WO) X 100 % =

Resultado: **% PM** = 88 %

O planejador pode elaborar um gráfico e avaliar a evolução ao longo de um ano, definindo metas mensais. Seguindo o exemplo 5.1, caso a meta tenha sido de 95%, o resultado ficou abaixo, sendo necessária análise e ações para reverter. Preventivas não executadas devem ser justificadas e se possível, reprogramadas. Outra forma de avaliação se dá pelo cálculo de "Hora-Homem em Preventiva (HHPM)", em relação ao total de "HHPM Programado".

Fórmula: **HHC = Total de HHPM Realizado / Total de HHPM Programado**

Uma das ações a ser adotada, pela engenharia de manutenção, é executar "Auditorias da Qualidade". O procedimento é simples, escolhe-se, aleatoriamente, algumas WO e, após, se programar para acompanhar quando serão executadas. O objetivo é atestar a qualidade e efetividade do roteiro. Ainda, pode ser observado se o plano necessita de alterações, tanto em relação às tarefas, quanto ao tempo estimado.

6. **% de Manutenção Corretiva (% MC)**: este indicador é importante, na medida em que avalia se a companhia está condicionada a uma cultura do "quebra & conserta" ou está migrando para um nível de classe mundial. A transição é imprescindível para o rendimento e confiabilidade dos equipamentos. O reparo na condição reativa é aproximadamente quatro a

seis vezes mais caro do que o trabalho planejado e agendado. Os gestores devem manter um percentual entre 20% e 30% de "Serviços Corretivos" em relação aos serviços totais realizados, em um determinado intervalo de tempo.

Exemplo 6.1: Determinada organização registrou, no período de um mês, o total de 240 h em Manutenção Corretiva. O total de horas da Manutenção foi de 1.200 h. Qual o **% de MC**?

Fórmula: **% MC** = (240 h / 1.200 h) X 100 % = 20 %.

Resultado: **% MC** = 20 %

O planejador pode elaborar um gráfico e avaliar a evolução ao longo de um ano, definindo uma meta. Ao longo deste período, ao ocorrerem valores acima da meta, ações corretivas por parte da equipe se tornam necessárias.

Outra forma de avaliação é pelo cálculo de "Hora-Homem em Corretiva (HHC)", em relação ao total de HH em serviços realizados (Corretivas + Serviços Programado).

Fórmula: **HHC** = Total de HH Corretiva / Total de HH Realizados=

7. **Análise de Corretivas Realizadas (Utilizando Gráfico de Pareto)**: outra ferramenta de análise de grande relevância. A finalidade é avaliar os tipos de solicitações (elétrica, mecânica, predial, instalação, ajustes etc.). Os gestores devem publicar gráficos semanais ou mensais para demonstrar as necessidades, correções, ajustes e tendências. O "Diagrama de Pareto" é uma ferramenta da Qualidade utilizada principalmente para priorizar ações, conforme demonstrado no item 6.2.1 deste livro. Com ele podemos analisar mais claramente as causas de ocorrência de um problema, por exemplo, e definir o foco de atuação sobre as mais críticas.

8. **SLA** (***Service Level Agreement***): é a integração de processos dentro de uma organização, para manter e desenvolver os serviços acordados através de SLA. Por exemplo, este indicador é aplicado no monitoramento dos serviços de Gestão Predial – Manutenção predial, serviços de conservação dos espaços e equipamentos, manutenção preventiva e corretiva, a limpeza dos espaços corporativos, higienização e conservação, paisagismo, controle de pragas, coleta e destinação dos resíduos. O **SLA** é uma forma de garantia dos serviços determinada pelo Contratante em relação à Contratada. Não é raro que em determinados contratos sejam previstas multas, no caso de descumprimento de quaisquer serviços ou metas estabelecidas. Isso pode ser visto como uma forma de pressão e desconfortável para a empresa que presta o serviço. Num mercado tão competitivo e com alto grau de exigência, não há como ser diferente.

Por outro lado, irá exigir por parte das empresas, investir em mão de obra qualificada, treinamento e segurança. Como consequência, passa ter um serviço de excelência e a tendência é o de fechar mais contratos. Atualmente, não há espaço para companhias que fazem um serviço de má qualidade. Outra visão deste processo é o fato de a empresa prestadora de serviço ficar protegida contra quaisquer abusos ou cobranças indevidas de resultados, uma vez que atua em acordo com roteiros e planejamentos preestabelecidos, bem como metas acordadas e dentro de valores aceitáveis e que fique bom para ambas as partes.

É importante deixar claro que o SLA deve ser gerenciado, dando origem ao que chamamos de **SLM** (*Service Level Management*). Para que essa tarefa seja eficaz, é preciso contar com uma série de indicadores que possibilitam uma relação de transparência entre as empresas, por exemplo, os indicadores de disponibilidade (*Service Avaiability*) e os de tempo de resposta (MTBF).

Outro fator importante e que deve ser citado é que o SLA, no seguimento da Tecnologia da Informação, é um documento exigido em qualquer relação contratual e sendo descrito na ABNT NBR ISO-IEC 20000-1, e que deve ser revisto periodicamente para que tenha maior efetividade.

Exemplos de aplicação do indicador "SLA", avaliação e multas:

Exemplo 8.1 - Empresas, em comum acordo, determinam um SLA para a 99,5% de disponibilidade de internet ou de infraestrutura virtual de 96%. A avaliação é trimestral e não pode ocorrer um percentual menor do que 80%. Caso apresente dois trimestres abaixo deste índice, a contratada receberá uma carta de advertência.

9. ***Downtime***: indicador para controle de indisponibilidade de ativos ou sistema, em um determinado período de tempo. Mede a inatividade ou duração da interrupção onde o sistema não fornece ou executa sua função principal. Confiabilidade, disponibilidade, recuperação e indisponibilidade são conceitos relacionados. Em geral, é resultado do sistema deixando de funcionar por causa de um evento não planejado (corretiva) ou por causa da manutenção de rotina (preventiva ou preditiva). O termo em oposição ao *Downtime* é o *Uptime*.

Como mensurar, financeiramente, o *Downtime* de uma organização?

O cálculo de custo/tempo, por exemplo, é aplicado na indústria para mensurar períodos de indisponibilidade, número de pessoas ou clientes impactados entre diversos outros elementos da operação. Além dos fatores mensuráveis em dinheiro, também existem fatores subjetivos que não podem ser transformados em números, como a reputação da marca, retenção de clientes e satisfação dos funcionários. Tudo isso pode ser abalado por interrupções que signifiquem perda de faturamento em vendas, sobrecarga no setor de atendimento e reclamações de usuários que geram perda de confiança sobre a marca e congestionamento de linhas telefônicas que geram grave impacto na operação da organização.

Exemplo 9.1: Na companhia **Amazon** (empresa transnacional de comércio eletrônico dos Estados Unidos com sede em Seattle, estado de Washington. Foi uma das primeiras companhias com alguma relevância a vender produtos na Internet) ocorreu uma perda financeira devido a um ***Downtime*** de 49 minutos no ano de 2013, o que significou uma perda de $5 milhões em vendas. Isso sem contar os danos intangíveis. O prejuízo, em custo/min, foi na ordem de US$102.000,00/minuto. O resultado das vendas não concretizadas foi um abalo na confiança de seus usuários/clientes e/ou compras que foram direcionadas para seu concorrente.

Indicadores de Performance, também usuais, mas que são adotados seguindo características da organização, se industrial ou do seguimento de serviços ou ainda pela necessidade de estudo específico. São eles:

- MPd – Cumprimento dos Planos de Manutenção Preditiva;
- CM – Custos de Manutenção;
- ABS – Absenteísmo;
- MO – Custo de mão de obra;
- CM – Custo de materiais;
- CEE – Custos de Energia Elétrica;
- CONEE – Consumo de Energia Elétrica;
- CONA – Consumo de Água;
- COD – Consumo de Óleo Diesel;
- CGN – Consumo de Gás Natural;
- CRESL – Controle de Resíduos Líquidos;
- CM – Custos de Materiais de Manutenção;
- COF – Custo Operacional de Veículo;
- GE – Giro do estoque;
- FM – Falta de materiais que afetam os serviços da manutenção;
- IMBA – Custo total de manutenção por ativos imobilizados;
- Outros.

Ainda podem ser adotados controles específicos para ampliar o monitoramento da performance departamental. Eles não são obtidos mediante cálculos complicados, mas são importantes e complementam a avaliação. São eles:

Em relação ao cumprimento de Padrões Internos:

- Cumprimento do Plano de Limpeza e Higienização de Manutenção;
- Qualidade dos ambientes em relação à Organização e Limpeza;
- Cumprimento no uso adequado de EPIs;
- Apresentação Pessoal (principalmente para equipe de Recepção e Portaria);
- Cumprimento do Plano de Treinamento e/ou Índice de capacitação técnica;

Em relação à Segurança e Saúde:

- Controle de Acidentes de Trabalho;
- Controle de Funcionários afastados em tratamento;
- Índice de faltas por Atestado Médico.

Em relação aos Prestadores de Serviço Fornecedores:

- Avaliação de Performance (por exemplo, o SLA);
- Avaliação dos Gastos com Fornecedores (avaliação dos valores contratuais).

5.4 Administraçao da Manutenção

Estabelecidas as condições básicas para o funcionamento da manutenção, a fase seguinte é estabelecer a melhor forma de organização física e administrativa. Além do plano hierárquico, o formato operacional segue uma característica organizacional em função de padrões determinados pela unidade matriz, condições geográficas, plano de investimento, entre tantos outros fatores. A liderança juntamente com a alta administração é que determina como irá funcionar, seus limites de atuação, dimensionamento da equipe etc.

Existem diversos fatores que influenciam a elaboração do organograma, tais como o tamanho da instalação a ser mantida, quantidade de turnos operacionais etc. Uma equipe bem dimensionada irá permitir que o gestor possa fazer uma excelente administração de pessoal e de demais recursos. Outros fatores se destacam e considero relevantes no que se referem ao layout da fábrica, custos operacionais, nível de confiabilidade e disponibilidade requerida para o maquinário e utilidades.

O dimensionamento da carga de trabalho está na mesma proporção da programação de trabalhos de emergência e preventivos. O objetivo básico consiste em obter equipes de trabalho de porte e de estrutura tais que tornem mínimo o custo total da mão de obra e dos tempos de espera e dos deslocamentos. Caso o parque fabril seja extenso, há a necessidade de implementação de uma manutenção descentralizada.

Não existe uma estrutura ideal para a manutenção. Cada situação deve ser adequada às peculiaridades que lhe são próprias tanto do ponto de vista de complexidade dos trabalhos como dos recursos disponíveis. Qualquer que seja a forma de organização da manutenção, os princípios básicos de administração devem ser aplicados.

Frentes de Ação para uma organização da manutenção eficiente

Das atividades técnicas e administrativas: é a área de inteligência da manutenção e por esta razão é um conjunto fundamental para a eficiência dos serviços. O escritório, além das funções de gestão e administração (PCM), deve incluir a Engenharia de Manutenção. Seguida de arquivo técnico, ferramentaria, local de armazenagem de ferramentas e materiais. Dentre as atividades, podemos destacar:

- Controle do Software de Manutenção;
- Controle das Ordens de Serviço;
- Classificação das prioridades dos serviços;
- Planejar a Manutenção Preventiva e Grandes Paradas;
- Planejar reformas de instalações, equipamentos e utilidades;
- Gerir os sobressalentes: qualidade, padronização e estoque;
- Controle dos Indicadores (MTTR, MTBF, disponibilidade etc.);
- Participar da Aquisição de novas Máquinas e/ou Utilidades;
- Manter a eficiência da manutenção em níveis aceitáveis;
- Gestão de Pessoal;
- Planejar a Qualificação da Equipe (Plano de Treinamento);

- Realizar Estudos Estatísticos (Análise de Falhas, FMEA etc.);
- Análise crítica dos serviços de manutenção e suas causas;
- Gestão da Qualidade (Normas Série ISO, Meio Ambiente etc.);
- Gestão de Contratos;
- Entre outras atividades, a partir do seguimento da Organização.

Sobre a equipe de Engenharia e Projetos, podemos destacar:

- Manter atualizados os desenhos e especificações dos equipamentos;
- Executar projetos de Dispositivos e/ou Ferramental;
- Realizar Estudos de Melhorias das Instalações e Equipamentos (técnicas TPM, KAIZEN etc.);
- Avaliar, em conjunto com SESMET, segurança das máquinas ferramentas (observando a NR17 Ergonomia, NR10, NR13 etc.);
- Realizar Reuniões com Técnicos para divulgação dos resultados;
- Avaliar se os serviços de reparo seguem as Normas Técnicas e padrões estabelecidos pela Organização;
- Elaborar os Planos de Manutenção Preventiva e Preditiva;
- Realizar estudos para padronização de componentes e sobressalentes dos equipamentos e utilidades;
- Entre outras atividades, a partir do seguimento da Organização.

Sobre a equipe de Planejamento (PCM), podemos destacar:

- Planejar todos os serviços, seguindo critérios de prioridade estabelecidos;
- Participar do planejamento da Preventiva e Grande Paradas;
- Contribuir com organização de documentos técnicos;
- Cobrar Ordens de Serviço pendentes, procurando atingir os melhores índices;
- Planejar, programar e coordenar as Ordens de Serviços para os grupos de manutenção, observando conceitos de HH, turnos operacionais etc.;
- Constatar as áreas de Produção e Administração para programar os serviços;
- Entre outras atividades, a partir do seguimento da Organização.

Gestão de Sobressalentes

É uma das principais estratégias que contribui em manutenção rápida (melhor MTTR), contribuindo para bons índices de Disponibilidade, é a gestão do estoque de sobressalentes. Está inserido não só o controle da quantidade, mas da qualidade. O ideal é utilizar marcas conhecidas no mercado pela qualidade e vida útil aceitável, aplicando a padronização dos itens. Do contrário, dificulta o reparo, quando há variáveis, tais como, dimensão e posição de montagem, por exemplo. Em tempos passados, os fabricantes forneciam catálogos como única forma de divulgação. Atualmente, com informática abrangendo praticamente todas as nossas ações, os arquivos eletrônicos e acesso aos sites contribuem para a redução de documentos físicos, determinando novos procedimentos para a formação de arquivo de catálogos através do meio eletrônico. Contudo, em campo, nada melhor que "o velho e bom" manual para uma consulta.

Controle de Documentação Técnica

Os desenhos e detalhamento dos equipamentos e instalações, igualmente, devem ser mantidos em locais acessíveis e organizados, bem ao estilo de uma Biblioteca Técnica. Ao longo do período de operação dos equipamentos sofrem alterações, e neste caso é necessário corrigir o original. Em um dado momento, o técnico irá fazer uma consulta durante a manutenção e é imprescindível que a documentação esteja atualizada. Então, os fatores que devem ser considerados para a formação do "Arquivo de Desenhos" são: documentos originais, livros técnicos, plantas baixas, layouts, projetos de ferramental e dispositivos com processos de digitalização, a organização das informações em meio eletrônico são outra boa estratégia administrativa.

O planejamento do treinamento

É outra estratégia de grande importância. O técnico formado em escolas técnicas vem com limitação, cabendo ao gestor de manutenção completar sua formação, encaminhando para treinamentos específicos, principalmente em relação aos equipamentos e utilidades dos quais ele executa a manutenção. O importante na realização do treinamento do pessoal é que sejam atingidos os objetivos para as necessidades da Organização. A capacitação, por exemplo, em NR10 é obrigatória para os profissionais que atuam em eletricidade. Além dos conhecimentos técnicos, o conhecimento em Normas da Qualidade, liderança e gestão de conflitos complementam a qualificação do profissional de manutenção. Em certos casos, o treinamento tenta suprir deficiências do mercado de mão de obra; especializar pessoal em equipamentos específicos do processo industrial; integrar o homem aos procedimentos da empresa; capacitar funcionários para novas funções; qualificar a mão de obra e reduzir as possibilidades de acidentes do trabalho. A abrangência dos cursos inclui também estagiários/trainees, os quais poderão passar por uma fase de recuperação de componentes, acompanhado de um curso técnico a respeito, reformas de equipamentos em oficina, instalações de equipamentos, serviços de prevenção da manutenção, para depois passar a níveis de manutenção preventiva e corretiva.

Estratégias de Atendimento ao Cliente/Usuário

- Serviços de Atendimento ao Cliente (Hard e/ou Soft Services): atendem às necessidades primárias dos funcionários de uma organização (os chamados "clientes internos"), que se destinam a facilitar a realização das suas atividades principais e garantir conforto e facilidades para desempenhar suas funções (mobiliárias, rede de telefonia, tomadas elétricas etc.). Outros serviços destinam-se a arquivamento e destruição de documentos confidenciais, fornecimento de alimentos, gestão de salas de reuniões, atendimento, recepção, correio, segurança, transporte, asseio de sanitários etc.

- Gestão de Energia: gerenciamento das energias: elétrica, água, óleo, ar condicionado, ar comprimido etc. Tendo como objetivo manter e reduzir os seus custos operacionais de manutenção.

- Serviços de Engenharia e Arquitetura: aplicada à manutenção da edificação e suas instalações, incluindo equipamentos e utilidades. Em determinadas organizações, inclui-se a manutenção de sistemas críticos (Subestação Elétrica, Combate a Incêndio etc.). Os serviços em relação à gestão dos espaços e layout estão sob responsabilidade de Arquitetos. Ambos os profissionais de Engenharia & Arquitetura contribuem para um ambiente funcional e harmônico. A engenharia de manutenção tem como objetivo definir os níveis aceitáveis de parada dos equipamentos, incluindo as falhas admissíveis. Para alcançar estes níveis, a engenharia de manutenção deve estar preparada para a análise dos desvios, utilizando métodos eficientes de análise de falha e solução definitiva.

- A Engenharia de Manutenção: Tem como função principal a de otimizar processos operacionais, isto é, atuar nas falhas repetitivas melhorando projetos e procedimentos de manutenção com objetivo de aumentar o desempenho esperado da Edificação. A otimização deve utilizar as novas tecnologias que normalmente não estavam disponíveis na instalação do equipamento original e cujo desenvolvimento foi estimulado justamente para melhorar o desempenho devido às falhas e seus efeitos. A metodologia e conceitos são os mesmos. Contudo, algumas adequações são necessárias, muito em função da operação da companhia.

- Plano de Continuidade de Negócio: (também podemos dominar como "plano de contingência"). O BCP (Business Continuity Plan) deve garantir a continuidade das operações ou a sua recuperação rápida em caso da ocorrência de uma falha ou incidente grave, tais como sinistros relacionados a enchentes, incêndios, blackouts elétricos, ente outros. Nas grandes Organizações, o plano de continuidade pode prever a mudança dos seus funcionários para uma instalação alternativa, a partir da qual possam assegurar a continuidade das operações no caso de o edifício principal ficar inoperante. Os planos de continuidade devem ser testados periodicamente, através da realização de simulações, para avaliar a eficiência e realizar os ajustes necessários.

Capítulo VI

Análise de Falhas em Ativos

INTRODUÇÃO

Ao longo da minha vivência em Manutenção Industrial, identifiquei que as falhas possuem duas linhas básicas de análise para identificá-las e reduzir seus efeitos:

- Falha por quebra de componente ou subsistema;
- Falha por erro humano.

A primeira causa é a mais evidente, pois faz parte de nosso dia a dia, isto é, tanto em atividades profissionais como em nossas residências podemos ter falhas em equipamentos, e são imediatamente seguidas de conserto. Existem estudos que determinam as causas e as melhores ações para evitar sua ocorrência. A segunda causa se caracteriza por erro de operação, em que geralmente não há ações eficazes para evitar sua ocorrência. Na indústria, em segmentos de alta competitividade, operadores são colocados à frente de máquinas operatrizes sem o devido treinamento e sem a qualificação necessária para operá-las.

O Engenheiro de Manutenção deve implantar, em seu ambiente de trabalho, técnicas para a "análise das causas de falhas" que ocorrem quase a todo instante. Ele deve registrá-las, definir as mais críticas, buscar as causas e traçar planos de ação junto com a equipe. Diversas organizações conhecem a metodologia, mas não a aplicam. Justamente por a considerarem muito teórica, não tendo aplicação prática (uso no dia a dia).

A ocorrência das falhas vem sendo estudada, com base científica, desde a década de 60 por **Cox** e **Lewis.** Ambos divulgaram trabalhos e conceitos relacionados às falhas de equipamentos. A partir de 1970, ocorreu a consolidação em várias áreas da Engenharia. Já nos anos 80, as técnicas para análise não só de falhas, mas de confiabilidade, foram definitivamente implantadas em diversos segmentos industriais. No Brasil, as aplicações práticas se difundiram em áreas: Industrial, Comunicação, Armamento e Nuclear.

Para aumentar índices de confiabilidade e disponibilidade, os mantenedores implantam técnicas preventivas periódicas baseadas em frequências determinadas.

Estes planos constituem-se na substituição ou reforma de componentes ou subsistema dos equipamentos. Logo, assumem que estes, em sua maioria, operam com uma determinada vida útil e seu desgaste pode acelerar com o passar do tempo. Porém, os estudos estatísticos contrariam a natureza das falhas e demonstram que as características construtivas e aplicação influenciam bastante. Portanto, o tempo até a ocorrência pode variar. É possível determinar este tempo no que se refere a componentes simples, como aqueles que ficam em contato com fluidos de processo e apresentam desgastes característicos (ferramentas de usinagem, componentes sujeitos a falhas por desgaste, em razão de ciclos, por fadiga, por corrosão etc.). Entretanto, a complexidade cada vez maior dos ativos nos leva a uma nova realidade em termos de natureza das falhas e probabilidade de ocorrência.

6.1 Os Tipos de Falhas

6.1.1 Falhas Relacionadas à Idade do Ativo

Componentes idênticos podem ter resistência variável em relação às cargas, isto é, diminuem com o tempo à medida que estão em uso sob determinadas condições. Isso acontece naturalmente em razão de fatores, como o próprio processo operacional de um equipamento. Peças mecânicas possuem desgaste, enquanto as eletrônicas tendem a falhar em razão de outros fatores. A qualidade dos materiais usados na construção tem grande influência. À medida que o tempo passa, o ativo fica sujeito a falhas, justamente pelo processo natural de uso, desde que as condições de trabalho sejam mantidas dentro das especificações e limites definidos pelo fabricante. Submetê-lo a utilização além da sua capacidade por um longo período acarretará a redução no tempo de utilização. Parece óbvio, todavia, que a Manutenção precisa observar e monitorar essas condições de uso. É comum, por exemplo, operadores regularem unidades hidráulicas de fresadoras para aumentar o tempo de usinagem, levando o sistema a uma condição extrema. Naturalmente, isto levará à "quebra" e poderá dificultar o estudo de monitoramento da vida útil de um componente. Portanto observe estas e outras alterações. Embora existam essas diferenças, é possível obter valores aproximados.

6.1.2 As Falhas Aleatórias de Componentes Simples

Ao contrário das falhas relacionadas à idade, as falhas aleatórias estão sujeitas às cargas externas. Quando me refiro à carga, quero dizer tensão mecânica (forçando determinada peça até a quebra) ou tensão elétrica (carga externa, como relâmpago, que ocasiona sobrecarga). Para se proteger destas falhas, na prática, é preciso limitar o aumento anormal destas tensões. Um exemplo clássico é a instalação de sistemas de segurança, ao longo de um circuito, para evitá-las como válvulas de alívio de pressão numa rede de ar comprimido. Muitas destas elevações de tensão são causadas por erros operacionais em equipamentos (como, por exemplo, na partida de uma máquina, posicionar uma peça no ferramental fora de especificação) Nestes casos, treinamento e orientação são essenciais aos operadores.

Outra situação é a de que apesar desta sobretensão (ou sobrecarga), o componente não "quebra", mas fica frágil e suscetível a falha numa eventual repetição desta condição. Finalmente, existem os componentes com falhas de montagem, como no caso clássico de um rolamento mal-alinhado. Criam-se tensões que aceleram o processo de deteriorização dificultando a descoberta da causa e efeito deste evento. Uma das formas é garantir que as peças sejam montadas por mantenedores capacitados, utilizando ferramental adequado. Aliás, muitos destes bons profissionais adquirem hábitos de trabalho utilizando suas ferramentas de modo inadequado ou, como se costuma dizer, "ajambrando" algo que deveria ser de alta precisão.

6.1.3 As Falhas Aleatórias de Componentes Complexos

Para estes componentes, a previsibilidade é ainda mais difícil. Esta complexidade se deve à incorporação de novas tecnologias para melhorar o desempenho ou maior segurança operacional. Estas aplicações ocorrem cada vez mais, tanto em indústrias como em outros segmentos. É uma maneira de ser mais competitivo, mas, por outro lado, acaba por trazer "maior dor de cabeça" à Manutenção.

Uma maior complexidade significa estabelecer ou reduzir dimensões, melhorar interfaces, durabilidade ou ainda aumentar a confiabilidade das informações, e isso, por sua vez, também aumenta a possibilidade das falhas. Por exemplo, falhas eletroeletrônicas envolvem conexões entre seus componentes. Quanto maior o número destas, maior a probabilidade de falha. Portanto, o plano preventivo para a substituição destes componentes pode não ser efetivo, pois é praticamente impossível obter o período de desgaste.

Como podemos observar, estes estudos estatísticos auxiliam a Manutenção na avaliação da falha e suas causas e efeitos. Salientamos que não é uma metodologia para aplicação rotineira, pois estes estudos demandam tempo, tanto para a coleta como para a análise. Logo, aplique quando houver uma decisão gerencial para avaliar o custo de manutenção que está "fora de controle" ou ainda um equipamento cujas "quebras" começam a determinar perda de produção e rendimento. Neste caso, você poderá apresentar o trabalho e, consequentemente, uma proposta de ação efetiva. O Engenheiro de Manutenção precisa estar sempre atento à sua gestão de ativos, por meio de gráficos de controle e demais indicadores. Quando houver algo fora de controle, será necessário fazer uma análise mais criteriosa. Medidas corretivas, preventivas e melhorias podem ser algumas das soluções.

6.2 Métodos para Análise de Falhas

Principais formas de análise de falhas:

- Gráfico de Pareto;
- Diagrama de Causa e Efeito (Ishikawa);
- Método dos "5 Porquês";

6.2.1 O Gráfico de Pareto

A comparação de Gráficos de Pareto, construídos a partir de dados coletados antes e após a adoção de soluções para determinado problema, pode ser utilizada para avaliar se as ações executadas foram efetivas. A utilização de gráficos para análise de desempenho é muito comum em ambientes de engenharia. Na Manutenção Industrial, essa técnica é usada para a análise da comparação: "tipos de falhas X ocorrência."

O princípio de Pareto tem como base demonstrar que a maior parte de um resultado é devida a uma parcela mínima de fatores, dentre muitos que o influenciam. O gráfico é formado por barras verticais decrescentes, no qual a altura representa a frequência de ocorrência de um defeito ou falha, mais uma linha cumulativa usada para indicar as somas percentuais das colunas.

Exemplo de uma análise, por meio de Gráfico de Pareto:

Problemas relativos à qualidade aparecem sob a forma de perdas (itens defeituosos e seus custos). É extremamente importante esclarecer o modo de distribuição destas perdas. O Gráfico de Pareto surge exatamente como uma técnica gráfica ideal para identificar os itens que são responsáveis pela maior parcela das perdas, onde quase sempre são poucas as "vitais" e muitas as "triviais". Então, se os recursos forem concentrados na identificação de perdas mais críticas, torna-se possível a eliminação de quase grande parte delas, deixando as menos essenciais para uma etapa posterior.

Orientações para construção do gráfico:

A. Determinar como os dados serão classificados: por produto, máquina, turno ou operador.
B. Construir uma tabela, colocando os dados em ordem decrescente.
C. Calcular a porcentagem de cada item sobre o total e o acumulado.
D. Traçar o diagrama e a linha de porcentagem acumulada.

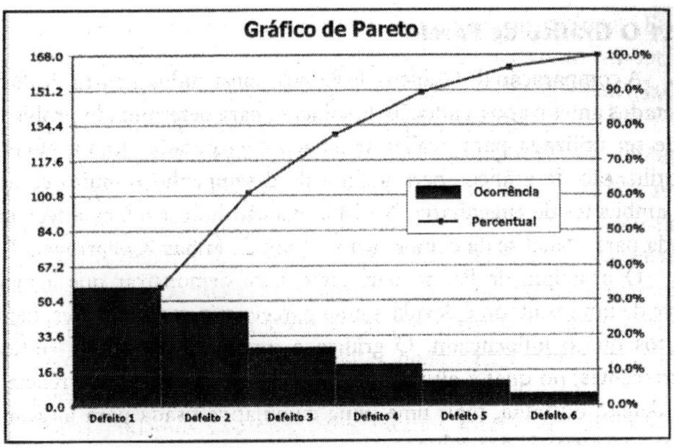

Exemplo de construção de um Gráfico de Pareto.

6.2.2 Diagrama de Causa e Efeito

Também conhecido como "Diagrama Espinha de Peixe" (por seu formato) ou Diagrama de Ishikawa (**Kaoru Ishikawa** – que o criou, em 1943), foi desenvolvido para representar a relação intrínseca entre o "efeito" e todas as possíveis "causas". O efeito ou problema é colocado no lado direito do gráfico, e as causas são agrupadas segundo categorias lógicas e listadas à esquerda.

O Diagrama de Causa e Efeito é desenhado para exemplificar visualmente as várias causas que afetam um processo por classificação e relação de causas. Para cada efeito, existem seguramente diversas categorias de causa. As principais podem ser agrupadas sob quatro categorias conhecidas como "4M", ou mais atualizadas, "6M", que são:

- Método
- Mão de obra
- Material
- Máquina (Ativo)
- Medição – se aplicável
- Meio Ambiente – se aplicável

Geralmente, o diagrama é elaborado a partir do levantamento de causas, obtidas em reuniões de **Brainstorming**[1]. É necessário montar uma equipe multidisciplinar. Os participantes vão descrevendo as possíveis causas (em post-it, por exemplo). O líder designado coleta estas informações e vai afixando-as abaixo de um dos "6 Ms", escolhendo o mais apropriado para cada uma. Na prática, pode-se colocar um cartaz com o desenho do diagrama, afixado na parede. Outra forma seria desenhar o diagrama num painel e escrever as causas.

6.2.2.1 Exemplo de uma Análise por Meio do Diagrama de Causa e Efeito:

Uma certa empresa desenvolveu um trabalho para descobrir as causas do aumento dos gastos mensais. Por meio da técnica *Brainstorming*[1] chegaram a uma lista

[1] Brainstorming: é uma técnica conhecida como "chuva de ideias" ou, para aqueles mais cômicos, "toró de parpite", cujo objetivo é que todos os participantes se "desliguem" de conceitos pré-concebidos e deixem fluir as ideias, descrevendo as possíveis causas sem se preocupar se são ou não corretas.

contendo vários itens. A equipe optou por utilizar o Diagrama de Causa e Efeito.

Etapas da construção do Diagrama de Causa e Efeito, para o problema citado:

1. A equipe estabeleceu o problema usando expressões: onde ocorre? Quando ocorre? Qual a sua extensão?
2. Pesquisaram as possíveis causas por meio do *brainstorming*.
3. Construíram o diagrama, colocando o problema (efeito) à direita e as possíveis causas à esquerda.
4. Desenharam as tradicionais categorias, segundo a determinação do grupo (é muito comum usar apenas os "quatro primeiros MS", mas nada impede de usar os outros dois MS).
5. Para cada causa, questionaram "por que isto acontece?", relacionando as respostas aos itens que contribuem para a ocorrência da causa principal, que é o objetivo desta análise.

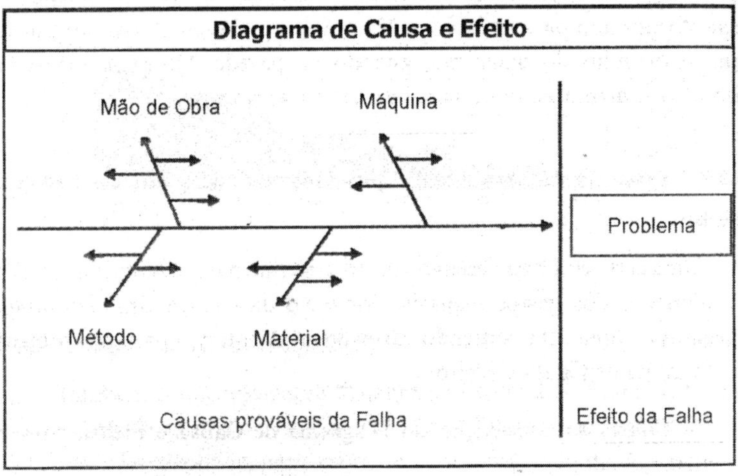

Exemplo do Diagrama de Causa e Efeito a partir do exemplo citado.

6. Final: interpretação da "causa principal" do problema (falha):

- Observaram as causas que aparecem repetidamente;

- Obtiveram o consenso do grupo;
- Coletaram os dados para determinar a frequência relativa das diferentes causas;
- Elaboraram um plano de ação para eliminar os problemas encontrados.

6.2.3 Método dos Cinco Porquês

O Método dos "5 Porquês" é aplicado quando são definidas previamente as causas potenciais do problema a ser analisado. Este método define uma das raízes possíveis do problema e tenta explicá-la por meio das respostas dadas aos "porquês" questionados pelos componentes do Time Multidisciplinar (membros formados de diversas áreas, mas envolvidas no problema).

Esta técnica sugere "cinco respostas", sendo estas apenas uma base para as possíveis respostas. Isso se deve ao fato de que o time pode levantar mais ideias. Uma vez obtidas as possíveis respostas para os "porquês", o time deve analisar se estas respostas são consistentes a ponto de solucionar o problema e, desta forma, indicar o caminho para se obter a principal razão do problema, também conhecido como "causa raiz". Este método é bem simples de ser aplicado, pois não exige grande estrutura gráfica ou outro recurso, como acontece nos dois anteriormente apresentados. O exercício é encerrado quando começarem a ocorrer repetições de respostas ou quando o time não tem mais nenhuma ideia viável a dar.

Desta forma, utilizamos a técnica "5W2H" para que um plano de ação seja gerado. Cada uma das letras vem de uma palavra na língua inglesa, sendo este os seus significados:

- **WHAT** (O quê?): define as tarefas que serão executadas;
- **WHEN** (Quando?): define o prazo para a conclusão das tarefas;
- **WHO** (Quem?): define a pessoa responsável pela tarefa;
- **WHERE** (Onde?): define o local onde a tarefa será realizada
- **WHY** (Por quê?): define a razão de execução da tarefa;
- **HOW** (Como?): define a forma como a tarefa vai ser executada; uma descrição clara e objetiva é necessária para avaliar a viabilidade técnica.

- **HOW MUCH** (Quanto custará?): define os recursos financeiros necessários para a execução da tarefa.

Nota

Muitos planos de ação não incluem o último item; logo é mais conhecidos como 5W1H. No entanto, de nada adianta elaborar um plano de ação sem conhecer os investimentos necessários para executá-lo. Caso o recurso financeiro seja, por exemplo, praticamente "zero", mesmo assim assinale.

Plano de Ação – Ações de Manutenção para Conformidade com a Norma ISO TS 16.949						
O quê	**Por quê**	**Como**	**Onde**	**Quando**	**Quem**	**Quanto**
Treinar toda equipe de Manutenзгo	Evidenciar conhecimento da norma e exigкncias requeridas	Solicitando ao RH, marcando datas e reservando sala para treinamento. Contratando um instrutor.	RH	incluir data	Analista de RH	R$ 500
Revisar Processos e Procedimentos	Validar os procedimentos atuais	Analisando/ atualizando os Procedimentos, enviando para Consenso e Aprovaзгojunto ao Controle de Documentos	Manutenзгo	incluir data	Eng. Manut.	R$ 0,00
Atualizar os documentos de definiзгo dos equipamentos-"chave" para Produзгo	Houve entrada/saнda de mбquinas do processo, bem como alteraзгo de lideranзas na Manutenзгo e Produзгo	Atualizando os documentos antigos e submetendo-os para a assinaturas	Manutenзгo	incluir data	Eng. Manut.	R$ 0,00

Exemplo de construção de um Plano de Ação.

FMEA : Análise e Ações de Falhas: Máquina de Montagem, Célula "2"							
		Afeta a				Tempo para Conserto/ Ajuste	Modo de Reparo
Descrição da Falha	**Evidência da falha**	**Segurança**	**Meio Ambiente**	**Produção**	**Qualidade**		
Sujeira no sensor	não tem evidência	Não	Não	Não	Sim	15 min	Limpar sensor (orientar operador, via TPM)
Curto na entrada do CLP	deixa de funcionar	Sim	Não	Sim	Não	1 semana	Verificar dimensão do dano e consertar
Dispositivo solto	deixa de funcionar	Sim	Não	Sim	Não	1/2 h	Fixar melhor o dispositivo
Dispositivo Desgastado	deixa de funcionar	Não	Sim	Sim	Não	1 dia	Fabricar no dispositivo de fixação peça
Célula de carga deformada	não tem evidência	Não	Não	Não	Sim	4 h	Troca de célula de carga
Célula de carga rompida	deixa de funcionar	Não	Não	Sim	Não	4 h	Troca de célula de carga
Célula de carga descalibrada	não tem evidência	Não	Não	Não	Sim	4 h	Troca de célula de carga
Fiação do indicador em curto	não tem evidência	Sim	Não	Sim	Sim	1 h	Substituição da fiação
Entrada do CLP em curto	deixa de funcionar	Não	Não	Sim	Não	1 semana	Troca de CLP

Outra forma de abordagem de um Plano de Ação é a elaboração uma planilha nos moldes do FMEA.

6.3 Métodos Estatísticos para a Análise de Falhas

6.3.1 Introdução – A Curva da Banheira

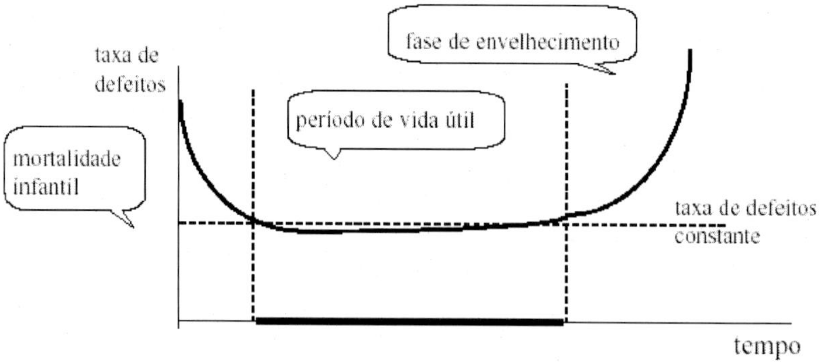

Exemplo de uma Curva da Banheira.

Tradicionalmente, as fases da vida de um componente ou sistema são descritos na "Curva da Banheira" (talvez você já tenha lido ou ouvido algo a respeito). Este gráfico apresenta, genericamente, as fases da vida de um componente, sendo válido somente para componentes individuais.

Nesta curva, observamos três períodos da vida característicos, denominados, respectivamente: "Mortalidade Infantil", "Período de Vida Útil" e "Período de Desgaste".

Mortalidade Infantil: período em que ocorrem as falhas prematuras, originadas por problemas nos processos de manufatura, erros em testes de aprovação, falta de qualidade, erros de instalação, mão de obra não qualificada etc.

Período de Vida Útil: este período é caracterizado por falhas aleatórias que, dificilmente, são possíveis de evitar. Alguns exemplos: sobrecarga de tensão, resistência menor que a necessária, fenômenos de origem externa como descargas atmosféricas, falhas não detectadas em programas de manutenção preventiva ou preditiva etc.

Período de Desgaste (também conhecido como Fase de Envelhecimento): período iniciado logo após o término da vida útil do equipamento. São causas específicas, como envelhecimento natural de componentes dos equipamentos, desgaste por atrito, efeitos de fadiga, corrosão, ferrugem, deteriorização de sistemas químico, elétrico, hidráulico, pneumático etc.

6.3.2 Estatística Aplicada à Confiabilidade

Os problemas relacionados a equipamentos são situações que envolvem variáveis. A probabilidade de ocorrência é estabelecida por modelos destas situações. Para tanto, faz-se necessário entender os princípios básicos da estatística. Isto compreende análise dos padrões de falhas dos componentes ou subsistemas. Muitos dos casos que ocorrem nos setores industriais nos remetem aos estudos da probabilidade de ocorrência em função do tipo (marca, modelo etc.) e sua vida útil, geralmente definida pelo fabricante. O termo "vida útil" se traduz como uma estimativa de sua duração. Pode ser medido por unidades de tempo (horas), por "quilometragem" (como é o caso da indústria automobilística), em ciclos (número de vezes de acionamento, por exemplo, de uma micro-chave elétrica que funciona de forma contínua).

A abordagem nos remete a descrever os tipos principais de análise, como as fórmulas estatísticas ou funções de densidade de probabilidades em relação ao comportamento e ocorrências.

Tópicos:

- Taxa de Falhas;
- Distribuição Hiperexponencial;
- Distribuição Exponencial Negativa;
- Distribuição de Poisson;
- Distribuição Normal;
- Distribuição de Weibull.

6.3.3 A Taxa de Falhas "λ"

Indica, para o valor "n", a probabilidade de ocorrências de falhas por unidade de tempo, supondo que o equipamento ainda esteja operando. **A letra grega** Lambda "λ" **representa a Taxa de Falhas ou por Z(t).**

$$\text{Logo,} \quad \lambda = \mathbf{Z(t)} = \frac{1}{MTBF} \mathbf{.\ 100\ \%}$$[2]

Onde, **MTBF =** Tempo Médio entre Falhas

6.3.4 A Distribuição Hiperexponencial

Esta função é típica do período de entrada em operação do equipamento. Isto significa dizer que existe uma probabilidade de ocorrência muito maior no período imediatamente seguinte à sua instalação do que ao longo de sua vida útil. Possivelmente alguns componentes são fabricados com defeito ou instalados fora dos padrões estabelecidos. Desta forma, <u>as falhas não podem ser atribuídas ao desgaste normal</u>. Sendo assim, a <u>**Distribuição Hiperexponencial** é usada</u>

---

[2] por exemplo, obtendo-se um valor da Taxa de Falha = 0,05 e multiplicando-o por 100%, a leitura será = 5%.

para o estudo estatístico de componentes que falham logo após a instalação do equipamento.

6.3.5 A Distribuição Exponencial Negativa F(t)

A experiência a partir de testes estatísticos tem demonstrado que não se aplica o termo "velhice" aos componentes atuando em condições normais de operação, ao longo de sua vida útil, (dificilmente atingem a falha por desgaste natural em uma determinada data). Ao contrário, podem falhar tanto logo após entrar em funcionamento quanto muitos meses depois de funcionando.

A Distribuição Exponencial Negativa é usada para o estudo estatístico de componentes que falham em razão de outro(s). A probabilidade é constante e independe do tempo que o item esteja em funcionamento, o que caracteriza um comportamento de "quebra" diante de outro pertencente ao mesmo sistema, como por exemplo um fusível que esteja em plena condição de uso até que um curto-circuito, em algum outro item ocasione uma sobrecarga, levando o fusível à "queima". A exponencial (exp) negativa, por sua distribuição de falhas, demonstra o comportamento da maioria dos itens elétricos ou eletrônicos.

Esta função da distribuição de probabilidade do tempo (t) até a falha (λ) é dada pela expressão:

$$\mathbf{F\ (\ t\ )} = \lambda \ .\ \exp\ (\ -\lambda t\ )\ .\ 100\ \%$$

6.3.6 A Distribuição de Poisson P (t)

A Distribuição de Poisson ocorre quando a Taxa de Falhas é constante e em função de forças aleatórias, como por exemplo, descargas elétricas em razão de temporais ou até mesmo queda de tensão numa rede. Esta distribuição é utilizada para determinar a quantidade necessária de componentes (itens sobressalentes) em estoque, pois a falha é aleatória e o tempo entre elas é representado por uma exponencial (exp).

A Distribuição de Poisson é obtida pela expressão: - λ

$$P(t) = \frac{\exp^{-\lambda} \lambda^{x}}{X!} . 100\ \%$$

Onde a Taxa de Falhas é constante: Z(t) = cte = λ

6.3.7 A Distribuição Normal

A distribuição normal é aplicada nos estudos de falhas em componentes que se desgastam e cuja probabilidade de quebra aumenta com o tempo. Apresenta um padrão de desgaste definido em algum tempo médio de operação. Em consequência, algumas falhas podem ocorrer um pouco antes ou depois desse tempo médio, dando origem a uma dispersão que pode ser caracterizada por um desvio padrão. É típico ocorrer em eixos girantes e seus elementos ou em peças sujeitas à ação da corrosão.

6.3.8 A Distribuição de Weibull F (t)

A Distribuição de Weibull é uma expressão semi-empírica e muito útil. Foi desenvolvida por **Waloddi Weibull** em seus estudos sobre resistência mecânica dos aços. Sua utilidade, no contexto da manutenção, decorre por permitir obter:

- Uma única função densidade de probabilidade, para representar um dos três tipos de função de tempo decorrido até a falha vistos anteriormente, decorrentes de falhas típicas de um sistema em partida (no início da operação, após a instalação), puramente aleatórias ou as modalidades de falha por desgaste.
- Parâmetros significativos da configuração da falha, a exemplo do tempo mínimo provável até a falha.
- Representação gráfica simples e aplicação prática.

Weibull propôs uma expressão em que a Probabilidade Acumulada de Falha após um tempo (t) de funcionamento é representada pela expressão:

$$\mathbf{F(t) = 1 - exp}\ [\ -\ (t - to)\ ]^{\beta}\ \mathbf{.\ 100\ \%}$$

A probabilidade de o componente ainda não ter falhado (sobrevivente) é representada pela expressão:

$$\mathbf{P(t) = exp} - [\ -\ (t - to)\ ]\ \mathbf{.\ 100\ \%}$$

A probabilidade de falha de um componente no instante (t) é representada por:

$$\mathbf{Z\ (t) =}\ \frac{\beta}{\eta^{\beta}}\ [\ -\ (t - to)\ ]\ \mathbf{.\ 100\ \%}$$

Onde:
t = tempo de funcionamento (número de horas em operação)
to = tempo até a falha inicial ou vida útil mínima
β = fator de forma
η = parâmetro de forma

"t" e "to" – Tempo até a falha inicial ou vida mínima

Em muitos casos típicos de desgaste, transcorre um intervalo de tempo **to** significa tivo até que ocorra a primeira falha. A Taxa de Falha em uma determinada "idade" do componente só é diferente de "zero" e crescente após o tempo **to**, de modo que o fator tempo nas expressões de **Weibull** aparece sempre sob a forma **(t - to).**

"η" – Parâmetro de Forma

Quando t-to = η e **exp** = 0,37 , isto significa que, **no período de tempo** η, ocorreu 63% de falhas, restando 37% de componentes que <u>não</u> falharam (estes denominados "sobreviventes").

"β" – Fator de forma

As modalidades de tempo transcorrido até a falha e da **taxa de falha Z(t)** são influenciadas pelo fator de forma β. Um padrão de falha, típico de "partida", conduz a um valor significativamente menor do que um, ao passo que um padrão de falhas por desgaste, por sua vez, conduz a valores de β mais elevados, muito embora para valores de fator de forma inferior a 3 (três), por exemplo, já existia uma tendência a um comportamento aleatório das falhas.

Na prática, ao encontrar os valores para "β", obtemos informações para definir o tipo de manutenção mais adequado:

Valor de β	Tendência de **Z(t)**	**Tipo de Manutenção**
$\beta < 1$	Taxa de falha decrescente	Manutenção corretiva
β = **1**	Taxa de Falhas constante	Manutenção corretiva e **preventiva**[3]
β > **1**	Taxa de Falha crescente	Manutenção preventiva

6.3.9 Aplicação da Estatística à Engenharia da Confiabilidade

A aplicação mais importante da estatística da falha consiste no fornecimento de informações aos projetistas e especialistas em MCC, permitindo, assim, determinar a vida útil esperada, bem como a disponibilidade e a confiabilidade. A estatística da falha pode ser utilizada pelo gestor de manutenção de duas maneiras distintas: a primeira, diagnosticando a natureza da falha repetitiva, e a segunda pela definir a melhor solução para eliminá-la ou reduzir seu efeito.

No livro de **Kelly ("A case Study of Availability - by National Terotechnology Centre, 1975)** ele nos descreve o seguinte case: Um gerente de manutenção estava inseguro quanto à causa de falhas repetitivas de **acoplamentos**[4] universais. Suspeitava-se de que seu recondicionamento (reforma geral) era deficiente. A

3 A Manutenção Preventiva é aplicada se o equipamento for considerado crítico.

4 Elemento de máquina que transmite força de giro, quando acoplada a outra.

análise dos dados demonstrou que o parâmetro de "β" de **Weibull** estava próximo de 1 (falhas ocorrem aleatoriamente em relação ao tempo), Logo a probabilidade de uma falha "na partida" ou causada pelo desgaste poderia ser eliminada. Após a avaliação dos resultados, constatou-se que a causa era o projeto deficiente dos parafusos de fixação do acoplamento (eles afrouxavam aleatoriamente).

Uma análise semelhante em falhas de caixa de engrenagens conduziu a um valor de "β" = **de 0,5**, sugerindo um problema de falha, igualmente, em razão de recondicionamento malfeito.

Existem literaturas e artigos disponíveis na Internet que abordam essas técnicas com mais profundidade, apresentando as expressões matemáticas, gráficos mais detalhados e exemplos de aplicação. As empresas especializadas em softwares de manutenção desenvolveram modelos que executam esses cálculos. Isso facilita o trabalho do Engenheiro de Manutenção, caso ele precise usar alguma dessas técnicas estatísticas, visto que usar estas fórmulas manualmente demanda um tempo considerável.

6.4 Análise de Falha por Erro Humano

INTRODUÇÃO

Os erros humanos, dentro do contexto dos estudos de Análise de Falhas, são muito pouco observados. É grande a preocupação, nos principais segmentos industriais, no que diz respeito à qualidade de produto, segurança do trabalho e operação em máquinas operatrizes ou estações de trabalho. Em qualquer um desses casos, a observância da qualificação profissional para o cargo e o treinamento são funda-mentais. Os esforços dos Departamentos de Manutenção estão dedicados ao mantenimento dos ativos; assim, muitas vezes, não se pensa na possibilidade de que o problema tenha sido causado por "falha humana". Vale ressaltar, neste caso, que é preciso considerar não somente falhas operacionais, mas os erros de mantenedores na execução de um conserto. Felizmente, já a partir da década de 70, iniciou a preocupação com a confiabilidade humana. No Japão, a metodologia TPM revolucionou o tratamento do pessoal de "**chão de fábrica**[5]",

[5] Chão de Fabrica: é um termo muito usado na indústria para definir o local de atuação de operadores ou

melhorando suas condições no trabalho e a qualificação profissional, reduzindo os erros na produção de itens manufaturados.

6.4.1 A Confiabilidade Humana

Podemos definir como a probabilidade de uma determinada tarefa não ser feita conforme o planejado. A consequência pode ser mínima, como o sucateamento de uma peça, ou de grande proporção, levando à perda de uma vida por acidente de trabalho. Em relação ao mantenimento de ativos, os padrões devem ser estabelecidos e divulgados às pessoas, por meio dos treinamentos. Após isso, as pessoas devem ser monitoradas até que tenham domínio sobre a sua atividade. A segurança, tanto do indivíduo quanto do equipamento, devem ter critérios de avaliação diferenciados, mas com o mesmo grau de importância.

Certamente, desde os primórdios da indústria até os dias de hoje, a tecnologia evoluiu tanto quanto as normas técnicas e de segurança. Todo este conjunto trouxe maior confiabilidade aos processos industriais.

As formas tradicionais de erros operacionais são negligência ou falta de treinamento, sendo ambos passíveis de discussões entre as áreas de Produção e de apoio, como Manutenção, Engenharia e de Qualidade. Uma abordagem mais inteligente seria a aplicação de técnicas de avaliação, como visto anteriormente, para se obter a verdadeira causa. Sendo constatado, como "erro humano", as condições da forma como tal fato ocorreu devem ser analisadas. Uma frase a ser considerada é: "devemos aprender com os erros" (daí surgiu uma técnica denominada "Lição Aprendida" ou em inglês *Lessons Learned*). Significa entender a causa, registrá-la e divulgá-la aos demais envolvidos para evitar novas ocorrências. Os registros por fotografia (hoje muito mais fácil em razão das máquinas fotográficas digitais) podem ser inseridos em documentos formais da qualidade, denominados "Auxílio Visual", que são afixados no posto de trabalho. Ele irá propiciar uma maior atenção por parte dos operadores. Somam-se, ainda, ações de melhorias nos equipamentos, que ajudam a evitar as falhas operacionais.

Outra técnica nascida no Japão, para reduzir a "falha humana", são os dispositivos denominados *poka* (erro) *yoke* (à prova de), em português "à prova de erro", ou,

onde estão localizados os equipamentos operacionais. Também é conhecido como área de produção. Numa palestra, ouvi que um termo mais politicamente correto seria o "piso de fábrica".

ainda, em inglês, *error proofing*, que são instalados ao longo das linhas de produção e, de uma forma segura, evitam que o erro seja cometido. Ela foi desenvolvida com o objetivo de aumentar a qualidade dos produtos e é muito usada em indústrias automotivas. Nasceu a partir da criação dos CCQ (Círculos de Controle de Qualidade) no ano de 1962, como forma de reduzir erros operacionais. Consiste em dispositivos eletrônicos com alarme sonoros, caso uma peça seja montada de forma errada. Os mecanismos POKA-YOKE possuem a função básica de possibilitar que a inspeção seja feita em 100%, tendo como fundamentação o fato de que "ser humano não é infalível, e trabalhadores são humanos; portanto, devemos compensar seus erros".

Nota

A técnica *poka yoke* não é feita somente com sistemas de alto custo, mas de inúmeros outros de construção mais simples, todos com o objetivo de evitar o "erro". Dispositivos de medição, como o "passa / não passa" são um bom exemplo. Conforme a criatividade, podemos desenvolver vários dispositivos com baixo investimento.

O departamento de manutenção acaba por se envolver nesta atividade que, naturalmente, nasce nas áreas de manufatura. Ele fornece mão de obra e as utilidades necessárias para fazer o mecanismo funcionar como energia elétrica e ar comprimido.

6.4.2 Exemplo de Aplicação de *Poka Yoke*:

O exemplo a seguir, é um layout de uma linha de montagem, onde consideraram importante implantar sistemas que evitassem erros dos operadores ao pegarem componentes de montagem na prateleira. Por vezes, itens de produtos similares eram montados indevidamente, sendo comum este tipo de erro tendo em vista a repetibilidade de movimentos ao longo de um turno de trabalho. No detalhe maior, em destaque é mostrada uma prateleira que foi adaptada e nela, foi instalado um dispositivo poka yoke que libera ou bloqueia o acesso aos *containers* (pequenas caixas plásticas contendo as peças) mediante sinalizações especificas.

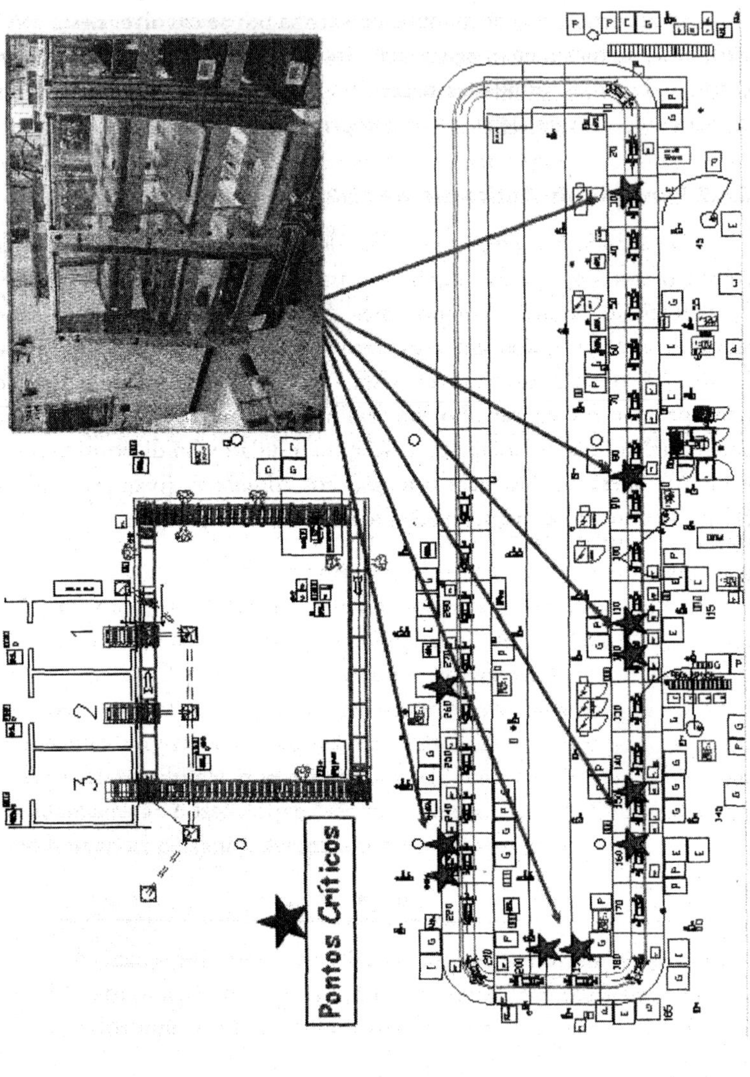

Layout de uma Linha de Montagem com indicativos dos pontos críticos.

A seguir, uma explicação de como funciona o sistema Poka Yoke da prateleira vista na figura anterior.

Este dispositivo "libera" um determinado item para ser montado (no produto), somente se for retirado do local correto.

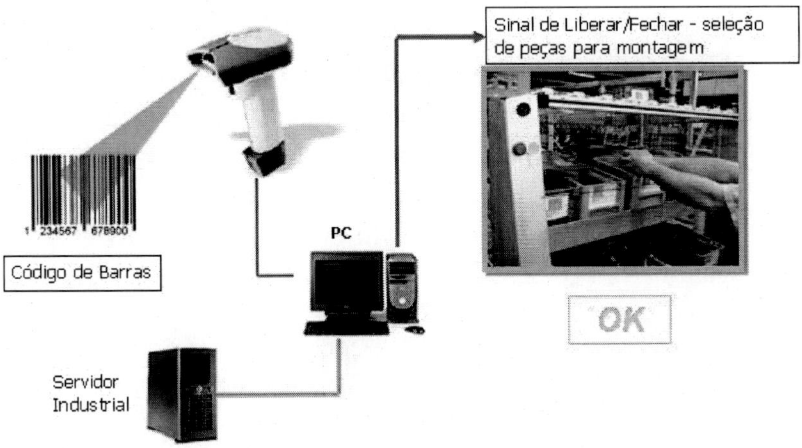

Se o operador, por desatenção, pegar o item no local "errado" o sistema emite sinais sonoros e de visual, como nos mostra a figura a seguir.

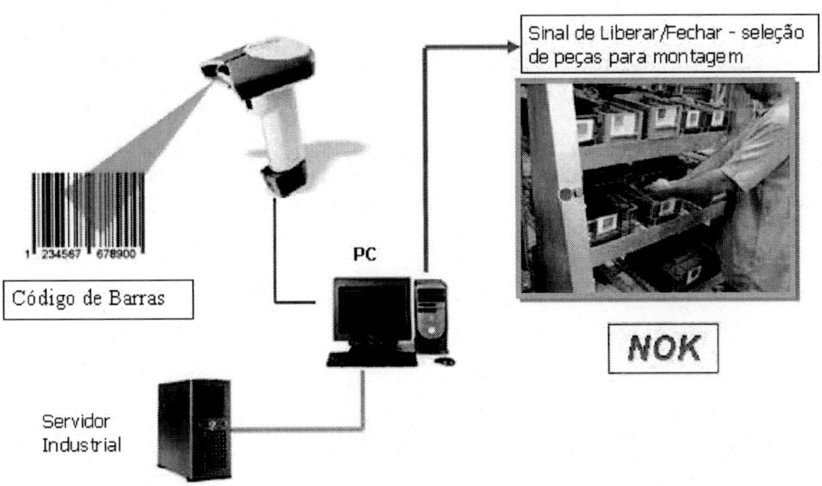

O ser humano é suscetível a erros; portanto, simplesmente aplicar esta técnica ou similares não erradicará as falhas. Faz-se necessário um conjunto de medidas como a que foi vista, aliadas a treinamento e orientação do líder ao operador. Se necessário, pode-se adotar programas de reconhecimento como premiação ou apresentação em murais da empresa ao estilo "funcionário do mês", para funcionários que se destacam em alguma atividade. O ser humano é movido pela emoção; então, mexer com o ego sempre fará a diferença. Para se obter a Confiabilidade Humana, pode-se iniciar por uma análise séria em relação aos procedimentos operacionais, dispositivos, qualificação e treinamento e, finalmente, implantar uma forma de reconhecimento. Esse conjunto de ações (com uma boa interface) deverá trazer benefícios ao processo de uma determinada atividade, reduzindo a valores mínimos a possibilidade de falha humana.

Em relação à Manutenção, os erros humanos são responsáveis por boa parte dos defeitos que levam o equipamento à falha, como, por exemplo, erros possíveis na sequência desde a fabricação de um equipamento até o início de operação e confecção das primeiras peças:

- Erro de montagem do componente de um equipamento;
- Erro de instalação do componente no equipamento;
- Erro na execução de testes de aprovação;
- Erro na preparação para envio para o cliente;
- Erro na recepção no cliente;
- Erro na instalação do equipamento;
- Erro de *set up*;
- Erro no ferramental;
- Erro de ajustes;
- Erros operacionais ou ao longo de um período inicial ou adaptação.

Como podemos observar, a possibilidade de falha humana é iminente. No ambiente industrial, estas falhas causam a perda de produção e rentabilidade de um negócio. Um funcionário recém-contratado quer demonstrar uma capacidade que muitas vezes não possui. Esta ansiedade pode levá-lo ao erro involuntário. Ele deve passar por fases até o amadurecimento profissional, o suficiente para que se torne independente e possa assumir responsabilidades.

Em ambientes de Qualidade Total, existe a expressão *empowerment*, (algo como delegar poder de decisão a alguém) que o operador precisa receber de seu líder para obter a total gestão sobre o posto de trabalho. Ele terá autoridade de operação quando a qualidade requerida não pode ser alcançada ou por quaisquer outras razões (ex.: defeitos de matéria-prima, ferramental ou equipamento). Essa condição só é obtida através das ações já mencionadas e com paciência por parte dos gestores. Então, tempo é o segredo. Quanto mais o operador ficar num determinado posto, maior será a sua experiência.

Existe um ditado oriental que gosto de mencionar: "A prática leva à perfeição". Creio que somente operadores treinados, com tempo de serviço em um ambiente de trabalho agradável, darão o retorno necessário em termos de confiabilidade humana. Não é admissível, um funcionário trabalhar com medo de sua chefia, sob ameaça de demissão, caso cometa um erro.

Sabemos que as pessoas são diferentes e sempre existirão as exceções, isto é, os maus funcionários. Cabe ao líder identificar, conversar e esclarecer a situação. Portanto, se ele não está adequado ao perfil do cargo e nem às diretrizes da organização, deverá ser demito. Na verdade, ele mesmo já fez essa opção.

Num ambiente de Manutenção, não é diferente. Os erros humanos se sucedem e não são poucos, sejam técnicos ou administrativos.

- Erros técnicos:
- Conserto malfeito;
- Uso inadequado de ferramental;
- Montagem errada de componente;
- Erro de avaliação e consequente uso de componente errado;
- Erro de interpretação de desenhos ou especificações.
- Erros Administrativos:
- Avaliação errada em uma decisão de prioridades;
- Identificação e aquisição de componente errado;

- Indicação para efetuação de conserto inadequada por parte de um mantenedor com pouca experiência;
- Não dar importância a um alerta de que algo está sendo malfeito por um mantenedor.

Como você pode observar, esses eventos ocorrem quase diariamente, com mais ou menos frequência. O Engenheiro de Manutenção, neste contexto, deve estar atento às falhas, consequências e, principalmente, suas causas.

O erro do mantenedor, num determinado conserto, nem sempre ocorre pelos motivos abordados. O outro enfoque a ser considerado é a própria limitação do conhecimento e habilidade, ambos inerentes a treinamento. Aqui cabe ressaltar o uso de técnicas comportamentais para lidar com este assunto, nada delicado. Ninguém gosta de comentar sobre seus erros. O comportamento deverá ser o de agregador e tentar eliminar a chamada "briga das vaidades" que porventura venha a ocorrer. Nestes conflitos, é comum a aplicação de uma técnica simples: "vamos achar um culpado e puni-lo". Considero mais saudável entender a ocorrência, registrá-la, corrigir e treinar os demais para que o erro não se repita (lessons learned). Devemos aprender com os erros e não conviver com eles. Às vezes ouvimos: "– É assim mesmo, sempre foi assim!" Então, seja o profissional que esperam que você seja e faça a diferença.

Alguém dirá a você: "– Não aceite tudo o que dizem!". Melhor analisar sempre a situação da forma mais ampla possível, pois muitas dessas atitudes fazem parte da cultura da empresa ou do pessoal da alta administração (diretoria). Cuidado para não "comprar uma briga" na qual sairá "machucado". As organizações mais tradicionais mantêm antigos colaboradores, em razão deles terem iniciado com os proprietários ou porque possuem algum significado especial para a empresa. Então, fazem uso desse expediente para se julgarem acima de qualquer suspeita sobre decisões erradas, e sempre aparecerá alguém para amenizar o conflito em favor deles. Apenas reporte à sua gerência e deixe com ela a decisão. Entenda o seu nível hierárquico, e você poderá atuar de forma tranquila, reduzindo este tipo de "ruído". Se você não sabe como está inserido numa organização ou até onde vai o seu poder, sente-se com a sua chefia e descubra com urgência!

Capítulo VII

Análise de Modos de Falha e Efeitos para Equipamentos

INTRODUÇÃO

A sigla **FMEA** (FAILURE MODE AND EFFECT ANALYSIS) é uma técnica para conhecer e antecipar a causa e o efeito de cada modo de falha de um sistema ou produto. É muito utilizada por áreas como Projeto de Produto e Engenharias de Manufatura e muito aplicada no segmento automotivo.

Vejamos alguns benefícios:

- Redução do tempo do ciclo de um produto;
- Redução do custo global de projetos;
- Redução de falhas potenciais em serviço;
- Redução dos riscos do produto para o consumidor (responsabilidade civil);
- É uma metodologia para prever defeitos, em vez de detectá-los e corrigi-los.

O **MFMEA** (MACHINE FAILURE MODE AND EFFECT ANALYSIS) é uma adaptação do FMEA à área de Manutenção. É um método estruturado para estabelecer todos os possíveis modos de falha, suas causas e efeitos. Com esse levantamento, é possível mudar as características de projeto ou estabelecer controles para evitar a ocorrência de falhas e paradas não programadas durante a produção. Um MFMEA bem elaborado durante o desenvolvimento de um equipamento reduz significativamente a possibilidade de ocorrência da maioria das falhas quanto está em operação.

Buscando uma relação entre MFMEA e Mantenabilidade (índice que mede o tempo de reparo), um projeto pode ser alterado para a aplicação da acessibilidade (tem por finalidade evitar a existência de locais de difícil acesso nos equipamentos).

7.1 Objetivos

Seu principal objetivo é antecipar os modos de falha conhecidos ou potenciais de um determinado equipamento. Também objetiva recomendar ações corretivas para eliminar ou compensar os efeitos da falha. É uma técnica que demanda tempo e dedicação; portanto, não deve ser aplicada a todos os ativos de uma organização, a não ser que seja uma diretriz da sua empresa. Entendo ser muito importante documentar um MFMEA para máquinas consideradas "gargalo", de alto valor de aquisição ou outra criticidade adotada. A Engenharia de Manutenção é a área que deve "puxar" para si essa tarefa e divulgar as informações para os demais integrantes da equipe.

A fase de priorização das falhas acontece mediante o fornecimento de notas (ou conceitos) com peso de acordo com a criticidade. O modo de falha tem efeito sobre a segurança se a perda da função ou falha puder ferir ou matar uma pessoa.

Vocabulário aplicado ao MFMEA:

Risco: é uma ou mais condições com potencial de fazer um componente falhar.

Perigo: expressa uma exposição em relação a um risco específico.

Análise de risco: é a análise de criticidade (procedimentos para identificar, caracterizar, quantificar e avaliar os riscos e seu significado).

Gerência de risco: é qualquer técnica usada para amenizar a possibilidade de ocorrer uma falha ou reduzir a severidade de suas consequências (efeitos).

Detecção: é a avaliação da probabilidade de se encontrar uma falha antes que esta ocorra.

Análise: é a verificação das consequências da falha, como por exemplo, se o efeito de um acidente aéreo é maior do que um acidente automobilístico.

7.2 Etapas de Elaboração

Campo "1"

1. Primeiramente, a identificação do MFMEA:
   - Item/equipamento: informar descrição usual, mais a potência, tensão etc.;
   - Datas: de liberação para uso, revisões etc.;
   - Áreas envolvidas na análise, equipe e responsáveis;
   - Outra informação que julgar necessária.

Campo "2"

2. Item: termo geral para designar um subsistema ou componente do equipamento:
   - Denominação do item;
   - Função do componente, sendo toda e qualquer atividade que o item desempenha. Por exemplo: Unidade Hidráulica: transferir óleo do tanque para o cilindro, a uma vazão de 170 litros/minuto.

Campo "3"

3. Modo potencial de falha:

3.1 Falha: é o <u>impedimento</u> de um componente cumprir sua função requerida.

3.2 Modo de Falha: é a <u>descrição da forma</u> de como ele deixa de cumprir sua função.

Algumas falhas consideradas:

- Já ocorridas em componentes similares;
- Observadas durante uma manutenção preventiva ou preditiva;
- Não ocorridas e que podem ocorrer;
- Improváveis, mas com alto impacto quando ocorre.

Modos de falha básicos:

- Falha em operar um determinado instante;
- Falha em parar de operar em um determinado instante;
- Falha em operação.

Exemplo de análise deste Campo "3"

Um fusível funciona de maneira contínua, num sistema elétrico. Pode apresentar os seguintes modos de falha:

- Não atuar (rompimento do filamento para proteger o circuito quando a corrente é maior que a especificada);
- Atuar quando o valor da corrente esta abaixo do especificado.

Importante

Para identificar o tipo de falha deste componente, poderia ser informado algo como: "fusível não abre quando a corrente é maior que a especificada" em vez de "fusível não funciona".

Campo "4"

4. Efeito Potencial da Falha

O efeito (da falha) é a consequência do modo (como ocorre) quando age sobre a função de um componente. Ao descrever os efeitos, informe a evidência de como a falha aparece. Descreva também o que aconteceria se nada fosse feito para evitar a ocorrência.

Não confunda "efeito" com o "modo" da falha. Um modo de falha pode ter mais de um efeito.

Perceba a diferença de entendimento entre "efeito" e "modo", do ponto de vista do operador e mantenedor, na seguinte situação: equipamento parou de funcionar.

- Na visão do operador, seria:

  Efeito**:** parada de um equipamento.

  Modo da falha: botão "liga" parou de funcionar e não parte.

  Causa: falha do módulo eletrônico de gerenciamento do equipamento.

- Na visão de um Técnico em Eletrônica, seria:

  Efeito**:** falha no módulo eletrônico de gerenciamento do equipamento.

  Modo da falha: defeito em transistor.

  Causa: falha no processo de fabricação do transistor.

Campo "5"

5. Severidade da Falha

É o índice que determina a gravidade do efeito da falha no componente para o equipamento. A atribuição deve ser feita observando o efeito (transtorno) para o cliente final, como, por exemplo, o Setor de Produção onde ele está instalado.

Tabela de severidade:

Severidade	Índice
Marginal: sem efeito no sistema	1
Baixa: ocasiona apenas pequenos transtornos	2 a 3
Moderada: ocasiona razoável transtorno, cliente reclama	4 a 6
Alta: ocasiona grandes danos, sistema inoperante	7 a 8
Muito alta: envolve riscos à operação e Segurança	9 a 10

Campo "6"

6. Causa potencial ou mecanismo da falha

A causa potencial pode ser um defeito de projeto, de qualidade, uso indevido de um componente ou outro processo que seja a razão da falha. Evite informações genéricas e obtenha a causa fundamental, de maneira a gerar ações eficazes, sejam elas corretivas ou preventivas.

Alguns exemplos de falhas mecânicas em componentes:

- Impacto
- Fadiga
- Dimensional
- Material
- Lubrificação
- Corrosão
- Choque térmico
- Desgaste
- Deformação
- Fratura por fragilidade
- Erosão
- Adesão

Campo "7"

7. Probabilidade de Ocorrência da falha

É uma estimativa da probabilidade de ocorrência da falha. Logo, igualmente atribuem-se índices para chance de ocorrer, como nos mostra a tabela a seguir:

Tabela de Probabilidade de Ocorrência:	
Probabilidade	Índice
Remota: ocorrência de falha improvável	1
Baixa: pouco provável ou poucas falhas	2 a 3
Moderada: falhas ocasionais	4 a 6
Alta: falhas repetitivas	7 a 8
Muito alta: falha inevitável	9 a 10

Campo "8"

8. Ações preventivas adotadas (já implantadas)

Neste campo, descreva as ações preventivas recomendadas que estão em vigor, como por exemplo, "Inspeção e ajustes a cada final de turno".

Campo "9"

9. Controles de detecção das falhas

Registrar as formas de monitoramento implantadas, como, por exemplo:

- Prevenção de ocorrências de falhas;
- Detecção de falhas existentes;
- Sistemas padronizados de verificação do projeto de equipamento;
- Verificação de Normas Técnicas;
- Procedimentos de Controle estatístico (gráficos).

Campo "10"

10. Probabilidade de detecção

É o índice pelo qual podemos avaliar a probabilidade de a falha ser detectada. Também para este campo, existe uma tabela.

Tabela de Probabilidade de Detecção:

Detecção	Índice
Muito alta: chance inevitável	1 a 2
Alta: boa chance de detecção	3 a 4
Moderada: 50% de chance	5 a 6
Baixa: não é provável que seja detectável	7 a 8
Muito baixa: muito improvável de ser detectada	9
Absolutamente indetectável: não será, com certeza	10

Campo "11"

11. Índice de Risco (RPN)

Os riscos em um MFMEA podem ser quantificados por meio do conceito **RPN** (Risk Priority Number – Número de Prioridade de Risco) e o índice é obtido pela equação matemática:

RPN = Índice de Severidade X índice de Ocorrência X índice de Detecção (o resultado desta operação é registrado no Campo "11")

Este índice, obtido pelo produto dos demais, é uma forma de hierarquizar as falhas. A partir disso, você poderá analisar de duas maneiras distintas:

1. Uma falha pode ocorrer frequentemente mas ter pequeno impacto e ser facilmente detectável, sendo assim considerada de "baixo risco" (menor RPN).
2. Por outro lado, uma falha que tenha baixíssima probabilidade de ocorrência, pode ser extremamente grave, merecendo grande atenção e sendo considerada de "alto risco" (maior RPN).

Campo "12"

12. Ações preventivas recomendadas (não implantadas ou em vias de ser)

As ações preventivas têm como principais objetivos:

- Reduzir a SEVERIDADADE da falha;
- Reduzir a probabilidade de OCORRÊNCIA da falha;
- Aumentar a probabilidade de DETECÇÃO da falha.

Como reduzir a severidade?

Instalando dispositivos, como válvulas de segurança, amortecedores, dentre vários outros aplicáveis.

Como reduzir a probabilidade de ocorrência?

Instalando dispositivos de maior capacidade de segurança, instalando um sistema reserva (stand by), entre outros aplicáveis.

Como melhorar a detecção da falha?

Instalando dispositivos de inspeção, como o poka yoke ou outros aplicáveis.

Campo "13"

13. Responsável e data prevista

Neste campo, o registro é definido por um responsável (indicado pela equipe que participa da montagem do MFMEA) pelas ações preventivas recomendadas e pelo preenchimento do Campo "14".

Campo "14"

14. Resultado das ações recomendadas

Neste campo, o responsável refaz os cálculos do RPN, atribuindo novos índices para a severidade, ocorrência e detecção, mas somente após as ações recomendadas estarem implantadas (testadas e aprovadas, por serem consideradas eficazes).

A seguir está um exemplo do MFMEA, conforme os campos descritos, de "1" a "14".

MFMEA – Análise de Modos de Falha e Efeitos para Equipamentos

Item: ***Sistema Hidráulico de um Centro Usinagem*** (1)

Ano do Modelo / Série:

Função do processo / Requisitos (2)	Modo potencial de falha (3)	Efeito Potencial da Falha (4)	SEV (5)	Causa potencial/ Mecanismo da Falha (6)	OCOR (7)	Controle preventivos de Processo Atuais (8)	Controle detectivos de Processo Atuais (9)	DET (10)	RPN (11)	Ações Recomendadas (12)	Resp. e data prevista (13)	Resultados das Ações (14): Ações Tomadas	SEV	OCOR	DET	RPN
Sistema Hidráulico	Manômetro não marca pressão	Operação acima/abaixo do especificado, podendo causar	2	Choque ou fim-da-vida útil.	4	Tarefa TPM para Inspeção visual.	Tarefa TPM para Inspeção visual	8	64							
	Nível do reservatório abaixo do nível mínimo	Aumento consumo de óleo	8	Vazamento do sistem muito alto ou falta de reposição de óleo.	3	Tarefa TPM para Inspeção visual.	Tarefa TPM para Inspeção visual	8	192							
	Aquecimento excessivo da Bomba	Queima da bomba e falta de óleo no sistema	10	Curto circuito motor ou sobre carga elétrica ou fim da-vida-útil.	3	Termografia - Análise Trimestral.	Tarefa TPM para Inspeção através do tato	4	120							
	Sistema não liga	Falta de óleo no sistema.	10	Falta de energia elétrica ou defeito em barramento.	1	Termografia - Análise Trimestral.	Instalando LED indicador de **"SISTEMA SEM ELETRICIDADE"**	8	80							

Capítulo VIII

NBR ISO 55.000 – Gestão de Ativos

8.1 Aspectos Gerais da NBR ISO 55.000

Com a publicação da **ABNT NBR ISO 55000 – Gestão de Ativos**, em 31 de janeiro de 2014, as organizações passaram a dar mais atenção sobre a importância de realizar uma gestão de ativos eficaz, através de padrões específicos. A intenção deste capítulo é abordar de forma sucinta, uma das normas que vem de encontro à chamada 4ª Geração da Manutenção e de seus benefícios neste contexto.

- ISO 55000 – Gestão de Ativos – Visão geral, Princípios e Terminologia;
- ISO 55001 – Gestão de Ativos – Sistemas de Gestão – Requisitos;
- ISO 55002 – Gestão de Ativos – Sistemas de Gestão – Diretrizes para a aplicação da ISO 55001.

A norma fornece uma visão geral sobre a "Gestão de Ativos" e dos "Sistemas de Gestão de Ativos" e ainda prepara para o entendimento da **ISO 55001** e **ISO 55002**. Os procedimentos usados para desenvolver este documento e aqueles destinados à sua manutenção posterior, estão descritos nas Diretrizes da ISO / IEC, Parte 1. Este conjunto de normas permite que uma organização atinja seus objetivos, considerando padrões internacionais, de forma consistente e sustentável ao longo do tempo. Pelo menos, esta é a proposta.

A ISO 55000 deverá ter interfaces com Normas da Qualidade (ISO 9001), Meio Ambiente (ISO 14001), Segurança e Saúde (OHSAS 18001) entre outras normas implementadas pela companhia. Outro fator a considerar, diz respeito aos "Requisitos Específicos de Cliente".

Definição de Ativo

Na visão da ISO 55.000 *"é um item, coisa ou entidade que tem valor real ou potencial para uma organização. O valor vai variar entre as diferentes organizações* e as partes interessadas (acionistas*), e podem ser tangíveis ou intangíveis, ou ser financeiro ou não financeiro"*.

Uma organização pode optar por gerenciar seus ativos de forma individual ou como um grupo, isto é, de acordo com suas prioridades e demais características funcionais. Tais agrupamentos de ativos, podem ser por tipo ou ainda considerando um sistema.

Alguns dos fatores que influenciam nesta escolha:

– O seguimento da organização;

– Seu sistema operacional;

– As suas limitações financeiras e requisitos regulamentares;

– Suas necessidades e expectativas e de seus acionistas.

Todos esses fatores precisam ser considerados. A gestão necessita de processos de melhoria contínua, no estilo PDCA (Plan Do Check and Action).

O controle e governança são essenciais para ter acesso ao valor efetivo de qualquer ativo patrimonial. Ocorre por meio de ações, tais como, gerenciamento de riscos, foco na vida útil, sistemas preventivos, monitoramento da condição (preditiva e indicadores), melhoria contínua e outras oportunidades aplicáveis para que ao fim, se obtenha o equilíbrio entre custo de manutenção, desempenho dentro de padrões de eficiência e controle dos riscos envolvidos.

Benefícios da Gestão de Ativos

Os benefícios de ativos (maquinário, equipamentos, utilidades e infraestrutura), podem ser mensurados por meio de indicadores. Contudo, podemos estender a medição através dos resultados globais da organização, tais como, pela continuidade do negócio, produtividade (produzir mais, com custos reduzidos) e rentabilidade. Quando isso ocorre, seus objetivos são alcançados mais facilmente. Quando o País se encontra em crise econômica, a luta pela sobrevivência no mercado, passa por um gerenciamento de ativos de excelência. É quando a companhia percebe que o investimento feito, não foi perdido. Pelo contrário, lhe permite permanecer competitiva.

Seguindo os conceitos que regem a **Norma ISO 55000**, *"a Gestão de Ativos apoia a realização de valor, equilibrando os custos financeiros, ambientais e sociais, risco, qualidade de serviço e desempenho relacionados com seus ativos"*. Os benefícios podem incluir, mas não limitados a estes:

1. Melhoria do desempenho financeiro: aumento do retorno dos investimentos e da redução de custos pode ser alcançado, preservando ao mesmo tempo o valor dos ativos, mas sem sacrificar a realização a curto ou a longo prazo, os objetivos organizacionais.

2. As decisões de investimento informadas de ativos: permite a organização para tomadas de decisão assertivas, equilíbrio eficaz dos custos operacionais, riscos, oportunidades e desempenho.

3. Gestão dos Riscos: redução de perdas financeiras, preservação da saúde e segurança, redução do impacto ambiental e social. Ainda pode resultar em passivos reduzidos, tais como, multas e penalidades.

4. Melhoria do Produto & Serviço: assegurar o melhor desempenho de ativos, irá elevar a qualidade da entrega seja de produto ou serviços da companhia, de forma a atender ou superar as expectativas dos clientes e das partes interessadas.

5. Demonstração de responsabilidade social: ampliar a capacidade da organização em atender os requisitos sociais e preservação do meio ambiente, por exemplo, na redução de emissões de poluentes e conservação dos recursos, que lhe permite demonstrar suas práticas empresariais socialmente responsáveis e da ética na administração de recursos humanos e materiais.

6. Demonstração de conformidade: atendendo aos requisitos legais, estatutárias e regulamentares, bem como aderindo à gestão de seus ativos patrimoniais e de demais processos internos.

7. Reputação no mercado onde atua: padrões de excelência acarretam sensível melhoria da satisfação do cliente e acionistas da companhia. A confiança traz inúmeros benefícios.

8. Melhoria na sustentabilidade organizacional: gestão eficaz dos riscos, seja de curto ou longo prazo, das despesas e desempenho, permite melhorar sustentabilidade das operações, extensivo a toda organização.

9. Maior eficiência da Manutenção: procedimentos implementados e mantidos, aumentam o desempenho de ativos (maquinário de produção, equipamentos, utilidades e infraestrutura). Facilita o atingimento dos objetivos organizacionais.

A adoção dos padrões contidos na **ISO 55000**, parte de uma decisão estratégica, pois envolve investimento financeiro e de tempo. É um projeto e como tal, precisa estar bem planejado para que se obtenha sucesso. Inegavelmente trará benefícios, como visto anteriormente. Neste contexto, a Manutenção tem sua parte de contribuição, como condutor deste processo. É deste departamento que se espera: preservação dos ativos, necessidade de assegurar o melhor desempenho destes, gerenciar os riscos, reduzir custos e emissão de poluentes, segurança operacional, entre tantos outros.

A aplicação da ISO 55000 Gestão de Ativos é considerada como parte da 4ª Geração da Manutenção.

Para orientação, segue breve retrospectiva das gerações anteriores e suas características:

1ª Geração – "Conserto após a Falha", de 1930 até 1950": as indústrias operavam, adotando a Manutenção Corretiva, a qual tinha poucos recursos, ferramentas limitadas e capacitação mediana. Isso resultava em desperdícios, retrabalho, resultados razoáveis, gastos fora de controle. O objetivo era recolocar o equipamento em funcionamento após a quebra, sem considerar tempo em conserto.

2ª Geração – "Prevenção da Manutenção", de 1950 até 1980": Com o aumento da demanda de produtos, após a 2ª Guerra Mundial, as organizações perceberam que já não havia mais espaço para improvisos e desperdícios. O parque industrial não podia mais parar. Surge a Manutenção Preventiva: limpeza, lubrificação e revisões básicas. O foco era evitar a quebra do maquinário, aumentar a sua disponibilidade e vida útil, visando a redução de custos por meio de controles manuais.

3ª Geração – "Visão Sistêmica & Melhoria Contínua", de 1980 até 2010": O grande objetivo é a Eficiência do maquinário e de processos produtivos. A competitividade passou a ser importante para a sobrevivência no mercado. A modernização trouxe a necessidade de mão de obra qualificada, além da Manutenção Preventiva, surgiu a Manutenção Preditiva (Termografia, Análise de Vibração etc.). Surge a metodologia TPM (*Total Productive Maintenance*), na qual tinha como meta a inserção dos operadores no processo de manutenção. Ao longo dos anos, este método teve atualizações tendo em vista a evolução das organizações e profissionais do seguimento apresentando inovações, necessárias para manter o programa atual e em acordo com o avanço da tecnologia. Também nesta geração, apareceram técnicas de monitoramento mais qualificadas (Análise de fluidos: Óleo, Ar etc.) e a metodologia "Manutenção Centrada em Confiabilidade" (RCM) – Análise de Falhas, FMEA e demais estudos estatísticos. Os indicadores MTTR e MTBF se solidificam como medidores da qualidade em manutenção.

A **ISO 55.001** especifica os requisitos do Sistema de Gestão de Ativos. Já a **ISO 55.002** fornece orientações sobre o projeto e operação deste sistema. A maior parte do que foi abordado, foi a partir da própria norma **ISO 55.000**.

A Norma PAS 55 *Asset Management*

Norma anterior a ISO 55.000, a **PAS 55** foi emitida em 2004, pela *British Standars Institution* (BSI) é dividida em duas partes: - Parte 1: Especificação para a gestão otimizada de ativos físicos; - Parte 2 – Diretrizes para aplicação do PAS 55-1. Surgiu em resposta à demanda da indústria, para padronizar conceitos em relação ao gerenciamento dos ativos. Não deve ser considerada, exclusivamente, como sendo uma norma britânica. Apresenta 28 (vinte e oito) requisitos e definições claras, as quais são necessárias para implementar e auditar um sistema de gestão abrangente e otimizado, incluindo todo o ciclo de vida de qualquer ativo físico. É aplicável a qualquer organização, mas principalmente para ativos críticos para o atingimento das metas de negócio.

É composta de requisitos prevendo atividades sistemáticas e coordenadas, através da qual uma organização realiza a gestão, de forma otimizada e sustentável, monitorando sua performance associada a conceitos de riscos envolvidos. A publicação da PAS 55 em português se deu em uma parceria da ABRAMAN com o *British Standards Institution* (BSI), o *Institute of Asset Management* (IAM) da Inglaterra, e a *Editora Qualymark*. Consolidou-se, assim, um sonho de muitos anos e foi dado um grande passo no processo de colaboração entre países para a Manutenção e Gestão de Ativos.

Considerações Finais sobre a NBRISO 55000

Podemos perceber que esta norma permite à gestão de ativos equilibrar desempenho e riscos. É uma base às organizações em suas atividades de manutenção, tornando-as cada vez mais eficientes. Em meio a tanta competitividade, adotar padrões de excelência trazem condições plenas para sustentabilidade e rentabilidade dos negócios.

Ao adotar a ISO55000 conseguimos fortalecer o planejamento e gerência dos serviços de manutenção dos ativos, pois este patrimônio representa uma engrenagem relevante na cadeia de geração de valor dos seus processos de negócios. A conservação e melhorias influenciam os resultados positivamente. Sem paradas ou falhas inesperadas a Organização mantém seu negócio operacional e disponível. No entanto, requer por parte dos times de manutenção certa, mudança cultural. Significa deixar velhos hábitos e ter consciência dos benefícios das novas diretrizes. Facilita itens como "tomada de decisão" e "planejamento estratégico".

As decisões de investimentos precisam de embasamento para evitar desperdícios de recursos. Uma gestão de ativos planejada viabiliza as melhores decisões e possibilita uma operacionalidade máxima das rotinas. A redução de custos e planos de investimentos são duas variáveis relevantes quando falamos em aumento de lucratividade. É preciso conhecer bem a gestão de ativos e evitar desperdícios e riscos desnecessários. É vital priorizar projetos com maior valor agregado.

Outra contribuição da ISO55000 é a de contribuir fortemente para a sustentabilidade de recursos tecnológicos, humanos e financeiros. Ela descreve como integrar pessoas, planejamento e ações. Também um melhor controle das informações, sem incorrer em desperdícios. Os gestores de manutenção não podem perder tempo com procedimentos burocráticos e sem sentido.

Por fim, assim como as normas da qualidade, é importante a participação de membros da alta administração para que visualizem os benefícios de investir na Certificação ISO55000, obviamente se for aplicável à Organização – observando seu plano de investimento e retorno desta certificação no segmento onde atua.

Capítulo IX

Decisões de Investimento

9.1 As Grandes Paradas para Manutenção

As grandes organizações industriais utilizam, em suas unidades, a operacionalização da atividade, denominada no seguimento de manutenção, por "Grandes Paradas de Manutenção". Em geral, são intervenções necessárias para recuperação de ativos, em determinados períodos e/ou de tempos pré-definidos, e na maioria das vezes ocorre da unidade NÃO estar em operação – por exemplo, em períodos de férias coletivas.

Minha experiência, com este modelo de manutenção, ocorreu quando atuei no seguimento metalomecânico, mais precisamente em indústria automobilística. Exigia um planejamento detalhado (na época, não fazíamos uso de aplicativos ou técnicas modernas de gestão de projeto, mas combinávamos o MS Project e planilhas do Excel). O período era de ~20 dias, iniciando quase sempre em dezembro e finalizando nos primeiros dias do janeiro, do ano seguinte. A equipe multidisciplinar era constituída por engenheiro de manutenção, líderes e técnicos de manutenção – alguns operadores eram voluntários neste processo, pois almejam migrar para a manutenção numa futura oportunidade. Os equipamentos e utilidades definidos, eram os que apresentavam problemas crônicos, ao longo do ano. Eram recolocados em operação, mas sempre retornavam a incomodar. Portanto, não havia tempo hábil para um conserto definitivo. Máquinas ferramentas, tais como as Fresadoras, necessitam operar e produzir peças com determinada especificação e dentro de tolerâncias, mas dado o desgaste de certos elementos de máquinas (ou em seu sistema eletroeletrônico), exigia utilização de ajustes, calços e outros "corretivos" que não duram muito. O escopo não se restringia a corrigir problemas, havia "retrofitting", isto é, reformas a título de melhoria que iriam aumentar a capacidade do maquinário ou mesmo modernizá-lo (por exemplo, substituir painéis de comandos obsoletos). Em relação às utilidades, compressores ou parte da SUBESTAÇÃO Elétrica eram incluídas, pois igualmente necessitavam de mais tempo para revisão/conserto. A descrição das tarefas para cada equipamento, detalhamento das peças de reposição, cálculos "HH" etc., até o fechamento do custo individual. Exigia certa precisão e contávamos com a experiência dos mais antigos no departamento – aliás, fica aqui o meu total repúdio às empresas que não respeitam e demitem seus profissionais acima dos 50 anos, em situações em que eles ainda podem contribuir tanto como mão de obra, mas repasse de conhecimento. Com base em um planejamento adequado, não esquecendo de inserir planos de contingência para imprevistos, nossas "grandes paradas" tinham resultados dentro das expectativas, sem é claro, descrever que sim, ao final ficava alguma coisa por fazer, mas não chegava a impactar, negativamente, no resultado final do trabalho.

Este momento pode ser entendido como um episódio atípico. Quando não há longos períodos disponíveis, o período mais utilizado ainda é o Carnaval ou dias combinados entre o Natal e as comemorações para o Ano Novo. Disponibilidade de tempo, nas indústrias que operam em regime de produção "Just in Time", deve ser bem aproveitado.

"As Grandes Paradas" podem ser consideradas como um "evento crítico". Isto significa dizer que envolve riscos ao planejamento, caso algo saia muito fora da curva dos resultados esperados. Serviços em sistemas que fornecem energia elétrica, fluidos (água, gás ou ar comprimido) que não sejam concluídos no prazo e isto signifique em atraso na produção, coloca em risco a rentabilidade da companhia, bem como a reputação da equipe de manutenção diante dos demais departamentos.

Como foi dito, a operacionalização é composta por diversas atividades: de natureza operacional, que vai permitir a liberação e a execução dos serviços propostos; serviços de engenharia para execução dos novos projetos; atividades de manutenção realizadas por mão de obra especializada em mecânica, elétrica, instrumentação, solda ou serviços complementares, como é o caso da montagem de andaimes, uso de guindastes e outros que permitam a execução das tarefas. Contudo, há outras atividades que vão criar os meios necessários, para possibilitar a execução do evento, como é o caso do armazenamento, transporte, instalações avançadas e outras que permitem a execução plena do evento. Neste contexto, fica claro a necessidade da inserção das atividades de logística, isto é, um suporte a todo o planejamento da "Parada para a Manutenção", permitindo a operacionalização de modo mais eficaz e seguro para os envolvidos, bem como manter a integridade dos equipamentos, colaborando com o atingimento de prazo e custos previstos e o mais importante, obter a qualidade requerida.

Vale novamente frisar sobre essa necessidade de incluir uma infraestrutura em acordo com o nível de planejamento da parada. Em um momento cada vez mais competitivo, e no mundo empresarial não é diferente, buscar a excelência em serviços só tende a auxiliar as organizações a obterem o sucesso desejado. As grandes paradas são eventos de grande representatividade e qualquer erro, pode comprometer, não só o planejamento, mas o fato de que determinado equipamento não estará nas condições necessárias para atuar durante o ano, dentro dos padrões de qualidade exigidos. Isso significa dizer que o problema retorna ao setor produtivo e os reparos emergenciais permanecerão. Por isso, durante a fase de planejamento a equipe deve estar bem alinhada e para que não ocorram contratempos entre as interfaces, permitindo a operacionalização plena do evento.

A realização desses eventos é feita com base num processo de gestão que inicia com antecedência ao evento. O gerenciamento permeia durante todo o evento e igualmente após a realização do mesmo. Esse processo visa colocar os recursos apropriados, no tempo exato, propiciando a execução correta do trabalho, que foi planejado.

A Fase de Planejamento

Nesta fase, as informações são processadas e organizadas para formar um planejamento macro, o qual fornece a dimensão do grande volume de serviço a ser executado. Essa fase deve conter o detalhamento das manobras operacionais, tendo em mente o reconhecimento dos riscos existentes. Entre eles, os que podem afetar o cronograma, por exemplo, erros de manutenção (falha na execução). Uma análise crítica e identificação das medidas de controle e planos de contingência devem ser registrados, indicando responsáveis e investimento necessário para essa correção "de rota".

Este planejamento macro migra para microplanejamentos, permitindo uma consolidação dos diversos planos de trabalho. Prazos, gastos e mão de obra (própria ou contratada), Pontos de Controle, Infraestrutura de Apoio etc. irão determinar um complexo guia de tarefas interligadas entre si.

A Fase de Execução

Quando a movimentação dos serviços tem seu início há certa "inércia", isto é, as equipes ainda não estão "aquecidas", totalmente envolvidas no trabalho a fazer. Mas, é um momento que passa rapidamente e o andamento dos serviços segue a contento, uma vez que cada um tem suas tarefas bem descritas, e o profissional escolhido tem a qualificação necessária para tal. Ao final de cada dia é importante que sejam verificados os resultados e se foi encontrado algo que poderá ou não afetar a continuidade. Em certos casos, por exemplo, durante a abertura de uma máquina ferramenta, o técnico se depara com uma condição inesperada, a qual deve ser imediatamente comunicada ao superior imediato. Aqui vale ressaltar que pode ser necessário uma fase "pré" (antes da execução), na qual podem ser incluídas atividades de validação de procedimentos operacionais, treinamento, certificação de materiais/ferramentais etc. Uma administração a contento, por parte de gestores e líderes de equipe, permite o redirecionamento de ações ou recursos, caso seja necessário. Portanto, a parceria muito estreita entre os setores da manutenção, manufatura (produção), compras, qualidade, financeiro, segurança do trabalho e de engenharia irá permitir um retorno do processo produtivo dentro dos prazos e de condições planejadas.

Há uma fase denominada pelos especialistas que é a "pós-parada", onde ocorre ações de condicionamento e partida, e consequentemente a tão esperada fase de retorno ao processo de produção e/ou liberação dos ativos (utilidade, instalação e/ou edificação reformada) para o cliente.

Após o momento do "posta em marcha dos equipamentos", segue as demais fases, tais como, finalização dos registros, análise dos resultados, avaliação de desempenho (acertos e/ou possíveis erros cometidos). Ainda, a emissão de relatórios técnicos e financeiros (despesas previstas X planejadas etc.) divulgação em reunião gerencial e, finalmente, o encerramento da Grande Parada para Manutenção.

No segmento metalúrgico existem algumas particularidades, tendo em vista os altos riscos tecnológicos, complexidade, logística e o dinamismo dos diversos processos que compõem esse ramo industrial. Via de regra, outros seguimentos industriais e de serviços apresentam características similares. No entanto, a obediência aos requisitos de segurança e preservação do meio ambiente são outros itens obrigatórios em todas as fases do processo.

Conclusão

Reforço a necessidade de planejado adequado à criticidade e dimensão do evento. Observar todos os detalhes operacionais, logística e de infraestrutura, pois reduziram eventuais contratempos. Registros concisos e avaliação de desempenho serão úteis para a próxima grande parada. Se houver necessidade, elabore plano de ação para correção das anormalidades ocorridas, por exemplo: em havendo "erro de manutenção", providencie treinamento. Tudo isso visa a melhoria do rendimento humano, pois tem sido considerado fundamental para o desempenho das organizações que buscam a excelência, como forma de obtenção da sustentabilidade e rentabilidade dos negócios.

9.2 Aquisição e Comissionamento de Ativos

Introdução

É considerado um dos processos mais críticos na gestão de manutenção, uma vez que envolve investimento financeiro, sendo necessário estudos detalhados. Foge um pouco da rotina departamental, acostumado à conservação dos ativos. Felizmente, nos dias atuais, as especializações disponibilizam disciplinas de qualificação para os engenheiros. O profissional deve utilizar além da intuição, conhecimentos e técnicas para tomar a melhor decisão. Na indústria, a aquisição de máquinas ferramentas é decidida quando a planta entra em fase de ampliação ou ainda, quando o retroffitting não atingiu o resultado esperado. Via de regra, os setores de transformação (Estamparia, Usinagem etc.) necessitam de máquinas para produzirem peças de qualidade, mais precisamente, atendendo às especificações determinadas na engenharia de produto (acabamento, medidas dentro de tolerâncias etc.). Portanto, a manutenção não pode somente executar a entrega do equipamento funcionando. Essa é uma das principais fontes de atrito entre Produção X Manutenção. Como vimos anteriormente, nos períodos das "Grandes Paradas", equipamentos com problemas crônicos, estão entre os destaques para serem corrigidos.

As aquisições, quando necessárias para os setores de montagem, possuem uma característica diferente das máquinas ferramentas. Refiro-me a características técnicas específicas para determinada operação. Ao contrário, por exemplo de uma Fresadora cujo modelo faz parte do portfólio de uma fábrica de máquinas, os equipamentos de montagem são únicos, cujo fornecedor deverá atender a uma extensa lista de especificações. Quando atuei em metalúrgicas do ramo automotivo, estes equipamentos necessitavam de uma fase para desenvolvimento de fornecedores, mais crítica, sendo necessária consulta a empresas de fora do Brasil. Havia casos de aquisição de uma Linha de Montagem completa!

Se trouxermos este raciocínio para nossa vida pessoal, podemos entender como isso nos afeta. Ao decidirmos por determinado item, buscamos Qualidade e Preço Acessível. Lembro que nos anos 80, teve uma fase de ida de comerciantes e pessoa física igualmente, em viagens ao Paraguai para compra e posterior venda de produtos. Havia os produtos denominados "1ª linha" e "2ª linha" (nos dias atuais não é muito diferente, os produtos ainda procedem da China, mas a qualidade teve leve melhoria, embora ainda devêssemos ter cuidado, pois em geral, a durabilidade não é longa, e a relação Custo X Benefício fica a quém do esperado). Outra modernidade são os sites de compra. O cliente identifica sua necessidade, faz a aquisição e aguarda a chegada pelos correios, em geral pela modalidade SEDEX. Há uma vasta linha de produtos disponíveis e creio que o leitor já deva ter feito pelo menos uma aquisição. Se vem dentro das nossas especificações ficamos contentes, caso contrário, temos que contatar o fornecedor e negociar. Essa situação no mundo das organizações não é diferente. Por esta razão, detalhar o produto que queremos adquirir o máximo possível, obter um contrato amplo que beneficie a ambas as partes, é o ideal. Em caso de divergência, a negociação é imprescindível para os profissionais envolvidos. Aqui fica uma dica, a qual o engenheiro de manutenção deve inserir no orçamento um valor para imprevistos, bem como alguma otimização necessária após a máquina ou equipamento entrar em produção. Em minha experiência, quase sempre ocorria a necessidade de alteração em dispositivo ou de ferramental, um item de segurança, uma facilidade para o operador etc.

No livro, também de minha autoria, **"Técnicas Avançadas de Manutenção"** 2ª Ed, Editora Ciência Moderna, **de 2017** tem um procedimento, contendo um "passo a passo" bem detalhado para "Aquisição de Máquina Ferramenta". Obviamente, para sua referência. Grande parte das organizações industriais possui procedimentos internos para aquisição de ativos.

Os profissionais de manutenção que atuam no seguimento de serviços: Hotelaria, Shopping Centers, Hospitais, Edificações Empresariais, dentre outros, seguem padrões similares.

9.2.1 Aquisição de Ativos

Para consulta aos padrões de excelência, existe o Guia PMBOK® (do Inglês, *Project Management Body of Knowledge*) para garantir que o seu conhecimento em gerenciamento de projetos e processos de trabalho estejam atualizados e devidamente aplicados. Há também o PMI (*Project Management Institute*) que é uma organização sem fins lucrativos, cujo objetivo é o de disseminar as melhores práticas de gerenciamento de projetos em todo o mundo. Atualmente, as especializações em "Gerenciamento de Projetos", vem de encontro a necessidade de qualificar profissionais nos processos para aquisição de produtos ou serviços. Essa aquisição poderá envolver o estabelecimento de contratos formais, tais como compras, aluguel ou contratação, ou arranjos não contratuais, tais como requisições internas, procedimentos de encomendas ou outras maneiras usadas por corporações para alocação interna de recursos.

Os processos de gerenciamento das aquisições e compras estão subdivididos em:

1. Planejamento da Aquisição do Ativo – descrição completa e detalhada do ativo, contendo todas as características funcionais, qualidade, rendimento, robustez etc.

2. Planejamento das Contratações – Definição dos Fornecedores.

3. Seleção de Fornecedor.

4. Formalização do Contrato entre as partes: Adquirente e Fornecedor.

5. Recebimento do Ativo e Encerramento do Contrato.

Importante citar que no item "1", as premissas assumidas devem ser bem criteriosas, pois podem impactar de forma positiva ao final da aquisição, negativamente se houver displicência. Portanto, muita atenção nas seguintes entradas: relatórios de desempenho e solicitações de mudanças aprovadas, ou seja, na relação entre comprador e fornecedor.

Ainda sobre a fase de detalhamento da aquisição, recomendo a chamada "opinião especializada", isto é, relatório de engenharia, elaborado pelos especialistas (profissionais com a expertise do ativo em questão), considerando os aspectos técnicos e especificações da declaração de escopo do projeto, concomitante com as lições aprendidas de outros projetos similares. As lições aprendidas com projetos anteriores e similares são estratégicos para o sucesso da nova aquisição. Em geral, a engenharia de manufatura, em conjunto com a equipe multifuncional de outros departamentos, irá liderar a aquisição (essa responsabilidade varia conforme seguimento, mas a engenharia de manutenção deve estar presente). Incluir relatos dos mantenedores e operadores/usuários mais experientes da organização é uma estratégia saudável para o comprometimento de todos, forçando opiniões e contribuição positiva neste processo.

Em relação ao contrato com fornecedor, se faz necessário e por que não dizer obrigatório, para a compra do ativo. Um dos itens críticos diz respeito a garantia e assistência técnica. Multas contratuais assustam, mas demonstram que se houver algo errado, e se ambas as partes não entrarem em consenso, este é o meio mais indicado para solucionar divergências. O fornecedor "não vai querer fechar uma porta" e por esta razão, irá se dispor a realizar as correções e/ou ajustes necessários. Vale lembrar que a posição do cliente neste processo deve ser a de um bom negociador, isto é, obter a melhor solução que não prejudique as partes envolvidas. Um contrato visando somente benefício de um lado, não é justo. A tendência é que a empresa perca um ótimo fornecedor. Portanto, tenha a certeza de que o documento tenha ampla aceitação. Dentre as questões relacionadas à garantia e assistência técnica, é importante incluir dispositivos legais e pertinentes de especificação técnica (incluindo a funcional, da qualidade exigida pelo processo, de produto e cliente final), especificação de serviços, tendo ainda um cronograma integrado contendo prazos de fabricação (período de realização da fabricação inclusive as datas de pontos críticos do processo e o prazo de entrega). Citar a necessidade de reuniões de acompanhamento, relatórios de desempenho que deverão ser produzidos, suporte técnico e treinamentos necessários, nível de atendimento na manutenção, garantia e finalmente local de entrega do ativo.

Os produtos e serviços, resultantes desse contrato, devem ser monitorados quanto à conformidade com especificações, prazo e orçamento previamente estabelecido. O gerenciamento de mudanças e fontes potenciais de alterações na lucratividade do fornecedor, envolverão procedimentos conduzidos em conjunto. Incluir valores, negociação e documentação em cláusulas contratuais, irão garantir a solução dos impactos dessas mudanças antes de prosseguirem com a execução dos trabalhos.

A avaliação de desempenho, através de um relatório mensal de atividades, comparando "realizado x previsto", contribui para identificação de desvios e de tendências e, como consequência, para a definição de ações corretivas. Mas, são nas reuniões de avaliação gerencial e periódica que ocorre a avaliação de desempenho do fornecedor e englobam, pelo menos os seguintes aspectos: verificação de escopo, controle de prazo, controle de custos, controle de qualidade e conformidade com requisitos administrativos. As saídas, dessas reuniões de avaliação serão informações para aprovações no processo de medição e pagamento para o fornecedor, o qual deverá estar condicionado aos prazos de entrega, seja intermediário ou para retenção de um percentual do valor das faturas, até que seja atingido determinado escopo de fornecimento.

É uma satisfação quando obtemos o encerramento da fase "Aquisição do Ativo" e consequentemente do contrato, estando dentro do prazo ou ainda efetivado, mas com pequeno atraso decorrente de pontos não consolidados no planejamento. É de certa forma, compreensível que ocorra contratempos, mesmo com as premissas definidas nas reuniões, devidamente registradas segundo o plano de comunicação, seguindo os padrões e normas consolidadas no planejamento. Contudo, este atraso não deve comprometer a fase seguinte: Comissionamento, pois irá impactar na data de liberação para o usuário final. Por esta razão, na fase de planejamento deve-se prever retrabalhos, tanto em termos de tempo (dias, meses etc.), quanto financeiros.

As lições aprendidas em relação aos acertos e erros, devem ser registrados para que sejam uteis para futuros projetos. Aqui vale ressaltar que quando se decide pela aquisição, principalmente envolvendo fornecedor estrangeiro, barreiras com a língua utilizada nas negociações, culturais (calendários discordantes, diferenças de fuso horário), de logística, deverão ser consideradas no planejamento, pois sem devido equacionamento impactam no prazo e custo, podendo inviabilizar essa aquisição.

Meu objetivo foi o de citar alguns dos principais tópicos para tua referência. Quando atuei nestes processos, não havia as diversas formas de qualificação, então, optei em reunir e consultar os profissionais que possuíam a expertise necessária para a consolidação de todo o processo de compra até a conclusão do projeto. No meu livro **"Energia: Eficiência & Alternativas" da Ed. Ciência Moderna**, há um *Case* sobre um projeto conduzido por mim, para conversão de equipamentos de Energia Elétrica para Gás Natural, no qual durou 3 anos. Descreve desde a implementação do medidor da SULGÁS, tubulações, pontos de medição e controle até o final da conversão de seis equipamentos. Acredito que irá auxiliar o caro leitor.

9.2.2 Comissionamento de Ativos

O termo "comissionamento" (há situações em que é utilizado o termo: "*Start Up*") é aplicado na indústria, denominando a fase posterior à aquisição de maquinário ou utilidade. Igualmente, quando se refere à infraestrutura contida em edificações (Hospital, Shopping Center, Hotéis, entre outros). Em ambos os casos, está presente as fases de projeto, aquisição e comissionamento, propriamente dita.

A minha experiência profissional esteve voltada mais para a área industrial. A equipe de entrega técnica usava o termo "entrega técnica" de um ou mais produtos – para exemplificar, cito os clientes de Grupos Geradores. Há todo um processo e padrões a serem seguidos para que o equipamento entre em operação de forma adequada e que as primeiras horas em funcionamento sejam acompanhadas por técnicos que possam intervir, caso ocorra alguma anormalidade.

A utilização do termo Comissionamento teve início na indústria naval, onde a demanda exigia uma sistemática rigorosa para assegurar a integridade dos navios, verificando-se, ainda nas docas, os complexos sistemas componentes e, por meio de teste final, até o limite de sua capacidade no mar, antes de sua entrega definitiva ao usuário final. As consequências de falha em uma embarcação de porte remetem à engenharia naval, numa sistemática eliminação de problemas, antes do lançamento da embarcação e assim, ter sua plena operação.

Com o advento das linhas de produção, as indústrias de manufatura aderiram ao processo de comissionamento, seja para novas linhas de fabricação, mas também de máquinas, equipamentos e utilidades e, assim, tornou-se imprescindível para que o ativo não tenha falhas, propiciando a continuidade do negócio. As etapas são constituídas de testes preliminares, avaliação, alinhamento, calibração etc. e para somente após entrar na fase "posta em marcha", tendo a plena segurança de que a produção siga conforme a programação.

Em relação aos sistemas mais complexos, é recomendável que o comissionamento já inicie ainda na fase de projeto, quando é feita uma análise crítica de item em particular. Explico,supomos o comissionamento de utilidades que fazem parte dos Sistemas HVAC (Aquecimento, Ventilação e Condicionamento de Ar) instalados em Edificações. O padrão aplicável consta na norma internacional **ASHRAE Guideline GPC-1-1996** – ***The HVAC Commissioning Process***. Esta norma prevê a necessidade do "Teste de Estanqueidade dos Dutos", onde é verificado características em confronto com o projeto. Caso sejam necessárias, alterações no projeto serão efetuadas. Na fase de pós montagem, ocorre o TAB (Teste, Ajuste e Balanceamento) e a emissão de documentação, incluindo um completo Relatório de Comissionamento. Abrange ainda outras utilidades do sistema, tais como Refrigeração (Chillers), de Ar Comprimido, Torres, Bombas de Circulação etc.

Outro item importante no comissionamento são os treinamentos dos profissionais de operação e manutenção. Segue ainda, o recebimento de documentação física e/ou eletrônica dos equipamentos e instalações. No decorrer do ciclo de vida da instalação, o comissionamento é utilizado para a avaliação de desempenho global dos sistemas, por exemplo, consumo de energia, disponibilidade de capacidade, funcionalidade de componentes, dentre outros. Portanto, não é novidade que as indústrias façam uso do comissionamento, diferentemente da construção civil, sendo este mais recente e cuja aplicação está cada vez mais presente em empreendimentos imobiliários no cenário nacional.

9.2.3 Comissionamento aplicado à Edificação

Devido à crescente sofisticação das instalações e ao alto grau de tecnologia construtiva das edificações, aliado às necessidades dos diversos usuários, o processo de Comissionamento é parte integrante dos projetos e contratos de construção civil. É um processo sistemático que busca assegurar o melhor desempenho da edificação em acordo com as premissas estabelecidas pelo cliente, projetos de engenharia e arquitetura. Somam-se ainda, observância dos contratos, bem como da execução da obra até a aprovação final, por parte do cliente final.

A razão de implementar uma metodologia de avaliação e aprovação se deu pelas falhas identificadas já no início de operação das edificações – combinadas aos problemas relacionados às condições ambientais, energia e segurança, as quais contribuem para a desvalorização no mercado imobiliário, principalmente as que envolvem grande número de usuários.

O Comissionamento já deve ser observado nas fases de projeto de engenharia e arquitetura. A edificação tem a função de servir de abrigo para o desempenho confortável das atividades do dia a dia, como dormir, trabalhar, estudar, se divertir, etc. Sendo assim, entender e definir junto ao proprietário o que realmente deseja é uma das premissas importantes, pois todas as dúvidas devem ser esclarecidas numa fase preliminar. Após definidas as necessidades, segue a fase de projeto conceitual, o qual deve estar alinhado com o profissional de comissionamento, gerando o documento: "Requisitos do Proprietário para o Empreendimento" ou ainda "Requisitos de Projeto do Proprietário", denominado na língua inglesa por "*Owner Project Requirements*" (OPR).

Os requisitos de projeto irão orientar a equipe de projetistas e arquitetos a desenvolver melhor o plano de trabalho, gerando, por sua vez, as bases de projeto (*Basis of Design –BoD*), contendo instruções e normas a serem atendidas e utilizadas, uma descrição sumária da concepção dos projetos e o que será contemplado com vistas a atender às necessidades do proprietário e dos futuros usuários da edificação.

Até esta etapa, deve ser feito apenas um projeto preliminar de arquitetura, o qual define as áreas possíveis a serem aproveitadas, conforme leis vigentes (Plano Diretor, Legislação Ambiental etc.). É uma etapa de especificações preliminares de materiais, sistemas e controles associados. Então, somente com a aprovação dos órgãos públicos o projeto pode seguir em frente sem correr o risco de retrabalhos em desenhos. O estudo do uso eficiente dos locais nas edificações, é feito pelo *Space Planner* (termo em Inglês que define o profissional que planeja o layout, adequando espaços, ativos e pessoas, sendo aplicável ao ambiente Facilities).

Partindo dos estudos preliminares, segue o projeto básico que é a fase de desenhos, detalhamento, refinando as especificações (até a conclusão do projeto executivo). Ocorre ao mesmo tempo uma das etapas do comissionamento (na fase de projetos), a partir de uma análise crítica, na qual o objetivo é identificar se foram atendidas todas as necessidades do proprietário e, obviamente, se é o melhor projeto para o início da construção.

Alguns fatores interferem na eficiência operacional de uma edificação, mesmo tendo um bom projeto. Por exemplo, se houve alterações no conceito original, sistemas complexos mal instalados, materiais utilizados na construção de baixa qualidade e, por fim, falha no comissionamento. Igualmente, se características reais foram consideradas numa simulação (fase de projeto), ou até mesmo na fase de construção. Se não observados, todos estes fatores irão gerar limitações operacionais e grande dificuldade para a manutenção predial.

Os profissionais que atuam neste seguimento alertam para não confundir "comissionamento processual" (no Brasil, está voltado à certificação LEED) em relação ao "comissionamento técnico", o qual certifica que a edificação está em conformidade com o que foi previsto, desde a concepção até a ocupação. Isso significa que a instalação e a área construída foram submetidas a verificações e testes e que atendem aos requisitos de projeto do proprietário.

Portanto, na prática, o processo de comissionamento é um conjunto de técnicas e procedimentos para a verificação do projeto, também de inspeção e teste de utilidades, seus instrumentos e equipamentos até os mais complexos como as instalações das edificações. Em alguns seguimentos é obrigatório, como na indústria farmacêutica, onde é pré-requisito para que a unidade esteja apta a fabricar medicamentos e/ou cosméticos. Já de acordo com o ***Guideline -2013 – The Comissioning Process da Ashrae,*** *"o comissionamento é um processo de gestão de garantia da qualidade que, através da verificação e documentação, irá certificar que a instalação e os seus sistemas foram projetados, instalados e funcionalmente testados, e capazes de operar e manter o desempenho em conformidade com os requisitos de projeto do proprietário".*

Essa abordagem assegura o atendimento às especificações e requisitos dos projetos – verificação dos sistemas e subsistemas prediais estáticos e dinâmicos - garantindo o respectivo desempenho operacional, a documentação detalhada e gerenciamento eficaz da edificação durante todo seu ciclo de vida. Tal processo vem fazer frente à crescente complexidade da engenharia de sistemas prediais, da necessidade da inserção dos ativos imobiliários com diversos desenvolvimentos tecnológicos, tais como:

- A necessidade de conservação de água e energias;
- Modernização dos equipamentos e mobiliário de escritórios comerciais;
- Melhoria constante na qualidade do conforto térmico;
- Avanços nos sistemas de telefonia, imagens, vídeo e comunicação de dados;
- Necessidade de ambientes mais seguros para usuários e clientes;
- Complexidade dos sistemas de automação predial (acesso, elevadores etc.).

Finalmente, cabe ainda ressaltar que a indústria da construção civil está voltada para edificações e, diferentemente da indústria automobilística, não faz produtos seriados. Também não são projetados para uma expectativa de vida útil de curta duração. Portanto, o comissionamento em edificações visa a valorização do patrimônio imobiliário das organizações, ao longo de um determinado tempo. A demanda por atualização das instalações, onde a companhia opera, cria a necessidade de projetos e construções mais flexíveis em relação à tecnologia, pois num mercado altamente competitivo isso se torna um grande diferencial. As edificações precisam ser de fácil adaptação às correções e melhorias. A partir desta realidade o comissionamento de edificações vem de encontro aos interesses das corporações e dos investidores imobiliários, culminando com alto valor agregado à longevidade das edificações, com ambientes modernos e retorno mais rentável, em relação ao investimento.

9.3 CAPEX e OPEX

Em algum momento de sua atividade profissional ou não, você já deve ter se deparado com alguma dessas siglas. **CAPEX** está relacionada à aquisição de um ativo, por exemplo, uma máquina ferramenta, equipamento de produção ou ainda uma utilidade (Grupo Gerador). Já a sigla **OPEX**, diz respeito à terceirização do serviço que seria executado pelos ativos já citados.

Outra definição pertinente, é quando temos despesas para adquirir determinado equipamento (CAPEX). Já os custos de operação e manutenção, representam OPEX.

<u>CAPEX – *Capital Expenditure*</u>

A sigla no idioma Inglês, *Capital Expenditure* (em tradução literal: Despesas de Capital), diz respeito às despesas ou investimentos em bens de capital. Em resumo, é todo ativo adquirido por uma organização. Portanto, são todas as despesas para compra de maquinário, mobiliário, aparelhos de ar-condicionado, compressor etc. Todos esses itens citados, são considerados como um investimento em capital.

Portanto, é um conceito usado quando a organização adquire ou introduz melhorias em ativos físicos. Em contabilidade, uma despesa com ativo fixo é adicionada a uma conta de ativos (capitalização), aumentando o valor dos ativos da organização. Em resumo, no ambiente de projetos, CAPEX representa os dispêndios com o capital investido a exemplo da construção de instalações de armazenagem, de aquisições de máquinas ou de ampliação das vias de acesso ao local onde se desenvolve o projeto. É importante ressaltar que parte do sucesso se refere ao controle orçamentário, principalmente durante a efetivação do projeto, isto é, fase após a aquisição de ativo fixo ou otimização de um já existente.

OPEX – *Operational Expenditure*

Igualmente provém do idioma Inglês, *Operational Expenditure* (na tradução literal, entendemos como Despesas Operacionais). Nesse caso, a empresa não adquire o ativo, ao contrário, uma contratada fornece o equipamento e será responsável pela operação e monitoramento. Já, a companhia contratante, apenas paga pelos serviços, essa despesa é considerada OPEX.

O termo ainda é aplicável a custos da mão de obra e as despesas provenientes da instalação locada (aluguel e serviços básicos de conservação da infraestrutura). Considera-se ainda, uma despesa operacional, aquelas que a companhia possui no seu dia a dia. No caso de uma organização comercial, se refere o quanto ela despende para transformar seu inventário em vendas. Outro exemplo, é o caso do termo contábil "balancete", o qual representa a soma das despesas operacionais de uma empresa, ao longo de determinado período de tempo, tal como um mês, um semestre ou um ano.

CAPEX ou OPEX? Cuidados para não confundir.

Um erro muito comum ao se calcular a diferença entre CAPEX e OPEX é o de multiplicar o valor mensal do serviço prestado e comparar com o valor do equipamento. Nesta operação, não são contabilizados os custos ocultos ou indiretos, que fazem uma diferença significativa na operação. Quando se realiza um investimento inicial de alto valor, por exemplo, para um planejamento de crescimento de médio prazo, é preciso estar atento para o fato de que a receita acaba vindo bem depois da despesa e a empresa precisa trabalhar muitas vezes com o fluxo de caixa. Nesse caso, com a infraestrutura desenvolvida, há a perspectiva de crescimento. Contudo, poderá existir uma "capacidade ociosa" (parte não utilizada devidamente) até atingir (se conseguir) a ampliação desejada. Então, um investimento desperdiçado ou que terá retorno de longo prazo se torna crítico, pois depende muito de estimativas de sucesso, as quais variam conforme diversos fatores.

Outro ponto a considerar, se refere ao tempo médio para definir uma "depreciação do maquinário". Deve-se incluir ainda os gastos com a reforma/atualização. Num modelo tradicional, pesam os custos com correção, através de substituição simples de elemento de máquina com desgaste (engrenagem, rolamento, correias etc.), *upgrade* dos painéis de comando, inserção de sistemas de segurança e outros. É preciso acrescentar gastos de mão de obra: técnica, logística e de suporte.

Perceba que o CAPEX e o OPEX têm diferentes impactos em projetos, pois a maior parte das despesas de capital é fixa e seu impacto financeiro em um projeto é sentido imediatamente. De forma análoga, as despesas operacionais são incorridas ao longo de toda a vida de um projeto e incluem um componente variável que pode ser gerenciado continuamente.

Estas siglas são utilizadas no decorrer dos planejamentos estratégicos e financeiros, em acordo com as definições apresentadas. Nos ambientes de manutenção, estas diferenças auxiliam gestores a organizar seus investimentos e custos operacionais, seja na aquisição de ferramental, reformas totais ou parciais de equipamentos, contratação de serviços de manutenção ou assistência técnica, compra de sobressalentes, entre outras despesas.

9.4 A Engenharia Econômica

A expressão "Engenharia Econômica" é a tradução literal do termo no idioma Inglês: *Engineering Economy*. Um fato que chama a minha atenção é a união destes dois termos, tão antagônicos. Creio que o termo se refira a "Economia na Engenharia", isto é, a inserção da gestão financeira nos projetos e serviços de engenharia. A definição clássica do termo "engenharia": é *aplicação do conhecimento científico e prático, com o intuito de inventar, desenhar, construir, manter e melhorar estruturas, máquinas, equipamentos, sistemas, materiais e processos; com objetivo de atender à necessidade da sociedade, com menor custo possível (mais econômico).*

De acordo com o IIE (*Institute of Industrial Engineers*), é definida como *"a aplicação da análise e síntese econômica ou matemática às decisões de engenharia ou um corpo de conhecimentos e técnicas envolvidas na avaliação do valor de mercadorias e serviços relativamente ao custo e nos métodos de estimar os dados"*.

Considerada uma das principais disciplinas da Engenharia de Produção, pela ABEPRO (Associação Brasileira da Engenharia de Produção), a Engenharia Econômica é composta por: Gestão Econômica, de Custos, dos Investimentos e de riscos. Ainda podemos incluir, a Análise Financeira, Contabilidade, entre outras. Portanto, é a avaliação sistemática das soluções propostas para problemas de Engenharia, mas considerando aspectos da Economia. Mais especificamente, ela fornece métodos que permitem tomar decisões, com objetivo de reduzir custos e/ou maximizar benefícios para a Organização. As engenharias tradicionais não contemplam tais conhecimentos. Elas visam formar técnicos especialistas, de nível superior, fazendo com que estes busquem qualificação em gestão financeira em especializações e pós-graduação.

Para engenheiros que irão gerir pessoas e departamentos, o conhecimento financeiro é imprescindível para determinadas decisões, tais como:

- Decisões "*make or buy*": em certos consertos em maquinário, o engenheiro se depara com uma decisão: comprar ou fabricá-la em suas dependências. Para isso, é necessário, por exemplo, ter noções de *payback* (retorno de investimento) e custos operacionais;

- Decisões de investimento: Aquisição de Ativos, grandes reformas seja de maquinário ou em instalações, se faz necessário conhecer os conceitos de Taxa de Retorno;

- Comparações de Alternativas: Na gestão de projetos, diversas situações ocorrem e há diferentes métodos de análise para escolher o melhor caminho;

- Aquisição de Equipamentos ou Utilidades: ao decidir comprar ou não equipamentos, é útil saber não somente o preço, mas as taxas de depreciação, igualmente *Payback*, entre outros conceitos financeiros.

Dentro das organizações, o conhecimento e gerenciamento das despesas departamentais é um grande diferencial para o gestor e contribui para a sobrevivência da companhia, num mundo tão competitivo. A rentabilidade empresarial depende muito da escolha do modelo mais apropriado de gestão, no controle dos gastos, otimização no uso dos recursos. Em áreas de produção e manutenção, irá auxiliar a empresa para determinar o preço final de produtos, permanecendo competitiva no mercado que atua. Reduzir retrabalhos, passa pelo conhecimento de quanto isto representa no processo produtivo. Este mesmo raciocínio se aplica à manutenção. Serviços mal feitos, utilização de materiais de baixa qualidade, são alguns dos exemplos. Por vezes, gestores na ânsia de economizarem, optam pelo "mais barato", seja na compra de uma peça fora de especificação ou de mão de obra não qualificada. Aliás, no momento atual, boa parte das organizações demitem seus engenheiros experientes (conhecedores plenos de produto e processo) por profissionais com qualificação duvidosa, obviamente com salário menor.

O primeiro livro sobre a Engenharia Econômica foi *The Economic Theory of Railway Location*, do autor A. M. Wellington, publicado em 1877. Em 1930, Eugene L. Grant publicou *Principles of Engineering Economy*, um marco na história da engenharia econômica. Com base na matemática financeira, Grant desenvolveu um ponto de vista econômico na engenharia. O desenvolvimento da engenharia econômica ao longo de quase um século e meio, tal como o desenvolvimento de qualquer área de conhecimento, teve incorporando conceitos de outras disciplinas complementares. Este processo de desenvolvimento e assimilação ocorreu muito rapidamente, a partir da segunda metade do século XX.

A revista *The Engineering Economist* é publicada em conjunto, pelas divisões da IIE e da ASEE (*American Society of Engineering Education*). Traz artigos e estudos de casos, resultados de inquéritos, revisões de livros e softwares (aplicativos), assim como comentários dos leitores, que representam a investigação, prática e ensino mais atual de problemas relacionados com a análise de investimentos de capital. Traz ainda estimativa e contabilidade de custos, avaliação de projetos, custo e orçamentação de capital, análise de substituição de equipamentos, análise de políticas públicas (governamentais), investigação e desenvolvimento.

Não podemos separar as atividades de engenharia, sem considerar as questões econômicas. O engenheiro procura vencer as limitações físicas, mediantes projetos sólidos, tanto do ponto de vista técnico, como econômico. Isso irá contribuir para o aumento da confiança em seu trabalho. Outros fatores a considerar, tais como segurança e respeito ao meio ambiente, complementam os cuidados necessários para que o produto final ou serviço esteja em acordo com preceitos funcionais, mas também éticos. Portanto, obter estes conhecimentos irão tornar o profissional de engenharia capacitado a qualquer situação em suas atividades profissionais sejam num ambiente industrial ou de serviços.

Para orientação do leitor, segue um descritivo básico do *Budget Management* (Gerenciamento do Orçamento) para área de manutenção, onde estão incluídos os Aplicativos/Planilhas, contendo Preparação do Orçamento Anual, Controle dos Gastos (Manutenção e Investimento em Projetos) e Relatórios Financeiros.

E geralmente, este Orçamento Departamental é preparado antes do ano vigente, isto é, no ano anterior ao que irá gastar. É o planejamento dos gastos com despesas, mão de obra e materiais. Custos alocados para cada categoria, incluindo pessoal contratado e terceirizados. Providenciando dados anteriores para a estimativa do ano seguinte. Por esta razão, os gestores participam com áreas financeiras para a elaboração do orçamento departamental.

Classificação das Contas para elaboração pode conter com os itens relacionados a seguir, mas não limitado a estes:

- Administrativo (salário, remuneração, benefícios etc.);
- Gastos Departamentais diversos (materiais de escritório, EPI, uniforme etc.);
- Plano de Treinamento;
- Gastos com Manutenção Corretiva;
- Gastos com Manutenção Preventiva;
- Contratação de Serviços;
- Mobiliários;

- Equipamentos (instrumentação, ferramentas etc.);
- Materiais de Manutenção e Sobressalentes;
- Veículo: Movimentação e Transporte;
- Viagens;
- Contingências.

9.5 A Gestão de Contratos

Em geral, as organizações contam com diversas atividades terceirizadas para realizar serviços gerais, incluindo a conservação de ativos. O gerenciamento pode ser total ou parcial, mas em ambos os casos há um responsável dedicado para lidar com a empresa contratada. Esta atividade é denominada por "Gestão de Contrato".

Na fase de negociação, a Contratante elabora um escopo contratual, contendo as responsabilidades, atividades, parâmetros de qualidade, padrões de avaliação e pagamentos pelos serviços entre outras características que são repassadas à Contratada para avaliação. O escopo dos serviços pode conter atividades relacionadas aos ativos patrimoniais (maquinário, ferramentas e demais equipamentos de produção), manutenção da infraestrutura e predial. Também, serviços de limpeza e higienização da ocupação de espaço do cliente e visitantes, tais como escritórios corporativos, centrais de atendimento. Há incorporação de recepcionistas, segurança patrimonial, transporte de funcionários, alimentação entre outros. A organização pode optar por somente uma empresa contratada, ou várias, de acordo com cada especialidade. Importante citar que no seguimento metalúrgico, via de regra, a atividade fim (manutenção do maquinário de produção) é executada por equipe própria.

Entre as exigências de qualificação não se limitam a experiência no ramo, podendo ser incluída certificação como as Normas da Qualidade série ISO 9001, Ambiental (ISO 14001) ou outra mais específica relacionada à atividade fim. Pode incluir exigência como a utilização de planejamento estratégico, metas de redução no consumo de energia e serviços de engenharia específicos, são bons exemplos. Finalmente, cito a adoção de práticas desenvolvidas e comprovadas globalmente, além da aplicação de novas tecnologias e ferramental para a execução das atividades. Finalmente, há necessidade que todas essas premissas estejam alinhadas à cultura e objetivos definidos pela Contratante.

As características comportamentais da equipe da Contratada, igualmente, devem ter parâmetros definidos. Evitar os conflitos com o cliente final evitará problemas que não agregam à operação, sendo exigido equilíbrio emocional na condução de suas atividades. Não é permitido o uso da força e truculência por parte da equipe de segurança, diante de uma situação que saiu do controle. Ao contrário, se faz necessário o bom relacionamento com os usuários e suas demandas, o que permite a continuidade do negócio em situações de crise.

<u>Atividades básicas previstas em Contrato (mas não se limitam a estas):</u>

- Infraestrutura: limpeza, paisagismo, telecomunicações, recepção, segurança, copa e restaurante, malote e expedição, frotas, medicina e segurança do trabalho;
- Manutenção predial: manutenção civil, elétrica, hidráulica e ar condicionado;
- Meio ambiente: tratamento de água e efluentes, gestão ambiental, coleta seletiva de lixo, racionamento de energia, redução de emissão de poluentes;
- Gestão de Espaços: planejamento e otimização da ocupação.

<u>Alguns dos conceitos contidos na Gestão de Contratos:</u>

A gestão de contratos é atividade exercida com objetivo de controle e acompanhamento, bem como fiscalização das obrigações assumidas por ambas as partes. Deve estar baseada em princípios éticos, bem como de eficiência dos serviços prestados, observando que ocorra com qualidade e em respeito à legislação vigente, assegurando ainda:

- Procedimentos administrativos claros e simples com burocracia reduzida, de forma a facilitar a gestão e a fiscalização de contratos;
- O efetivo cumprimento das cláusulas contratuais, assegurando a excelência

no atendimento aos requisitos técnicos e de qualidade;

- O registro adequado de falhas cometidas pela Contratada, mesmo que involuntariamente, para solucionar impasses;
- A correta aplicação dos recursos humanos e de materiais (financeiros, se aplicável);
- O tratamento igualitário, por parte da Contratante, eliminando descumprimento dos princípios da isonomia e da legalidade.

Definição dos Termos inseridos na Gestão de Contrato:

1. Documento Contratual: registro físico entre organizações públicas ou particulares, em Todo em que haja um acordo de intenção de vínculo para prestação de serviço e/ou fornecimento de produto. Formação de vínculo e a estipulação de obrigações recíprocas, seja qual for a denominação utilizada.
2. Objeto do Contrato: descrição resumida indicadora da finalidade do contrato.
3. Contratante: organização solicitante, usuária ou responsável pelos serviços/ produtos, objeto da contratação celebrada.
4. Contratada: organização empresarial executante dos serviços ou fornecedoras dos produtos, objeto da contratação celebrada.
5. Serviço: é toda a atividade destinada ao interesse da Organização (Contratante), tais como: limpeza e higienização, consertos prediais, instalação, montagem, operação, conservação, reparação, recepção, portaria, vigilância, segurança patrimonial, manutenção, transporte, locação de bens, fornecimento de alimentação etc., em resumo, são todas as atividades que a contratante necessita que a contratada execute, descritas e detalhadas, devidamente, no contrato.
6. Projeto Básico: conjunto de dados e especificações necessárias para caracterizar a obra ou serviço, ou complexo de obras ou serviços objeto da licitação, elaborado com base nas indicações dos estudos técnicos preliminares, que assegurem a viabilidade técnica e o adequado tratamento do impacto

ambiental do empreendimento, e que possibilite a avaliação do custo da obra e a definição dos métodos e do prazo de execução. Nesta fase, deverão ocorrer as negociações e fechamento de contratações.

7. Projeto Executivo: conjunto de dados e especificações finais (devidamente aprovado pelos responsáveis), sendo estes os elementos necessários à execução completa da obra, de acordo com as normas pertinentes da Associação Brasileira de Normas Técnicas – ABNT (Lei nº 8.666/93, art. 6º, Inciso X).

8. Obra: é toda atividade, relacionada à Edificação, de construção, reforma, fabricação, recuperação ou ampliação, sendo executada por equipe especializada, e de responsável técnico, o qual deve estar devidamente registrado em conselho regional que ateste sua capacitação. A Obra deve estar em acordo com as fases anteriores, isto é, Projeto Básico e Executivo. Anotação de Responsabilidade Técnica (ART) deve ser emitida, conforme exigências legais (consulta-se a legislação vigente). Os aspectos relacionados à Segurança no Trabalho e cuidados com o Meio Ambiente devem ser observados e as ações pertinentes devem ser tomadas e fiscalizadas.

9. Preposto: é o representante da Contratada, devidamente identificado no Contrato.

10. Vigência do Contrato: é o período compreendido entre a data estabelecida para o início da execução contratual, que pode coincidir com a data da assinatura, e seu término.

11. Adimplemento do Contrato: conjunto de todas as obrigações ajustadas entre as partes.

12. Rescisão: é o encerramento ou cessação do contrato, mesmo antes do encerramento de seu prazo de vigência. Pode ou não haver previsão de multas contratuais. Cláusula específica pode determinar que seja dado um prazo, antes da Rescisão, para que Contratada e Contratante tomem as devidas ações, por exemplo, finalização de serviço, ou mesmo para retiradas de ferramental e materiais do local da Contratante. É conveniente que seja obedecida a legislação vigente. A Rescisão contratual de forma "amigável" é a

mais recomendada, pois evita o transtorno de ações na justiça.

13. Gestão do Contrato: é a atividade exercida de modo sistemático pelo Contratante e seus representantes, objetivando a verificação do cumprimento das disposições contratuais, técnicas e administrativas, em todos os seus aspectos. É a atividade de maior responsabilidade nos procedimentos de gerenciamento. Em determinados serviços, se faz necessário um acompanhamento diário sobre as etapas / fases da execução, para que se verifique se a Contratada observa a legislação vigente e cumprindo suas obrigações previstas em contrato. As Organizações podem implementar um serviço específico de gestão dos contratos, o que permite um melhor acompanhamento da execução dos mesmos, propiciando a profissionalização e criando especialistas na área.

14. Termo Aditivo: os Contratos podem ser modificados nos casos permitidos em lei. Essas modificações são formalizadas por meio de instrumento usualmente denominado termo de aditamento, comumente denominado termo aditivo. O termo aditivo pode ser usado para efetuar acréscimos ou supressões no objeto, prorrogações, repactuações, além de outras modificações admitidas em lei que possam ser caracterizadas como alterações do contrato. O termo aditivo pode ter acréscimo ou supressão de serviços (variações de quantidades, sem alteração de preços unitários, mantidas as demais condições do contrato inicial), ou ainda uma modificação de especificações (por exemplo, em um contrato de alimentação, foi estabelecido no projeto básico que o fornecimento seria de refeições preparadas).

15. Pagamento: em geral, o gestor do contrato deverá encaminhar, além da documentação comprobatória do atendimento às disposições legais e contratuais, as notas fiscais/faturas originais, devidamente atestadas, termo de recebimento, formulário etc. à área financeira da organização a qual irá efetuar o pagamento na data conforme previsto em contrato.

16. Reajuste: pode ou não estar previsto no Contrato. É uma forma de recomposição do valor em relação, por exemplo, à variação dos custos provocada pelo processo inflacionário. O índice financeiro que incidirá no

valor original tem como base os utilizados para correção, tais como o IGPM, ou outro percentual previsto no edital e no contrato.

O contrato deve ser cumprido fielmente conforme as cláusulas previstas e por ambas as partes. Ocorrendo eventuais falhas verificadas no cumprimento das obrigações, os representantes de ambas as partes deverão se reunir e buscar uma solução, para que não haja prejuízos. Via de regra, há departamentos específicos para controle de contrato ou atendimento agregado à área administrativa, por exemplo, o Setor de Compras.

A "Gestão de Contratos" exige, além de conhecimento específico sobre o objeto de contrato, uma característica muito importante e rara em nosso País: Ética. Temos visto, nas mídias sociais, uso da máquina pública para arrecadação de propina, mediante contratos fraudulentos, superfaturamento, entre outros negócios escusos. Trazendo estes maus exemplos para o ramo privado, irão determinar prejuízos à empresa Contratante, alguns irreversíveis. A ganância e a falta de caráter, em determinados seguimentos de nossa sociedade, não podem ser desconsiderados. Portanto, uma avaliação criteriosa ao candidato para gerenciamento de contrato se faz imprescindível.

Capítulo X

Facilities – Manutenção de Infraestrutura

10.1 Definições e Aspectos Gerais

A origem de "*facility*" ou "f*acilidade*" vem do latim "*facilitas*" ou "*facilitátis*"; já a palavra "facilidade" vem do latim *facilitas – atis* e já era utilizada no Século XVI para denominar o ato de auxiliar e tornar mais fácil. Seguindo esse conceito, poderíamos dizer que é a combinação otimizada de esforços que visam facilitar as atividades de todas as áreas de uma organização. Dentro da cadeia de valores, esta é a área responsável pelas atividades de suporte e de infraestrutura, sendo mais um entre os elos da dinâmica organizacional, na busca de vantagem competitiva e sobrevivência das organizações.

Gestão de Facilities é a tradução mais adequada ao termo, no idioma inglês, "Facilities Management" (FM), a qual constitui um campo interdisciplinar que se ocupa da coordenação e manutenção de espaços, infraestruturas, pessoas e organizações, frequentemente associado a funções relacionadas com a gestão da prestação de serviços gerais a instalações, tais como Edifícios Comerciais, Shopping Centers, Hospitais, Hotéis, Estruturas Industriais, Estruturas para grandes eventos etc.

As instalações de organizações comerciais, serviços e industriais necessitam de suporte operacional e manutenção. Portanto, na Gestão de Facilities é preciso obter novos conhecimentos a todo instante e por esta razão é considerada uma atividade dinâmica e agregadora, centrada em serviços. Atualmente é um dos seguimentos que mais gera vagas no mercado de trabalho.

Em relação à utilização do termo, em nível internacional, encontramos ainda o termo "***Facility Management***". No Reino Unido e em outros países da "***Commonwealth of Nations***" (em português, "Comunidade das Nações"), que é uma organização intergovernamental composta por 53 países-membros independentes, preferem usar "*Facilities Management*", enquanto o termo

"*Facility Management*" é o mais utilizado internacionalmente. Nos EUA, ambos são aceitos e utilizados indiferentemente.

Tenho a preferência pela expressão: "Gestão de Infraestrutura". A "**Associação Brasileira de *Facilities***" define "*Facility Management*" como: "*atividade de administração e gerenciamento de serviços e atividades de infraestrutura, destinados a suportar a atividade fim de uma organização*".

Outras informações, acesse o site da ABRAFAC – Associação Brasileira de *Facilities.*

http://www.abrafac.org.br/

10.2 O Perfil do Engenheiro Neste Cenário

O conhecimento técnico é fundamental na composição das qualificações dos gestores e em relação a normas e requisitos legais não é diferente. Com propriedade, acredito que como profissional interdisciplinar, perfil generalista ou especialista, o gestor deve manter o controle sobre os processos e pessoas que possam auxiliá-lo em observar a demanda referente à legislação aplicada aos serviços em edificações.

O foco recai sobre as normas técnicas, mas as obrigações trabalhistas também são importantes e no caso de negligência, são altos os riscos para a organização. Atualmente, processos trabalhistas ocorrem em grande número, tendo em vista a conscientização das pessoas em relação aos seus direitos, falhas por parte das empresas e facilidade de acesso a informação.

Então, em um seguimento onde há serviços subcontratados, o conhecimento da legislação se torna imprescindível.

Alguns exemplos são: leis que regem a **CLT** (Consolidação das Leis Trabalhistas), Convenções Coletivas, Normas Regulamentadoras, Conceitos sobre Solidariedade e Subsidiariedade, Contratos de Trabalho, Terceirização de Mão de Obra, Sujeitos da Relação de Emprego, Encargos Sociais e Benefícios Trabalhistas. Ainda estão contidas neste contexto o Código Civil Brasileiro, além de estar em dia com as regulamentações previstas pelo INMETRO, CONFEA, ANVISA, ANATEL, ANEEL e demais agências reguladoras e autarquias, dentre outros elementos que regulam atividades operacionais e de manutenção.

A seguir, veja alguns dos principais tópicos sobre os conhecimentos necessários à Gestão de Facilities, direcionada à Edificações, considerando o domínio de assuntos específicos. Obviamente, é um escopo de referência, pois cada organização tem suas peculiaridades e os gestores serão contratados de acordo com a necessidade. Independente da formação, o engenheiro terá que ter noções do assunto sobre o qual irá gerenciar, mesmo não tendo a formação específica, por exemplo, o engenheiro mecânico deverá ter conhecimentos básicos sobre a distribuição de eletricidade (subestação e seus principais componentes, tais como transformadores, fusíveis, painéis de controle etc.).

1. Administração

1.1 Programação, Controle e Acompanhamento de Obras: orçamento e composição de custos, levantamento de quantitativos, planejamento e controle técnico e financeiro; aplicação de recursos: vistorias; controle de materiais, NF e pagamentos; encargos sociais; segurança; sistemas da qualidade etc.; produtividade; orçamento e cronograma de obras; controle de art necessárias para obras civis.

1.2 Gestão da Manutenção Predial: tipos de manutenção (corretiva, preventiva e preditiva); Engenharia de Manutenção; KPI (indicadores de performance operacional e de manutenção); gestão de ativos.

1.3 Gestão de Projetos: especificação de materiais; interpretação de desenhos e análise de projetos; estudos de viabilidade técnica e financeira; controle ambiental das edificações (térmico, acústico e luminosidade); gerenciamento de tempo, custos e recursos humanos alocados em projetos; métricas de desempenho do projeto; análise e mitigação de riscos.

1.4 Noções de Administração: princípios da administração pública e privada: concessão, permissão e autorização; leis aplicáveis e regime jurídico da licitação e dos contratos administrativos: obrigatoriedade, dispensa, inexigibilidade; procedimentos, anulação e revogação; modalidades de licitação; legislação sobre contratações públicas, se aplicável; regimes de execução indireta e documentos técnicos integrantes de editais; gestão dos recursos humanos e legislação (CLT);

2. Engenharia Civil

2.1 Edificações: comercial, industrial e residencial (edifícios de apartamentos, escritórios, condomínios horizontais e verticais, habitação social, outros; edificações públicas e privadas para uso administrativo, educacional, esportivo, turístico e cultural, hospitais e postos de saúde, restaurantes populares, cadeias e presídios; sondagem e fundações, quando aplicáveis; instalações elétricas e hidrossanitárias; noções sobre sistemas de prevenção e combate de incêndios; controle ambiental das edificações (térmico, acústico e luminoso); memorial descritivo e especificações técnicas de materiais e serviços; acessibilidade; edificação para indústria; parâmetros de desempenho, segue NBR 15.675; avaliação patrimonial.

2.2 Acompanhamento de Perícias: vistoria de obras; 2 vícios e patologias de construção; recuperação de estruturas com ART: "Anotação de Responsabilidade Técnica".

2.3 Meio Ambiente: tratativas para licenças ambientais, áreas de proteção permanente e de proteção ambiental; Resolução CONAMA 237/1997 e alterações, quando aplicáveis; sistemas de abastecimento de água; sistemas de esgoto sanitário; coleta, tratamento e disposição de resíduos sólidos e/ou líquidos.

2.4 Urbanização: loteamento (condições e restrições para parcelamento do solo); infraestrutura para urbanização (abertura de vias, abastecimento de água, esgoto sanitário, pavimentação, drenagem, rede de distribuição de energia e iluminação pública). Urbanização e acessibilidade a deficientes.

3. Engenharia Mecânica

3.1 Condicionamento de Ar: conforto térmico para ambientes e espaços; propriedades do ar (pressão, temperatura, equação termométrica etc.); equipamentos, utilidades e componentes (serpentinas de resfriamento e aquecimento etc.).

3.2 Calor: mecanismos de transferência do calor (condução, convecção e radiação).

3.3 Circulação do Ar: ventiladores, dutos de insuflação, grelhas de insuflação, espaço condicionado, grelhas de retorno, filtros; etc.

3.4 Ciclo de Refrigeração: refrigerador, evaporador, compressores (sucção, descarga etc.) e condensador (processos de resfriamento por água ou ar); equipamentos e componentes (válvula de expansão, bombas etc.).3.5 Psicometria: Temperatura de Bulbo Seco (TBS), Temperatura de Bulbo Úmido (TBU), Umidade Relativa (UR), Temperatura do Ponto de Orvalho (TPO), fator de calor sensível, mistura de ar etc.

3.6 Estimativa de Carga Térmica: fatores determinantes (orientação, tamanho e formas da edificação), materiais de construção, áreas envidraçadas, infiltração, pessoas, iluminação, ventilação, equipamento, condições externas e internas de projeto.

3.7 Redes de Dutos e distribuição de Ar: análise de cálculo, dimensionamento e seleção de dutos; instrumentos de medição de fluxo, pressão etc.; grelhas, localização de grelhas para insuflação e retorno; difusores; dampers; sistemas de regulagem da vazão, pressão, níveis de ruído etc.; limpeza de dutos.

3.8 Sistemas de Filtragem: tipos e materiais para filtros; observância de normas para substituição e/ou procedimentos para limpeza.

3.9 Qualidade do Ar: Contaminação int./ext.; trocas de ar externo, filtragem; unidade de tratamento do ar, parâmetros, normas aplicáveis etc., ventilação: aplicação e tipos de ventiladores axiais, centrífugos etc.

3.10 Utilidades para Condicionamento de Ar: Sistemas de Expansão: Direta (ACJ, Split e Self-Contained) eIn direta (Chillers, Fan Coils); fluidos refrigerantes e legislação aplicável; compressores (herméticos, semi-herméticos, abertos, alternativos, scroll, parafuso e centrífugos), tubulação, redes, componentes, instrumentos; unidades resfriadoras de ambiente por água fria e unidades de ventilação etc.

3.11 Arrefecimento da Água: condensação por ar, condensação por água, torres de resfriamento; unidade de tratamento etc.

3.12 Sistema para Controle de Processos: controles elétricos e/ou eletrônicos, pressão, vazão, temperatura etc., controles e legislação específica, por exemplo, Resolução nº 09/2003 ANVISA etc.

3.13 Elevadores e Plataformas Elevadoras: NBR NM 207 (elevadores elétricos de passageiros), requisitos de segurança para construção e instalação; requisitos de segurança para construção e instalação – requisitos particulares para a acessibilidade de pessoas, incluindo pessoas com deficiência; Máquinas de tração (com engrenagem e sem engrenagem - situações de aplicação); Polias e Cabos de aço; Alimentação elétrica - CA e CC (uso de frequência variável e conversão estática); Elevadores hidráulicos; Elevadores sem casa de máquinas; Elevadores panorâmicos; Tempos limites de fechamento de portas e Detecção de movimento, Retenção e reabertura de portas; Controles de acesso; Operações de emergência; Detecção de excesso de carga; infraestrutura de obras civis – poços, casas de máquinas etc.; Posicionamento na entrada dos edifícios etc.

3.14 Conhecimentos Gerais em Sistemas Elétricos: rede de alimentação elétrica; fator de potência (**fp**); balanceamento de cargas (v) e corrente (i); grupos geradores e chave de transferência automática; sistemas de cogeração etc.

4. Engenharia Elétrica

4.1 Projetos Elétricos: instalações elétricas comercial, industrial e edificações; sistema de proteção contra descargas atmosféricas; telefonia; cabeamento estruturado; subestações e distribuição etc.; domínio de métodos e técnicas de desenho e projeto; estudos de viabilidade técnica e financeira etc.

4.2 Geração de Energia: noções de geração de energia hidráulica (rios e/ou lagos) e à gás, noções de geração de energia não hidráulica: eólica, solar de aquecimento, solar fotovoltaica e termoelétrica; cogeração; minicentrais elétricas; usinas etc.

4.3 Conhecimentos Específicos em Elétrica: domínio das grandezas elétricas; determinação de potências ativa, reativa e aparente; técnicas de correção do fator de potência; subestações prediais NBR ISO 5419/2001e NBR ISO 5410/2005; sistemas de iluminação int./ext.; quadros elétricos e dispositivos de proteção e manobra; aterramento e SPDA; transformadores; motores elétricos; inversores de frequência; instalação de grupos geradores e CTA (chaves de transferência automática); equipamentos estabilizadores e nobreak (UPS). 14 sistemas de cogeração de energia; princípios de racionalização de energia e ecoeficiência; distorção harmônica (efeitos, consequências e soluções); sistemas de tarifação de energia elétrica e Resoluções da **ANEEL** de comercialização de energia; manutenção de instalações prediais: princípios, tipos e gestão; eletrificação rural; cabos elétricos – cálculo da corrente nominal – condições de operação – otimização econômica das seções dos cabos de potência NBR 15.920/2011. 22 Conjuntos de Manobra e Controle de Baixa Tensão – Parte 1: conjuntos com ensaio de tipo totalmente testados (TTA) e conjuntos com ensaio de tipo parcialmente testados (PTTA) NBR IEC 60.439-1 etc.

10.3 A Manutenção Preventiva Predial

A Manutenção Predial Preventiva (*Building Maintenance Preventive*) vem de encontro às necessidades da qualidade exigida por clientes e moradores no mercado imobiliário brasileiro. No entanto, essa prática ainda não é tão comum quanto em outros mercados internacionais, e conscientizada dentre os usuários quanto para outros bens, como automóveis e equipamentos eletrônicos. Após aprovação da "NBR 5674 – Manutenção de Edificações

– Procedimentos", no ano de 1999, pouco foi desenvolvido no meio técnico sobre manutenção predial e seus benefícios. Porém, após a implantação da nova norma de desempenho "ABNT NBR 15575-1_2013 Edificações Habitacionais— Desempenho" e da revisão das normas NBR 5674:1999 e da NBR 14.037:1998, a indústria da construção iniciou uma evolução dos estudos dessa atividade no Brasil. E não poderia ser diferente, pois, se foram desenvolvidos padrões normativos, as empresas de engenharia precisam se adequar a esta nova realidade. Aplica-se às construtoras, mas os serviços de manutenção predial seguem na mesma direção, uma vez que são responsáveis pela conservação das instalações em edificações.

Considerando-se tanto as limitações de investimento da sociedade na infraestrutura habitacional do país quanto às necessidades de proteção básica do usuário. Para sua orientação, segue abaixo, a tabela inserida na NBR 15575-1:2013 que estabelece a (VUP) Vida Útil de Projeto mínima:

Estruturas de Edificações VUP ≥ 50 anos (Conforme NBR 8681-2003);

Pisos internos	VUP ≥ 13 anos;
Vedação vertical externa	VUP ≥ 40 anos;
Vedação vertical interna	VUP ≥ 20 anos;
Cobertura	VUP ≥ 20 anos;
Hidrossanitário	VUP ≥ 20 anos;

A Preventiva Predial visa os aspectos de qualidade de vida e no trabalho, mas a limitação para a sua implementação está no aspecto financeiro. Aumento de custos operacionais não é aprovado num primeiro momento. Obviamente, evita danos futuros à instalação e sabemos que custa mais caro consertar do que manter. Portanto, se faz necessário justificar este incremento nas despesas. Com base na tabela acima, observamos que a vida útil é, de certa forma, adequada. Porém, em muitos casos, as edificações se encontram em fase de degradação acentuada, devido a fatores como localização que aceleram este processo, por exemplo, próximo a regiões litorâneas as construções sofrem maior ação do tempo. Por esta razão, as reformas parciais ou totais precisam ser executadas a períodos determinados previamente, de forma a reduzir a degradação. Ao contrário, em uma manutenção estrutural de emergência, valores ultrapassam sensivelmente aqueles que poderiam ter sido investidos ao longo do tempo, isto é, preventivamente. Há, portanto, que estabelecer um sistema de manutenção predial que ao mesmo tempo em que reponha os sistemas deteriorados prolongue a vida útil dos edifícios através de serviços periódicos.

Assim como na gestão de manutenção industrial, é importante catalogar os equipamentos e utilidades que estão sendo mantidos, de modo que características de construção seja acessível ao responsável que esteja fazendo a manutenção (biblioteca técnica). Nesta mesma linha organizacional, cuidados com as ferramentas e utensílios para a execução dos serviços, manter uma equipe de funcionários capacitada e que possa dar parecer técnico sobre suas atividades. Para sua orientação, segue um modelo de programação de manutenção. Os órgãos públicos possuem uma característica diferente porque são proprietários ou responsáveis pela manutenção de um grande número de edifícios, construídos em diferentes épocas, com tecnologias de construção e tipologias diferenciadas, geralmente dispersos em imenso território geográfico. Sendo assim, é um belo desafio para uma Manutenção Predial eficaz.

Em relação à manutenção das instalações elétricas, importante ressaltar que é de alto risco à preservação da vida, uma vez que não se pode "ver" a corrente elétrica atravessando cabos e fios. Portanto, o supervisor deve zelar pela segurança de sua equipe, e extensivo aos usuários. A grande precaução, em suas atividades, é de que ninguém sofra algum tipo de acidente.

Uma das situações, bem comum por sinal, é quando um disjuntor vai para a posição "off" com certa frequência, o gestor administrativo da edificação ou zelador imagina que, trocando por um com uma capacidade de condução de corrente maior, o problema estará resolvido. Na realidade, apenas contribui para o agravamento da situação, pois disjuntor tem a função de proteger a fiação/condutores de variação de corrente elétrica e do calor gerado, por isso ele "se desarma". Tendo capacidade maior da condução de corrente, pode levar o condutor (fiação) a se fundir, podendo provocar um curto-circuito levando a um provável incêndio, pequeno ou de grandes proporções. Este é um exemplo das ações executadas por pessoal não capacitado em eletricidade, e por esta razão, se faz necessário profissionais qualificados e capacitados em condomínios residenciais, assim como nas edificações comerciais, e uma realidade cada vez maior. Por este exemplo citado e por outras situações bem mais graves, a manutenção elétrica predial é, acima de tudo, uma questão de segurança para os usuários. Por isso, as verificações elétricas devem ser preventivamente executadas por eletricistas (possuem ferramental instrumentação específica) não é para "dar uma olhada", mas para executar medições e assim constatar a real condição da instalação. Prédios com mais de 20 anos estão com as instalações no fim da vida útil, os desgastes já estão no limite, principalmente com o aumento de carga na instalação atual e que não são poucas. Os eletrodomésticos, no início dos anos 1960, eram, basicamente, uma geladeira, chuveiro, ferro de passar roupas e um televisor e em alguns casos um toca-discos. Nos dias de hoje, esta quantidade é bem maior, somados a aparelhos condicionadores de ar, aquecedores, máquinas de lavar e secar. Portanto, o consumo (kwh) é bem superior.

A gestão da manutenção cria condições para uma série de ações prévias em relação à intervenção, isto é, que se constitui no serviço de reparo. Especificamente quando o objetivo é informação seguida de serviços, há necessidade de integração entre Engenharia e Informática, cuja tecnologia nos permite ter acesso mais facilmente aos processos, tanto históricos de atendimento quanto da programação. Para orientação segue algumas das funções necessárias a serem disponibilizadas por softwares de gerenciamento predial:

- Cadastro (Edificações, equipamentos, utilidades etc.);
- Procedimentos: padrões operacionais e requisitos da qualidade, segurança e meio ambiente;
- Documentação técnica (desenhos, detalhamentos etc.) que possibilita o "as built" (documentar o que já foi construído) e novos projetos;
- Quantidade de serviços de construção e suas respectivas especificações e composições de preços de serviços de manutenção;
- Cadastro de fornecedores (materiais e sobressalentes) e clientes;
- Banco de dados de procedimentos de conservação, inspeção, execução (ordens de serviço, relatórios etc.) e fiscalização (acesso a normas, resoluções, controles de ART etc.);

- Banco de dados para programação preventiva, contendo frequências de inspeção técnica, vida útil, durabilidades e garantias dos fornecedores de cada especificação.

A característica principal da Manutenção Preventiva é que ela requer o início do ciclo por um planejamento e emissão de ordem de inspeção, diferentemente da Manutenção Corretiva, que dá a partida no processo pela reclamação do usuário ou, numa situação menos desejável, quando a utilização ou a operação do edifício poderá estar comprometida. Portanto, é um importante avanço entre a denominação "Manutenção Predial" até outro termo, mais abrangente, como: "Gerenciamento dos Ativos". Essa é uma grande vantagem se pensarmos na aplicação da metodologia em edificações de funções e usos complexos, com equipamentos, redes e sistemas sofisticados, a exemplo de aeroportos, hospitais e shopping centers.

A preventiva permitirá a elaboração de agendas (programação) de inspeção técnica e planos de manutenção dinâmicos, capazes de espelhar, a qualquer momento, a situação prevista para cada ativo, e também quantificar, atualizar, orçar, planejar, hierarquizar, comprar, contratar, executar, controlar, entre outras ações que podem ser geridas por processos automatizados.

As empresas que atuam em Manutenção Predial, assim como outros seguimentos, possuem uma equipe de apoio administrativo. É composto de profissionais por especialidade, com o objetivo de facilitar o andamento dos processos e minimizar a necessidade de intervenção de terceiros. A subdivisão varia de acordo com o escopo de atividades que a empresa se propõe a oferecer. Entretanto, contém entre outros:

- Secretárias, recepcionistas e atendentes;
- Profissionais de nível superior ou técnico;
- Segurança patrimonial;
- Motoristas;

- Copeiras;
- Mensageiros;
- Centrais de impressão, plotagens e cópias.

Sobre a Norma ABNT NBR 15.575

Em sua primeira versão, no ano de 2008, sua aplicação era restrita às edificações de até cinco pavimentos. As companhias construtoras foram reativas num primeiro momento, por não estarem preparadas para atender aos requisitos impostos, sendo muitos inéditos à época. Dessa forma, foram realizadas atualizações de metodologias de avaliação de desempenho, reavaliação de parâmetros e os fabricantes puderam adequar seus produtos. Então, no ano de 2013, foi publicada a nova versão. A aplicação teve abrangência ampliada, incluindo as construções residenciais. Está estruturada em seis partes:

i. ABNT NBR 15575-1 – Parte 1: Requisitos Gerais.

ii. ABNT NBR 15575-2 – Parte 2: Requisitos para os sistemas estruturais.

iii. ABNT NBR 15575-3 – Parte 3: Requisitos para os sistemas de pisos.

iv. ABNT NBR 15575-4 – Parte 4: Requisitos para os sistemas de vedações verticais internas e externas – SVVIE.

v. ABNT NBR 15575-5 – Parte 5: Requisitos para os sistemas de coberturas.

vi. ABNT NBR 15575-6 – Parte 6: Requisitos para os sistemas hidrossanitários.

Referências Bibliográficas

A REALIDADE AUMENTADA, disponível em http://www.tecmundo.com.br. Acessado em abril de 2018. Acessado em abril de 2016.

BORGES-ANGRADE, J.E. ***Treinamento, Desenvolvimento e Educação em Organizações de Trabalho.*** Porto Alegre: Artmed, 2006.

BRASIL. ***Normas para licitações e contratos da administração pública*** – Lei nº 8.666, de 21 de junho de 1993, e suas alterações. Brasília, DF, 1993.

CAMPOS, José Antonio. *Cenário Balanceado*: painel de indicadores para a gestão estratégica dos negócios. São Paulo, Ed. Aquariana, 1998.

CAPEX POR OPEX. ***Conceitos Fundamentais****. Disponível em* http://teltecsolutions.com.br. Acessado em abril 2018.

CARRO FEITO COM IMPRESSORA 3D, disponível em http://www.techtudo.com.br. Acessado em abril de 2018.

CHEN, Yanping. ***Principles of contracting for Project management***. Arlington UMT Press, 2003.

COMO FUNCIONA A IMPRESSORA 3D, disponível em http://www.cliever.com. Acessado em abril de 2018.

DESENVOLVIMENTO SUSTENTADO, disponível em http://www.siemens.com.br. Acessado em abril de 2018.

DIFERENÇAS ENTRE CAPEX E OPEX. Artigo disponível em http://www.tiespecialistas.com.br, em junho de 2013. Acessado em abril de 2018. *ebah.com.br. Acessado em junho de 2016.*

ENGENHARIA ECONÔMICA. Disponível em https://blogdaengenharia.com. Acessado em abril de 2018.

FILHO, Gil Branco. *Dicionário de Termos de Manutenção, Confiabilidade e Qualidade*: Edição Mercosul Português/Espanhol. 2 ed, Rio de Janeiro, Ed. Ciência Moderna, 2000.

FILHO, Gil Branco. *Introdução à Estatística e Teoria da Confiabi-lidade*, Apostila de. Rio de Janeiro, ABRAMAN, 2001.

FILHO, Gil Branco. *Técnicas Avançadas de Manutenção Industrial*, Apostila de. Rio de Janeiro, ABRAMAN, 2001.

FRANCIELE, Bruna. Técnicas Preditivas de Manutenção. Artigo disponibilizado no site: http://www.

GIL, A. C. ***Gestão de Pessoas.*** São Paulo: Atlas, 2013.

HUSE, Joseph A. ***Understanding and negotiating turnkey and EPC contracts***, 2.ed. London; Sweet & Maxwell, 2002.

INPI, Instituto nacional de Propriedade Intelectual, Manual de Gestão e Fiscalização de Contratos, AGAS, 1ª edição, 2010. Disponível em http://www.inpi.gov.br. *Acessado em agosto de 2016.*

ISO 2002. *Technical Specification ISO/TS 16949:2002 Quality Management System*: Particular requirements for the application of ISO 9001:2000 for automotive production and relevant service part organizations. Switzerland (Suiça), ISO Copyrigt Office, 2002

ISO 55.000 E A MANUTENÇÃO. Disponível em http://www.manutencaoemfoco.com.br. Acessado em abril de 2018.

KAISER, Harvey H. The Facilities Manager's Reference. Ed. RS Means Company, Inc. 1989.

KAPLAN, Robert S. e NORTON, David P. *A Estratégia em Ação*: Balanced Scorecard. 2. ed. Rio de Janeiro, Ed. Campus, 1997.

KARDEC, Alan e NACIF, Júlio. *Manutenção: Função Estratégica*. Rio de Janeiro, Ed. Qualitymark, 1998

LAFRAIA, João Ricardo Barusso. *Manual de Confiabilidade, Mantenabilidade e Disponibilidade*. Rio de Janeiro, Ed. Qualitymark Editora, 2001.

MACHADO, Jairo. *Planejamento & Estratégia*, Apostila de. Rio de Janeiro, ABRAMAN, 2003.

MANUTENÇÃO E TENDÊNCIAS. Disponível em http://www.ngi.com.br/novidade. Publicado em 2017. Acessado em abril de 2018.

MATESO, Vita. Disciplina: Manutenção. Universidade Jean Piaget, Trabalhos Técnicos publicados em Seminário de Manutenção, Angola, 1985. Acessado em junho de 2016.

NORMAS ISO 55.000. Disponível em http://www.abb-conversations.com/br, publicado em fevereiro de 2014. Acessado em abril de 2018.

PEREIRA, Gilberto de Souza e WAH, Yuen Hi. ***Gerenciamento das Aquisições e Compras***. Disponível em: http://www.techoje.com.br. Acessado em abril de 2018.

PETROBRÁS, Gerência Industrial. *Lubrificantes*: Fundamentos e Aplicações. Rio de Janeiro, Petrobrás, 2005.

PINTO, Alan Kardec; LAFRAIA, João Ricardo Barusso. ***Gestão estratégica e Confiabilidade***. Rio de Janeiro: Qualitymark, 2002.

QUINELLO, Robson e NICOLLETTI, José Roberto. Gestão de Facilidades, SP, Ed. NOVATEC, 2006.

ROCHA, Hildebrando Fernandes. Importância da Manutenção Predial Preventiva. CEFETRAN, 2007.

SAES, Francisco. Comissionamento de Edificações. NEOVERT. Acessado em abril de 2016.

SOTILLE, Mauro Afonso et AL. ***Gerenciamento do escopo em projetos***, Rio de Janeiro, Fundação Getúlio Vargas, 2006.

TECNOLOGIA PARA GESTÃO DE MÁQUINAS. Disponível em http://avozdaindustria.com.br postado em agosto de 2017. Acessado em abril de 2018.

THEOBALD, R.; Lima, G. B. A. ***A excelência em gestão de SMS: uma abordagem orientada para os fatores humanos***. Revista Eletrônica Sistemas & Gestão, Niterói, RJ, v. 2, n.1, p.50-64, 2006.

VARGAS, Roberson Mello de. ***Planejamento das Grandes Paradas de Manutenção.*** Disponível em http://pt.linkedin.com/pulse. Publicado em 2 de agosto de 2016. Acessado em abril 2018.

VIANA, Manoel Segadas. *Planejamento da Manutenção*, Apostila de. Rio de Janeiro, ABRAMAN, 2003.

XAVIER, Carlos Magno da Silva, ***Gerenciamento de Aquisições em Projeto***, 2º ed. – Rio de Janeiro; Editora FGV, 2010.

Bibliografia Complementar:

IATF (International Automotive Task Force – Força Tarefa Internacional Automotiva). *Manual da Norma ISO/TS 16949:2002 Quality Management System*. 2 ed. IATF Publications, 2002.

BUENO, João Leandro e ABRAHAM, Márcio. *R&M Confiabilidade de Equipamentos*. São Paulo. Revista Banas Qualidade Edição nº 97, Editora EPSE, 2000.

1999 - 2005 TRILOGIQ SA – ESTUDIO DEVELOPMENT. *Histórico sobre a Preditiva*. Disponível na internet: http://www.trilogic.com.br, acessado em Agosto de 2007.

ISQ - Instituto de Soldadura e Qualidade. *Estratégia de Organização da Manutenção*. Lisboa. Disponível na internet: http://www.isq.pt , acessado em Agosto de 2007.

RABÁGLIO, Maria Odete. *Avaliação com foco em Competências*, Apostila de. São Paulo, 2005.

TAVARES, Lourival. ***A Manutenção e a Segurança Industrial***. Disponível na Internet: http://www.mantenimentomundial.com , acessado em Agosto de 2007.

VOITTO. ***Ferramenta TPM***. Disponível na Internet: https://www.voitto.com.br, acessado em Fevereiro de 2022.

IT FORUM. ***O que muda com a nova versão da ISO 9001.*** *Disponível na Internet:* https://itforum.com.br/noticias, acessado em Fevereiro de 2022.

MANUTENÇÃO EM FOCO. ***Iso 9000 e a Manutenção.*** Disponível na Internet: https://www.manutencaoemfoco.com.br, acessado em Fevereiro de 2022.

Impressão e acabamento
Gráfica da Editora Ciência Moderna Ltda.
Tel: (21) 2201-6662